高等学校土建类专业课程教材与教学资源专家委员会规划教材
高等学校土建类专业碳中和系列教材

建设工程碳管理

洪竞科　张静晓　主　编
温　全　王　歌　郑志扬　副主编
李启明　主　审

中国建筑工业出版社

图书在版编目（CIP）数据

建设工程碳管理 / 洪竞科，张静晓主编；温全，王歌，郑志扬副主编. -- 北京：中国建筑工业出版社，2024. 6. --（高等学校土建类专业课程教材与教学资源专家委员会规划教材）（高等学校土建类专业碳中和系列教材）. -- ISBN 978-7-112-29928-7

Ⅰ. TU111.4

中国国家版本馆CIP数据核字第2024TR6501号

本书立足于建设工程的零碳排放和可持续发展目标，以低碳经济和循环经济理论为基础，结合建设工程管理实践，详细阐释了建设工程碳管理的基本内涵、理论体系、核算体系、管理工具体系、低碳技术体系和管理政策体系等，以期给读者带来一些收获和启示。本书共分为7章，分别是建设工程碳管理与低碳建造概述、建设工程碳管理的基础理论、建设工程碳排放核算方法、建设工程碳管理体系设计、建设工程碳管理工具、建设工程项目低碳技术体系、建设工程碳管理政策体系。

本书可作为工程管理专业本科生和管理科学与工程专业研究生学习用书，也可作为土木建筑类其他相关专业教学用书，对于从事工程建设、低碳管理、环境保护等部门的工作人员也有一定的参考价值。

为更好地支持相应课程的教学，我们向采用本书作为教材的教师提供教学课件，有需要者可与出版社联系，邮箱：jckj@cabp.com.cn，电话：（010）58337285，建工书院https://edu.cabplink.com（PC端）。

策划编辑：高延伟
责任编辑：牟琳琳　李　慧
书籍设计：锋尚设计
责任校对：赵　力

高等学校土建类专业课程教材与教学资源专家委员会规划教材
高等学校土建类专业碳中和系列教材

建设工程碳管理

洪竞科　张静晓　主　编
温　全　王　歌　郑志扬　副主编
李启明　主　审

*

中国建筑工业出版社出版、发行（北京海淀三里河路9号）
各地新华书店、建筑书店经销
北京锋尚制版有限公司制版
北京圣夫亚美印刷有限公司印刷

*

开本：787毫米×1092毫米　1/16　印张：16¾　字数：365千字
2024年8月第一版　2024年8月第一次印刷
定价：**58.00**元（赠教师课件）
ISBN 978-7-112-29928-7
（42724）

序　言

在全球共同应对气候变化的背景下，碳达峰碳中和成为推动可持续发展的关键战略。中国作为全球最大的碳排放国之一，更是积极响应并全力推进这一战略目标，国家提出了“要在2030年以前使全国的二氧化碳排放总量达到最高水平，在2060年以前实现碳中和”的目标任务。国家核证自愿减排量（CCER）已经全面重启，以全国碳排放权交易市场为主体，包括自愿减排交易市场、地方碳市场、地方碳普惠机制作为补充的多元碳市场体系正加速完善。住房和城乡建设领域在碳达峰碳中和战略中承担着巨大的责任。建筑业是能源消耗大户，碳排放量较大，且建设工程涉及土地利用、资源配置等，对碳排放的减少有着直接的影响。随着“双碳”政策的不断深入，在建设工程领域，如何培养具备和掌握碳意识、碳管理、碳经济、碳金融以及低碳减碳技术的专门人才将成为住房和城乡建设行业转型升级的重中之重。因此，作为人才培养的高校，应该及时调整涉碳专业的设置，对现有专业课程和教学内容进行调整和完善。教育部先后关于印发《高等学校碳中和科技创新行动计划》的通知（教科信函〔2021〕30号）和关于《加强碳达峰碳中和高等教育人才培养体系建设工作方案》的通知（教高函〔2022〕3号），对涉碳人才培养、专业设置、涉碳教学资源等提出具体要求。

基于以上背景，结合土木类、建筑类、管理类专业的办学需求和人才培养要求，确保学生在毕业后能够迅速适应行业变化的需求，为推动建设领域的碳中和贡献力量。由高等学校土建类专业课程教材与教学资源专家委员会牵头组织，联合长安大学、重庆大学、合肥工业大学、西安理工大学、中国社会科学院大学、深圳大学等单位的专家教授联合编写了高等学校土建类专业碳中和系列教材。该系列教材按照建设“工程碳概论—工程碳管理—工程碳经济—工程碳金融—工程低碳技术”为主线，旨在形成一整套系统的系列教材，推动碳中和理念深入专业教育领域，培养土木类、建筑类、管理类专业学生对碳达峰碳中和战略的深刻理解和实践能力。通过系统而全面的学科涉猎，学生将能够在未来的建设工程领域胜任碳达峰碳中和的挑战。

该系列教材立足点是服务国家碳达峰、碳中和战略，旨在培养具备工匠精神和精益求精敬业风气的高素质应用型人才。在教材内容上，借鉴和覆盖了《建筑节能减排咨询师国家职业标准（2023年版）》《碳排放管理员国家职业标准》对职业岗位的知识要求和能力要求，并按照本科院校人才培养的知识、能力和素质要求，充分考虑高校土建类专业的特点和需求，包括土木工程、建筑环境与能源应用工程、给排水科学与工程、建筑电气与智能化、智能建造、智慧建筑与建造、工程管理 、房地产开发与管理、工程造价、物业管理等专业要求来组织编写。根据高校涉碳新专业、土建类专业新课程的教学需求，组织策划了《建筑碳达峰碳中和概论》《建设工程碳管理》《建设工程碳经济》《建设工程碳金融》《工程低碳技术》等系列教材，目的是弥补当前学校教学之需，为“双碳”人才培养、助力建设行业高质量发展作出贡献。每一本教材都具有独特的特点和内容，以满足土木类、建筑类、管理类专业“双碳”人才培养要求，同时也可作为住房和城乡建设碳达峰碳中和领域专业技术人员继续教育培训用书，能为行业人才能力提升做出微薄的贡献，那是我们策划和编写人员的意外之喜。

总之，该系列教材不仅是对当前碳达峰碳中和形势的积极响应，更是为了住房和城乡领域的人才培养、行业人才能力提升以及行业可持续发展贡献一份力量。通过对国际国内政策的深入解读，对工程碳中和人才培养的紧迫需求的准确定位、对工程碳管理和碳技术的系统总结、整理和提炼形成本系列教材，期待本系列教材的出版，能为培养符合国家和行业需求的高素质人才，提供全面而实用的教育支持。同时，我们也将不断更新内容，确保教材始终保持对最新碳达峰碳中和理念和技术的反映。

高延伟　张静晓

前 言

随着全球气候变化问题的日益严峻，减少碳排放已成为当今世界共同关注的重要议题。党的二十大报告要求，要协同推进降碳、减污、扩绿、增长，推进生态优先、节约集约、绿色低碳发展。建设行业作为重要的碳排放源之一，承担着巨大的责任，也面临着巨大的挑战。据统计，我国建筑业每年的能源消耗占社会终端总消耗的30%，碳排放量占社会总排放量的35%以上，建筑业成为节能减排的重要领域。为了加快建筑业发展方式绿色转型、积极稳妥推进碳达峰碳中和，实现建设工程项目低碳管理就显得尤为重要。建设工程碳管理旨在通过采取切实有效的管理方式、经济措施以及技术手段，优化能源利用方式，实现建设工程项目从原材料挖掘、生产、运输到现场施工的低碳转型，为未来创造可持续、更美好的生活环境。

建设工程碳管理是以零碳排放为目标，基于低碳经济和循环经济理论，通过资源利用创新、减排技术创新、管理模式创新、制度安排创新，在实现建设工程项目经济社会效益最大化的同时，实现碳排放总量和强度的降低。当前我国低碳建造领域发展潜力巨大，前景广阔。住房和城乡建设部《“十四五”建筑节能与绿色建筑发展规划》提出：“到2025年，完成既有建筑节能改造面积3.5亿平方米以上，建设超低能耗、近零能耗建筑0.5亿平方米以上，装配式建筑占当年城镇新建建筑的比例达到30%，全国新增建筑太阳能光伏装机容量0.5亿千瓦以上，地热能建筑应用面积1亿平方米以上，城镇建筑可再生能源替代率达到8%，建筑能耗中电力消费比例超过55%。”不难预见，未来在节能建筑、装配式建筑、光伏建筑、建筑垃圾循环利用等方面，市场空间巨大。

本教材对建设工程领域近年来可持续建设、低碳建造、环境管理等概念内容进行梳理整合，以“碳管理”为主要目标，重点介绍建设工程碳管理的基本理论体系、排放核算体系、管理工具体系、低碳技术体系和管理政策体系，旨在帮助读者深入了解碳管理的重要性以及在建设工程中的应用；探讨建设工程碳管理的核心内容和主要策略，重点回答如何评估和监测碳排放、如何制定科学的碳减排策略、如何提高资源利用效益等关键问题。本教材主要适用于工程管理专业本科生和管理科学与工程专业研究生，也可作为土木建筑类专业教学用书。

本教材由重庆大学洪竞科教授、长安大学张静晓教授主编，清华大学温全研究员、重庆大学王歌副教授、中国联合网络通信有限公司智能城市研究院郑志扬高级工程师副主编，东南大学李启明教授主审。其中，第3章、第4章由洪竞科负责编写，第1章、第5章由张静晓负责编写，第2章由温全负责编写，第6章由王歌负责编写，第7章由郑志扬编写。参加整理资料、校对等工作的人员还包括郑雨茜、贺莉、袁鑫、郑琪、徐颖等。本教材出版得到了国家自然科学基金面上项目《建设工程项目资源代谢多重复杂性的形成机理、测度模式与作用机制研究》（项目编号：72071022）的资助。

编写过程中参阅、摘引及摘编的相关文献著作中的内容，皆在参考文献中列出，如有遗漏，敬请谅解。在此对所有被引用文献原著者表示衷心感谢！

限于编写水平，难免有遗漏错误之处，希望读者谅解并予以指正，使本书通过不断修订更加臻于完善。

编者

2023年12月

目 录

7

建设工程碳管理政策体系

附录

1

建设工程碳管理与低碳建造概述

本章要点

建设工程碳管理是实现低碳与可持续发展的关键，需要降低建设工程的碳排放，提高资源利用效率。当前，建设碳排放现状严峻，“双碳”目标为其指明了方向。低碳建造的定义与内涵要求在工程建设全过程中减少对环境的负面影响。然而，低碳建造发展仍面临多重挑战。为推动低碳建造的发展，需要构建完善的技术体系和制定科学合理的发展规划体系。本章主要介绍了建设工程碳管理的核心概念、当前建设工程碳排放的现状、低碳建造的定义与内涵、当前低碳建造面临的问题和挑战、低碳建造技术体系的重要作用、低碳建造发展规划体系的关键要素。通过这一章的学习，为进一步推动建设工程领域的低碳发展提供基础知识和框架。

学习目标

（1）明确建设工程碳管理在推动低碳建造和低碳发展中的关键作用，明确“双碳”目标对于行业低碳转型的指导意义，理解低碳建造在节能、减排、环保和资源高效利用方面的重要性；

（2）培养解决实际技术、政策和市场等低碳建造问题的能力；

（3）熟悉低碳建造技术体系的主要内容，培养技术应用和创新的能力；

（4）理解低碳建造发展规划体系的基本框架，培养制定合理规划的能力。

1.1 建设工程碳管理的含义

“低碳”概念是在全球气候变暖对人类生存和发展构成严峻挑战大背景下应运而生的。2003年英国白皮书Our Energy Future：Creating a Low Carbon Economy（我们未来的能源——创建低碳经济）率先提出“低碳经济”概念，其实质是清洁能源开发、能源高效利用、产品低碳开发、追求绿色GDP，其核心是能源技术和减排技术的创新、产业结构和制度的创新以及人类生存发展观念的根本性转变。低碳经济是一种全新的经济发展模式，追求的是一个整体而长远的目标。在这样的大背景下，企业是低碳经济发展的主要参与者，通过顺应这一趋势的发展，企业也能成为低碳经济的受益者。将企业文化、创新能力与绩效标准结合，将企业、政府与消费者结合，将国内外的合作紧密结合，将生产、分配、交换与消费结合，从而实施低碳管理。

在这一理念的指导下，低碳管理被认为是一种以低能耗、低污染、低排放为基础的管理模式，是组织在经营过程中通过专业手段实现二氧化碳（CO_2）排放量的最小化，同时尽量提供低碳型产品和服务的新型管理模式。低碳管理的主要特点包括：将低碳理念纳入组织价值观和发展目标中，破除对传统高碳型管理思维模式的路径依赖效应，以低碳与利益的双赢作为创新目标，将低碳要求与市场规律相结合，并以低碳责任意识引导制度创新等。此外，以可持续发展为导向进行战略设计对实现社会低碳转型有着重要的支撑意义。因此，低碳管理不仅是组织获利的重要途径，也是赢得公众信赖、实现社会进步的必经之路。

关于低碳管理的定义，在学术界尚未形成一个统一的概念，但其核心均是以减排为目的，只是出发的角度不同，包括：①低碳管理主要是碳排放控制，关系企业能源战略和运营成本，通过提高能源使用效率和碳排放交易体系的完善，实现成本控制。②低碳管理是以低能耗、低污染、低排放为基础的管理模式，其实质是资源高效利用、追求低碳GDP的问题。③从全生命周期的视角来看，低碳管理的关键是“一定位、四阶段、十主体”，并以低碳建筑为核心，让低碳管理方全程参与全生命周期项目管理。④低碳管理是指针对温室气体排放进行的管理，包括碳审计、抵消和减少碳排放。尽管不同学者对低碳管理的定义不同，但是其本质均是认为低碳管理是以低能耗、低污染、低排放为目标的管理，重点在于降低企业生产和运营产品中的碳排放，满足企业经济效益和社会环境效益。

建设工程碳管理主要指建设项目实施阶段，以施工过程为主要研究范围，通过对施工阶段的碳排放进行控制，以实现施工过程的零碳目标。施工阶段的碳排放主要体现在两个方面：一是建筑材料的碳排放，包括原材料的加工、生产、运输等；二是施工机械和设备的碳排放，主要体现在燃料的使用。同时，建设工程碳管理主要基于数据、战略、资产三个维度，以碳为管理要素帮助建设工程项目实现低碳可持续发展。在碳中和的大背景下，建设工程项目管理面临新的不确定性，积极应对才能化被动为主动，转风险为机遇，实现可持续低碳发展转型。

碳管理是以软管理为主、硬管理为辅的管理方式。在建设工程项目中采用碳管理架构，对项目或组织最直接的好处是节约了资源，节省了开支；对社会而言，可以减少资源浪费，降低能耗需求，从而达到低碳社会的目的。与传统的管理理念相比，建设工程碳管理的含义见表1-1。通过碳管理可以制定科学的减碳策略，包括：降本增效，推动创新，帮助项目实现高质量发展；主动转型升级，规避落后产能的双控压力，把握政策、税收利好的低碳发展黄金时机；识别项目减碳潜力，开发储备碳资产，在合适的时机实现价值变现；打造优质低碳示范项目，树立行业标杆形象；尽早开展碳风险评估，抵御气候变化导致的资产搁浅和贬值风险；对接绿色金融支持工具，提升社会价值，获得更稳健更低息的融资方式，摆脱以往“先排放，后治理”的路径，加强低碳减排的科技创新管理。

建设工程碳管理的含义　　表1-1

要素	含义
定义	以零碳排放为目标的工程管理模式
核心	资源利用创新、减排技术创新、管理模式创新、制度安排创新
本质	以零碳排放为目标，基于低碳经济和循环经济理论，实现建设工程项目经济社会效益最大
基础	低碳材料、低碳技术、低碳经济、低碳管理
前提	减排技术升级、管理模式创新
特点	交叉性、复杂性、动态性

1.2 建设工程碳排放现状与“双碳”目标涵义

1.2.1 全球变暖趋势和能源危机

全球气候变化和化石能源枯竭已成为威胁人类生存和发展的重大环境问题。《京都议定书》给出人类排放的6种主要的温室气体：二氧化碳（CO_2）、甲烷（CH_4）、氧化亚氮（N_2O）、氢氟碳化物（HFCs）、全氟化碳（PFCs）和六氟化硫（SF_6）。其中，CO_2对气候增温贡献率最高，占77%左右，所以通常CO_2作为主要参考气体，将温室气体核算简化为按等效二氧化碳当量（CO_2e）来衡量。目前国际主要采用碳排放量衡量各种人类活动对气候变暖的影响程度。

18世纪以后，煤炭、石油、电力的广泛使用，先后推动了第一次、第二次工业革命，能源从此成为世界经济发展的重要动力。如今，化石能源大量使用，引发了以气候变化为代表的全球生态危机。研究显示，工业革命之后，全球温度总体上呈急剧升高趋势，20世纪末到21世纪初，全球温度增势最快。全球的碳排放也在同时期急剧增长，有资料表明，1850年到21世纪年间，约有一半的人认为CO_2是在最后40年间产生的。通过将全球气候变化趋势与碳排放变化趋势进行比较，发现二者总体变化具有高度的一致性（图1-1）。随着人类经济和社会的不断发展，对化石能源的消耗依赖性大，全球碳排放量持续增加，全球变暖趋势仍在持续。按照目前碳排放的趋势，全球变暖将会在2030～2052年之间上升1.5℃，这将会导致全球降水量重新分配、冰川消融、海平面上升等一系列无法逆转的全球性灾难，对生态平衡与人类生存产生巨大危害。

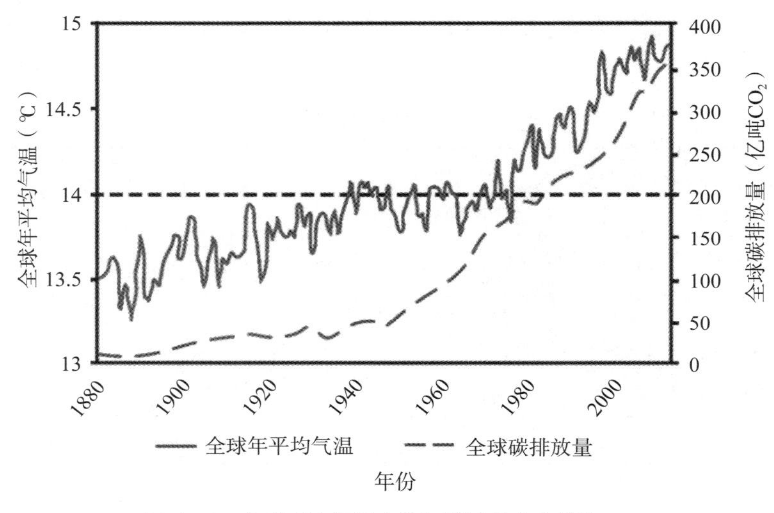

图 1-1　全球平均气温变化与碳排放变化趋势

我国目前以及未来长期的能源结构主要还是以煤炭等化石能源为主，同时受到粗放型生产方式和工业化特征影响，会带来大量CO_2排放。《中国气候变化蓝皮书（2019）》指出，1901～2018年，中国地标年平均气温呈显著上升趋势，近20年是20世纪初以来的最暖时期，2018年中国属异常偏暖年份。城镇化和工业化较发达国家还有很大的市场潜力和发展空间，能源的阶段性刚需说明，中国对化石能源的消费将继续扩大，如不采取相应低碳措施，CO_2排放将持续增长，加剧气候变化。

在2021年IPCC（联合国政府间气候变化专门委员会）的第6次报告指出，2001～2020年的平均温升较工业化前增高了0.99℃，全球变暖已经是一种无法挽回的大趋势，而气候问题也越来越受到世界各国的重视。1992年，为了衡量世界气候所面临的风险并控制全世界的温室气体排放量，多个国家在巴西里约热内卢举行了世界气候变暖研讨会，大会最后签订了《联合国气候变化框架公约》，这是各国共同制定的关于气候问题的一个国际协议，也是第一个国际协议，协议制定了关于各国共同减排的基本框架，并首次将人类对气候造成的损害列为国际会议的主要议题；1997年，第三届缔约方全球例会在日本国举行，会上签订了《京都协议》，对世界各国的排放量作出了更详细的定义；2010年，成员国在坎昆进行的第十六次缔结方国际会议，取得了“共同但有差别的责任”这一共识，根据联合国大会的商定内容，对与气候环境有关项目的质量控制指标作出了更严格的规范，并明确发达国家和发展中国家都将继续承担其职能以共同维护气候环境；2016年，成员国在马拉喀什进行了第二十二次缔结方国际会议，共同审议批准了《巴黎协定》第一次代表大会决定、《联合国气候变化框架公约》第二十二届例会决议。在这一历史背景下，自2006年开始，我国政府就主动参与并出台了节能减排的相关政策措施，并实行了以国家利益为导向的“双重路线”，推动了“节能减排”和“技术创新”的蓬勃发展。2020年12月12日，我国在世界气候雄心峰会上表示：“要在2030年以前使全中国CO_2排放总量达到最高水准，并在2060年以前完全达到碳中和。”并且许诺到2030年，中国人均GDP的CO_2排放量要比2005年的人均GDP的CO_2排放量至少降低65%。

1.2.2 建筑业碳排放现状及其变化趋势

1. 建筑业碳排放现状

为了应对全球气候变化带来的挑战，我国在第75届联合国大会上提出了“30·60”目标，即CO_2排放力争于2030年前达到峰值，2060年前实现碳中和，意味着未来所有领域都将向绿色低碳转型。近几十年来，我国的城镇化率从2001年的37.7%增长到60.6%。快速的城镇化带动建筑业持续发展，我国建筑业规模不断扩大，据相关机构测算，我国目前既有建筑面积约750亿m^2，其中90%为高能耗建筑，这使得建筑能耗占社会全部能耗的1/3以上，建筑业相关碳排放占全社会总碳排放量的42%。

当前我国正处于城市化高速发展的重要阶段，建筑业作为国民经济的支柱产业，在城市范围扩大、城乡协同发展、新农村建设等发展需求下，其规模持续扩大。2010～2020年我国建筑业房屋施工面积增长约78.7亿m^2，年均增长78万m^2（图1-2）。在城镇人口规模和城市发展的共同作用下，预计到2035年我国城市总建筑面积将达到370亿m^2。建筑业在快速发展的同时带给环境和资源的压力也不容小觑，成为节能减排的重要领域。根据有关国际组织的调查，建筑领域在全社会能源消费中所占的比例超过30%，是各个行业领域中单项比重最高的行业之一。就当前建筑业而言，这一持续发展仍在继续，其对能源，尤其是传统能源的消耗尚未完全改善，且将继续增加。因此在当前我国城市建设与全球减排的双重需求下，如何持续减少建筑碳的消耗量、寻求合理的节能减排战略便显得尤为迫切。

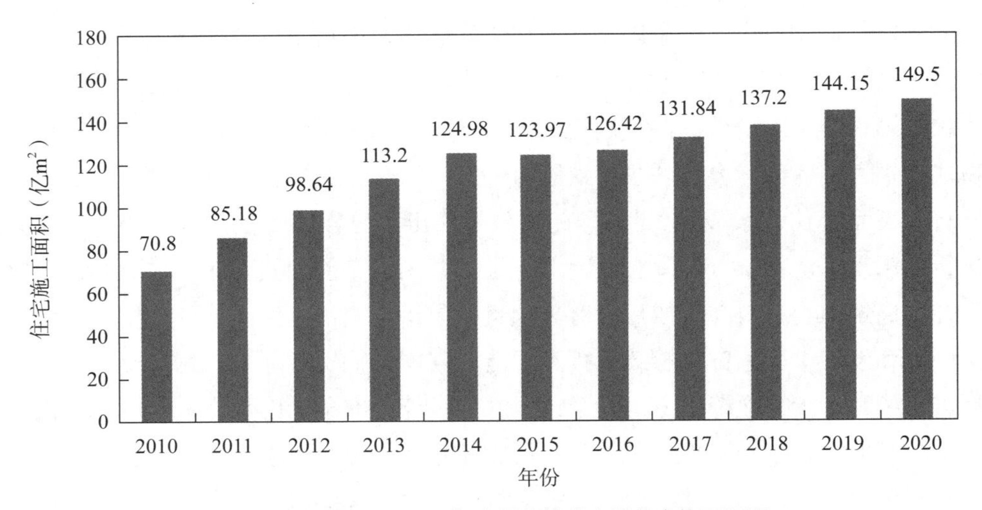

图 1-2　2010—2020 年中国建筑业房屋住宅施工面积

建筑物的碳排放主要来自于电、燃气、煤和油等能源消耗，其中，消耗的能源类型主要是电力，因此电耗产生的CO_2排放也最多。我国以煤发电的产电结构在长期不会发生明显变化，建筑用电的碳排放量不容忽视。面对能源危机和气候变化，各类建筑面临低碳设计转型的挑战，其低碳发展潜力巨大。麦肯锡全球研究所指出：降低温室气体排放最具成本效益的五项措施中，建筑节能占四项（建筑物的保温隔热系统、照明系统、空调系统、热水系统）。由此可见，在建筑领域提倡低碳理念，对于实现全社会的低碳发展，有着高效、经济的现实意义。实现建筑低碳化的主要途径在于控制建筑能耗，尤其是降低对于化石能源的消耗。同时，随着建材碳排放的逐年增加，对于实现建筑低碳化，不仅要考虑控制建筑能耗的质与量，同时也需兼顾减少矿产资源消耗等措施。

按照碳排放产生的边界，建筑碳排放可划分为三类：①建筑直接碳排放，指建筑运行阶段直接消费的化石能源带来的碳排放，主要产生于建筑炊事、热水和分散采暖等活动。目前，生态环境部发布的《省级二氧化碳排放达峰行动方案编制指南》就是按照此口径划分行业碳排放边界。②建筑间接碳排放，指建筑运行阶段消费的电力和热力两大二次能源带来的碳排放，这是建筑运行碳排放的主要来源。③建筑隐含碳排放，即建设工程项目碳排放，指建筑施工和建材生产带来的碳排放，也被称为建筑物化碳排放。与《中国建筑能耗研究报告2020》不同，我们此处按照当年竣工房屋建筑进行测算。前两项之和即为建筑运行碳排放，全部三项之和可称为建筑全生命周期碳排放。根据测算，2018年建筑全生命周期碳排放37.58亿tCO_2（图1-3），其中建筑材料生产阶段碳排放15.51亿tCO_2，建筑施工阶段碳排放0.95亿tCO_2，建筑运行阶段碳排放21.12亿tCO_2。在建筑运行碳排放中，建筑直接碳排放约占28%，电力碳排放占50%，热力碳排放占22%。

2. 建筑碳排放变化趋势

建筑业是世界最大的能源消耗行业之一，占全球最终能源消耗的30%，建筑业初级能源消耗占30%～40%，全球约有40%～50%的温室气体来源于建筑业。我国建筑业所消耗的资源约为我国资源利用量的40%～50%，所消耗的能源约占全社会各项活动总能耗的30%。城镇建设的迅猛发展使建筑在施工建设、运营和拆除过程中产生的碳排放占国家总碳排放的35%～50%。进入21世纪，中国建筑全生命周期碳排放持续增长（图1-4）。从2000年的约10亿t CO_2，增长到2018年37.58亿t。因此，建筑业的低碳发展是引领我国低碳道路的周期引擎。

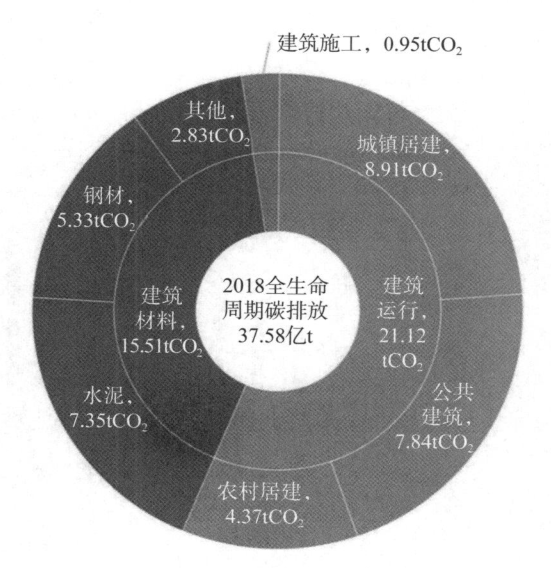

图 1-3　2018 年中国建筑全生命周期碳排放

基于全生命周期视角分析建筑碳排放，发现不同阶段呈现出不同的变化趋势。首先是建材生产阶段碳排放。2014年是建材碳排放变化的分水岭，2000～2014年建材碳排放年均增速12%，2014年达到15.9亿tCO_2，此后基本进入平台期。竣工建筑面积是建材生产碳排放的主要驱动因素，2014年房屋建筑竣工面积达到顶峰42亿m^2（图1-5）。其次是建筑施工阶段碳排放。建筑施工阶段碳排放增速在2014年出现拐点，2014年后增速下降显著（图1-6）。最后是建筑运行阶段碳排放。建筑运行阶段碳排放总体上呈现上升趋势，但增速明显放缓，年均增速从“十五”期间的10.31%，下降到“十三五”期间的2.85%（图1-7）。

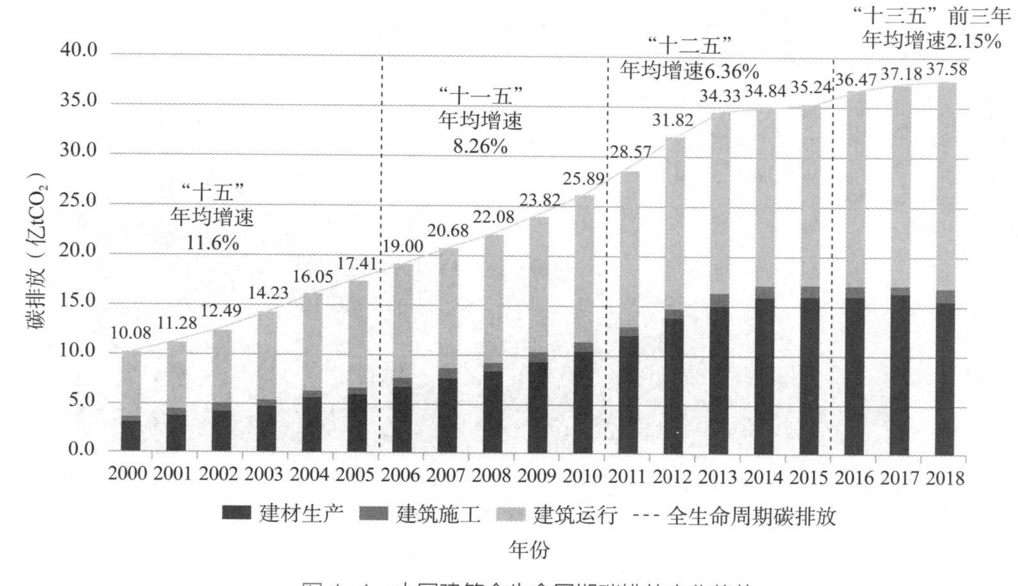

图 1-4　中国建筑全生命周期碳排放变化趋势

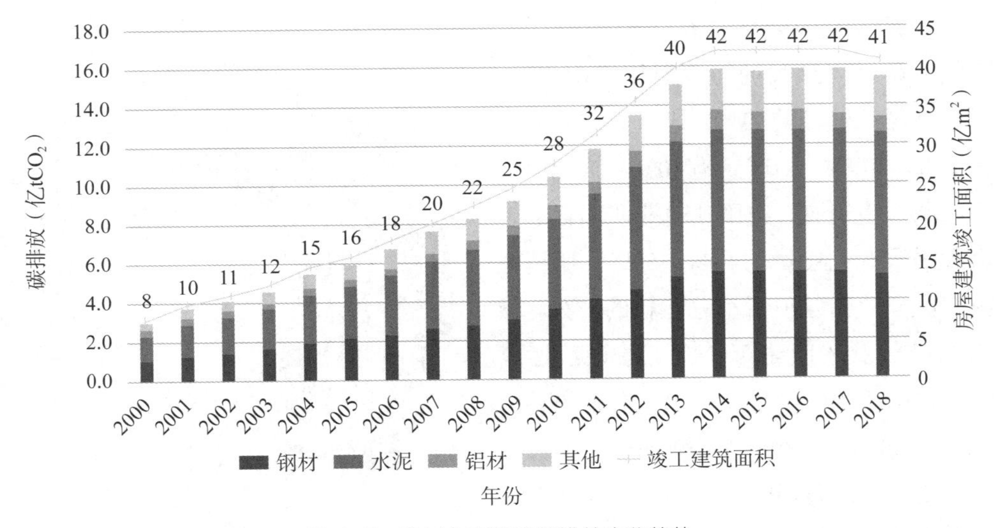

图 1-5 建材生产阶段碳排放变化趋势

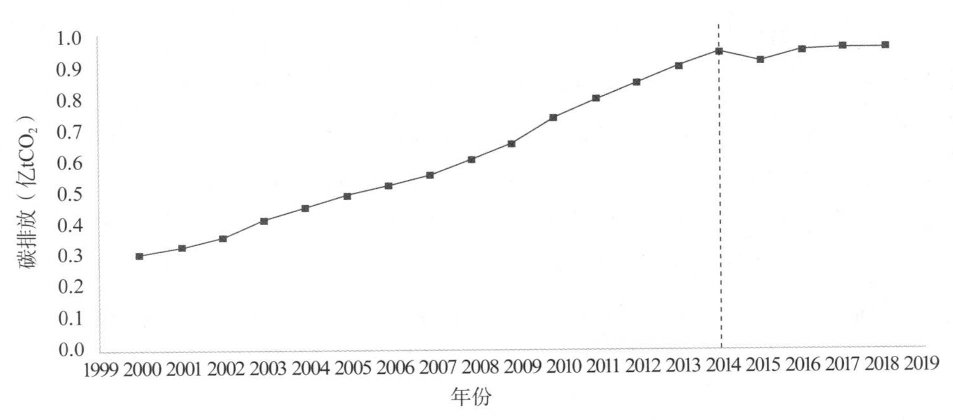

图 1-6 建筑施工阶段碳排放变化趋势

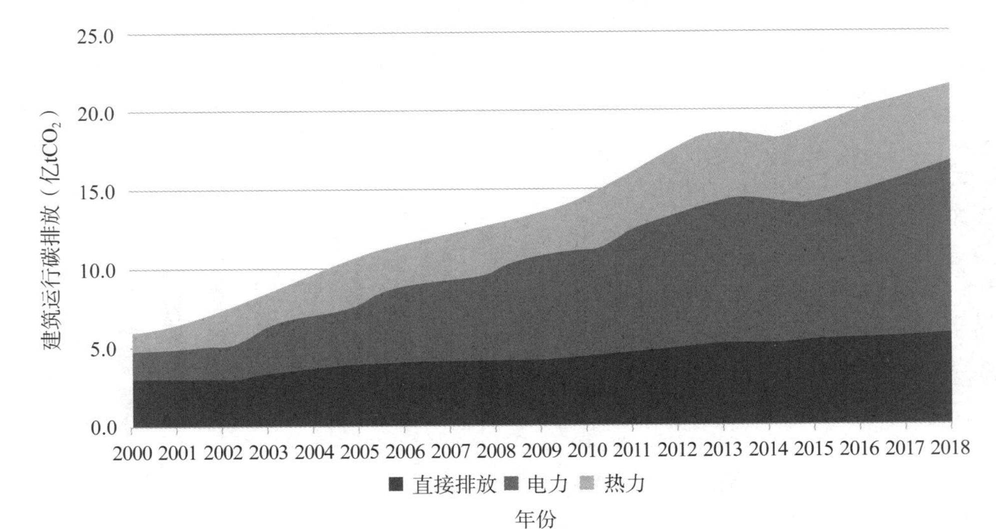

图 1-7 建筑运行阶段碳排放变化趋势

1.2.3 缓解碳排放的相关政策

20世纪90年代起，国际社会开始推动世界各国积极应对气候变化和能源枯竭。1992年联合国环境与发展大会（UNCED）通过了全球第一个通过国际合作以控制碳排放、应对世界气候变化问题的基本框架——《联合国气候变化框架公约》（UNFCCC），并从1995年开始每年召开缔约方会议。其中，1997年通过的《京都议定书》明确提出“将大气中的温室气体含量稳定在一个适当的水平，进而防止剧烈的气候改变对人类造成伤害”；2015年召开的第21次会议上，发表了具有历史意义的《巴黎协定》，更进一步规划了全球人类在2020年后应该达到的减排与控温的目标，要落实大力减少温室气体排放，在21世纪之内将全球气温的上升幅度控制在2℃之内是上限，控制在1.5℃以内是要努力达成的目标。气候变化的全球治理是建立在《联合国气候变化框架公约》《京都议定书》和《巴黎协定》基础上的。世界气象组织和联合国环境规划署于1988年设立了联合国政府间气候变化专门委员会（IPCC），其任务是对气候变化现状、气候变化对人类社会、经济的潜在影响及应对的可能性进行评估。IPCC在全面、客观、公开的基础上，为政策决策人提供气候变化的相关资料。《2006年IPCC国家温室气体清单指南》自发布沿用至今，是全球各国对温室气体排放进行量化分析的依据。为了积极解决社会经济发展带来环境负荷加剧的问题，我国相继颁布修订了《中华人民共和国环境保护法》和《中华人民共和国节约能源法》等相关法律，同时积极改变过去高碳排放的经济发展模式，促进低碳经济可持续发展。自1992年联合国环境与发展大会之后，中国将可持续发展纳入国家战略。2007年中国政府公布《中国应对气候变化国家方案》，提出中国“到2010年实现能源强度比2005年降低20%左右、森林覆盖率达到20%，到2020年可再生能源在能源结构中比例争取达到16%”。2009年国务院决定，到2020年，我国碳强度比2005年下降40%～45%，无碳能源比重达到15%左右，同年《全国人民代表大会常务委员会关于积极应对气候变化的决议》提出要把加强应对气候变化的相关立法作为形成和完善中国特色社会主义法律体系的一项重要任务，纳入立法工作议程。《国家应对气候变化规划（2014—2020年）》提出了我国应对气候变化工作的指导思想、目标要求、政策导向等，将减缓和适应气候变化要求融入经济社会发展各方面和全过程，加快构建中国特色的绿色低碳发展模式。2015年中国政府对自主减排提出更高标准的承诺：“到2030年左右，CO_2排放达到峰值并争取尽早达峰；碳强度比2005年下降60%～65%，非化石能源占一次能源消费比重20%左右”。《“十三五”控制温室气体排放工作方案》中明确要求提高建筑节能标准，推广绿色建材，推进既有建筑节能改造，强化新建建筑节能，推广绿色建筑，到2020年城镇绿色建筑占新建建筑比重达到50%；强化宾馆、办公楼、商场等商业和公共建筑低碳化运营管理。我国于2017年正式启动了碳排放交易体系，利用市场机制控制和减少温室气体排放、推动绿色低碳发展。

2018年我国将“生态文明”写入宪法，大力发展清洁能源，推动能源转型已经是中国的长期战略。2020年，我国提出将提高国家自主贡献力度，采取更加有力的政策和措施，CO_2排放力争于2030年前达到峰值，努力争取2060年前实现碳中和。随着一系列政策法规的出台，体现了我国应对气候变化的决心和担当，随着时代的进步，对低碳发展也提出了更高的要求。建筑业也相继出台一系列标准规范推动建筑低碳发展。2006年颁布的《绿色建筑评价标准》GB/T 50378—2006，标志着国家对绿色建筑的评价有了具体依据；最新版《绿色建筑评价标准》GB/T 50378—2019，重新构建了绿色建筑评价体系的指标，强调建筑全生命周期的碳排放考虑。2015年实施的《公共建筑节能设计标准》GB 50189—2015从设计角度对公共建筑节能提供了相应设计技术的规范依据。各地区各行业也对公共建筑的绿色低碳化发展出台相应的要求，例如《江苏省公共建筑节能设计标准》DGJ32/J 96—2010、《江苏省绿色建筑设计标准》DGJ32/J 173—2014、《浙江省绿色建筑设计标准》DB33/1092—2021等。2019年底实施的《建筑碳排放计算标准》GB/T 51366—2019则是首次将建筑碳排放核算环节的量化方法、清单依据等进行了统一，有助于建筑业贯彻国家有关应对气候变化和节能减排的方针政策。

各行业部门为响应国家战略要求、力争在2060年前实现“碳中和”目标，正在积极探索低碳生产模式。建筑行业是我国国民经济的重要产业，正经历着城镇化与工业化的快速发展。然而，该行业具有资源密集的产业特征，其传统的现行建设模式有高能耗、高排放特点，据《中国建筑能耗研究报告（2020）》显示，“2018年全国建筑全过程能耗总量21.47亿t，占全国能源消费总量的46.5%；碳排放总量为49.3亿t，占全国碳排放总量的51.3%”。因此，如何促进建筑业节能减排，推进建筑市场低碳化转型，进而助力实现碳中和减排目标成为热点问题。

1.2.4 建设工程项目全生命周期视角下的“双碳”目标

1. 低碳理念

建筑低碳节能是贯彻可持续发展战略、实现我国国民经济建设的快速发展的重要措施。“低碳”一词最早出现在经济学领域，低碳经济强调通过更少的自然资源消耗和环境污染以获得更多的经济效益。低碳理念的主要内涵是通过碳排放量来衡量人类活动对环境的影响，采取较低的碳排放模式满足人类活动和社会发展、减少CO_2排放。其核心在于加强研发和推广节能技术、环保技术、低碳能源技术等。各种低碳理念之间有着内在联系：低碳经济是低碳理念的根本出发点；低碳生活是基于低碳经济发展对衣、食、住、行、用等生活方面提出的要求；低碳建筑既是低碳经济与低碳生活在建筑领域的具体表现，也是进行相关低碳活动的必要载体之一；低碳能源是具体低碳经济对能源产业提出的要求，同时也是发展低碳经济、低碳生活、低碳建筑和低碳城市的推动力；低碳城市是实现低碳经济和低碳生活的最终体现，低碳建筑是实现低碳城市的重要组成部分和前提条件。低碳建筑是在全生命周期内充分使用低碳材料、技术和可再生能源，提高能源效率且减少碳排放量的建筑。低碳建筑发展逐渐成为一种趋势。然而，我国低碳建筑在新建建筑中的规模比例仍然较小。

2. 基于建设工程项目全生命周期视角认识“双碳”目标

（1）建设工程项目全生命周期碳排放的主要来源

一般而言，建设工程项目碳排放可以按建材生产、建材运输、建筑施工、建筑运营、建筑维修、建筑拆解、废弃物处理七个环节构成全生命周期排放量。

（2）各阶段“双碳”目标潜力简析

基于行业特性分析建材端“双碳”目标。我国建材行业产品种类齐全，产业链完善，窑炉煅烧等生产技术成熟，单位能耗、污染物排放达到国际先进水平。但由于产业规模大、过程排放高、能源结构偏煤、行业间差异较大等原因，建材行业确实存在排放总量大、发展良莠不齐等情况。建材工业是典型的高能耗重工业，需要持续改进工艺，实现流程再造，从而推进生产过程低碳化，尽快实现碳达峰。推动建材行业碳达峰，必须要处理好不同行业间关系，实事求是、分类施策，实现产业健康发展。近年来，国家对水泥、平板玻璃等重点行业加大供给侧结构性改革力度，其产能得到有效控制。考虑水泥、平板玻璃等产品需求量已进入了平台调整期，随着“双碳”工作的持续推进，仍需严格控制重点行业产能总量。此外，建材工业的特性决定着碳减排存在“天花板”，更难以靠自身实现碳中和，因此对建材工业在碳中和目标中需要承担怎样的责任还需要更系统深入的研究。建材行业碳达峰工作任务仍比较艰巨，迫切需要统一全行业思想，紧密围绕党中央、国务院关于碳达峰、碳中和决策部署，加快推进全行业有序开展碳达峰、碳减排工作。因此，建材行业既要深刻认识到新发展格局加快构建、国内超大规模市场优势进一步发挥带来的新机遇新要求，也要深刻认识到规模数量型需求扩张动力趋于减弱、绿色和安全发展任务更加紧迫的新矛盾新挑战，要充分利用“双碳”目标对建材行业产业革新带来的机遇，在发展中促进绿色转型，在绿色转型中实现更大发展，扎实推动建材行业高质量发展。

基于产业转型升级分析建造过程低碳化。与先进制造业相比，工程建造过程劳动密集特征明显，生产工艺过程标准化程度低、机械化程度低、信息化程度低，建造过程的组织管理还不够集约和精益。建筑业一是要“补旧课”——提高工业化水平；二是要“学新课”——探索智慧建造；三是要“降影响”——推动绿色建造，才能促进生产方式的全面转型升级。

基于占比与潜力分析，建筑运行碳达峰时间很大程度上取决于电力系统碳排放达峰时间，并且建筑运行碳排放将更早达峰。随着未来电力系统零碳化，间接排放趋于零，建筑碳中和的目标将取决于直接碳排放。

1.2.5 “双碳”目标对建筑业的影响以及展望

1. “双碳”目标对建筑业的影响

“双碳”将对建筑业产生巨大的影响，同时也蕴藏着广阔的市场空间。

第一，挑战前所未有。我国新建和存量建筑规模巨大，数据显示，约650亿m^2的既有城镇建筑中，大量存在高耗能、高排放问题。新建建筑目前的建造技术等有待改进。因此建筑领域的减碳难度非常大，成本代价也很高。

第二，全产业链颠覆。绿色生产方式和建设模式涉及建筑设计、施工及运营的全过程产业链，将面临全面变革。设计阶段应从全生命期的角度考虑资源节约、保护环境，加快推进低能耗、近零能耗建筑规模化的发展；建造阶段应该加大低碳建造力度，注重低碳建材的应用，并从建造的人、机、料、法、环全要素来推动低碳发展。

第三，未来机遇空前广阔。住房和城乡建设部印发《“十四五”建筑节能与绿色建筑发展规划》提出到2025年，完成既有建筑节能改造面积3.5亿m^2以上，建设超低能耗、近零能耗建筑0.5亿m^2以上，装配式建筑占当年城镇新建建筑的比例达到30%，全国新增建筑太阳能光伏装机容量0.5亿kW以上，地热能建筑应用面积1亿m^2以上，城镇建筑可再生能源替代率达到8%，建筑能耗中电力消费比例超过55%。不难预见，未来在节能建筑、装配式建筑、光伏建筑、建筑垃圾循环利用等方面，市场空间巨大。

2. 建筑业碳达峰展望

根据四个基本建筑碳减排措施［建筑节能，建筑产能（即可再生能源建筑应用），建筑电气化和电力部门脱碳，CCUS（碳捕集、利用与封存）技术］所进行的5大情景（基准情景、节能情景、产能情景、脱碳情景和中和情景）预测（图1-8）所示：在基准情景下，

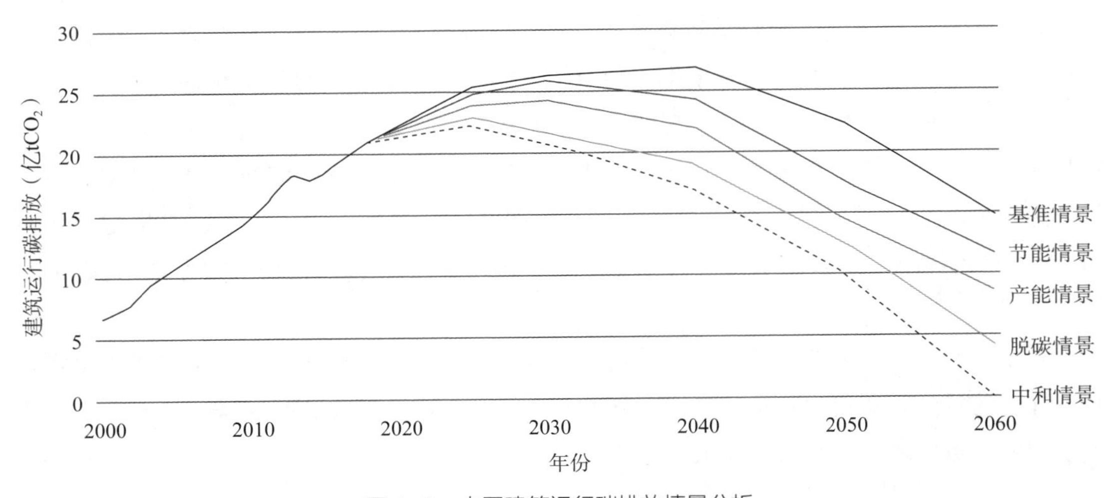

图 1-8　中国建筑运行碳排放情景分析

我国建筑运行阶段碳排放将于2040年达峰，碳排放峰值约为27.01亿tCO_2，达峰时间落后于我国2030碳排放达峰目标，到2060年仍将有15亿tCO_2，将严重制约我国碳中和目标的实现。因此，建筑部门应该以更积极的态度、更先进的技术手段和强制性的政策措施，加速达峰时间，消减达峰峰值，助推我国碳达峰碳中和目标的实现。与基准情景相比，到2060年，不同技术措施可实现减排量分别为：建筑节能3.3亿tCO_2，建筑产能2.99亿tCO_2，建筑电气化与电力部门脱碳4.5亿tCO_2，CCUS技术4.2亿tCO_2（图1-9）。在脱碳情景下建筑运行碳排放可在2030年达峰，峰值为26.08亿tCO_2。基于以上分析，反推我国"十四五"期间建筑能耗与碳排放总量控制目标：到2025年，我国建筑碳排放总量应控制在25亿tCO_2，年均增速不超过1.50%；建筑能耗总量应控制在12亿t，年均增速不超过2.20%。

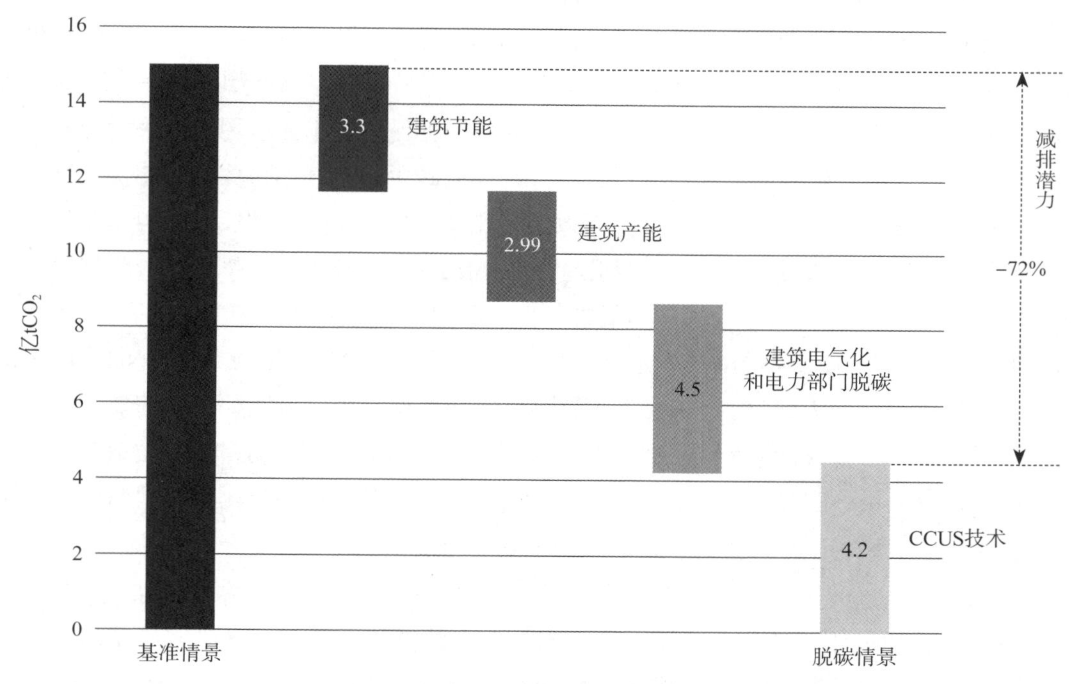

图 1-9 相比基准情景到 2060 年不同技术措施的减排潜力

3. 建筑业脱碳路径展望

相关研究指出，中国最晚实现碳中和的主要部门将很有可能是建筑部门，建筑部门是碳排放最高的终端消费来源。建筑碳中和实施的关键是提升能效、零碳排放和负碳技术。建筑脱碳也应从普通建筑到低能耗绿色建筑再到碳中和建筑逐步发展。把握"双碳"目标，要先立后破，而不能未立先破，所以建筑领域的脱碳技术应用，应重视既有建筑改造升级，"精细修缮结合高性能提升"才是未来建筑的主流方向。

据研究，建筑行业的每一个环节都可以采取明确的行动以大幅减少其碳足迹，并且其中诸多实践都能节约成本。为了绘制建筑行业的脱碳路径，相关研究从减排潜力和减排成本的角度评估了一系列脱碳手段。以欧洲为例，通过研究1000多个商业案例，并建立了最具成本效益的脱碳途径。在欧盟国家既有建筑的运营碳排放中，70%的能源消耗与供暖有关，而这又涉及两个关键因素：建筑物的能源效率（影响因素包括保温隔热层与供暖系统）和所使用的能源（使用可再生能源还是燃气锅炉）。在所有减排手段中，增强保温隔热与应用太阳能替代传统能源是最经济实惠的。减少新建建筑的排放需要一种不同于既有建筑脱碳的路径。新建建筑产生的CO_2占温室气体排放总量的5%，由于新建建筑应用了大量混凝土和钢材，而二者又是典型的能源密集型材料，它们的隐含碳含量也占到了建筑隐含碳的60%。

越来越严格的政策法规是行动路径之一，比如欧盟要求新项目均需要满足《建筑能源性能指令》的要求，提升保温隔热等级。此外，针对隐含碳含量最多的建筑材料部分，还有以下几种措施：①减少材料需求、促进循环利用。通过设计和流程的优化（比如减少废弃物、优化建筑占地面积等）、增强材料和零件的闭环循环设计（比如增加废弃物的使用和提升回收再生产的产出率等）可以降低建筑对资源的原始需求。应用以结果为导向的设计，可以帮助人们了解不同的材料与设计选择是如何减少温室气体排放的。②优化结构和材料。用更节能的产品替代传统的材料与设备，比如用低碳型、高性能的材料以及将重型设备电气化。还可以通过推动项目产品化、装配式建筑、场外施工等措施，减少项目施工的整体碳足迹。③材料脱碳。这一举措要求减少材料生产过程中的排放，包括提高生产效率、促进设备电气化以及推动技术进步。以一个5层楼、占地面积500m^2的欧洲住宅建筑为例，通过模拟它所需的材料和施工过程的3个潜在减排路径，可以评估如何取得最佳效果。结果显示，材料减排的最大潜力来自减少材料生产过程中的上游排放，也就是优化建筑结构和材料，这一路径的减排效果占到了总体的40%，其余的减排潜力来自材料需求下降，这一方法不只可以减少排放，也有利于节约项目成本。

工程建设领域的脱碳行动会形成人人参与、人人受益的可持续发展局势。例如，企业受益于工程建设领域的脱碳行动，一方面是资本的支持，随着越来越多资本流向可持续发展领域，资本市场的青睐将成为环境、社会和公司治理（Environment，Social and Governance，ESG）友好型建筑需求快速增长的重要驱动力。企业对于践行ESG的理解早已不同往日，传统的ESG被认为是难以转嫁的额外成本，而现在企业可以通过将ESG纳入企业战略而受益。正如前面所说，无论是新建建筑还是既有建筑，很多对应的减排手段都是具有成本效益的。企业需要抓住建筑减碳的战略机遇，积极投入新技术、新服务与新模式，以吸引资本青睐。另一方面是消费者的认可，消费者对可持续发展的认识越来越深刻，刺激着他们提升对这些赖以生存的建筑场所产生的排放的关注。

变革正在迅速发生，面对建筑减碳这一机遇和挑战，工程建设领域还需要加速变革的步伐以实现建筑运行碳排放达峰、碳中和，主要包括四个根本路径：一是加速提升建筑节能水平，具体措施包括提升建筑保温隔热性能、提高设备能源利用效率和建筑节能运行管理水平；二是规模化推广可再生能源建筑应用，提高建筑“产能”能力，发展绿色能源供暖技术；三是与电力部门脱碳进程协同，推动建筑电气化，提高建筑用电与电网互动能力；四是加大小区绿化和城市绿地面积，提高固碳、碳汇能力。

此外，从建筑全生命周期视角看，工程建设领域还可以发挥更大的减排能力，如提升建筑寿命，防止“大拆大建”，减少新建建筑量；发展木结构、钢结构等低碳建筑结构体系，减少建材生产阶段碳排放；大力推广绿色建材的应用，将碳排放强度作为绿色建材认定的关键指标，发展具有固碳能力的建材，包括以CO_2作为生产原料的建材，或者能够吸附CO_2的建材。

1.3　低碳建造定义与内涵

1.3.1　低碳建筑的定义

实现建筑的低碳化需首先理解低碳建筑的含义，明确低碳建筑与其他相关建筑概念的联系与区别。图1-10显示了低碳建筑与节能建筑、生态建筑、绿色建筑、可持续建筑的区别与联系。

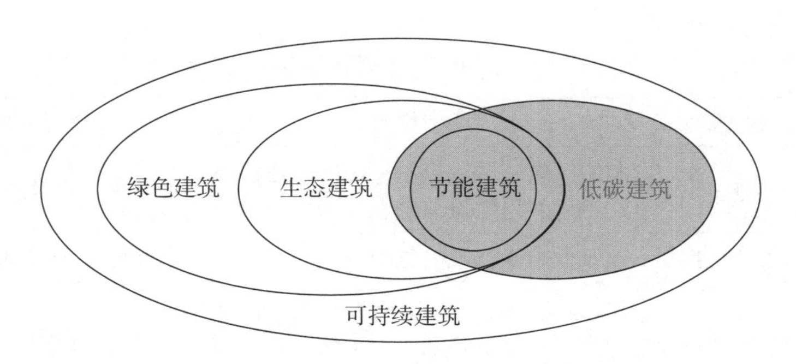

图 1-10　低碳建筑与相关建筑内涵关系比较

低碳建筑（Low-Carbon Building）是随着全球低碳经济的要求而产生的，最初源于2006年英国建筑项目对2003年提出低碳经济要求的具体应对，提出在全生命周期中降低资源和能源消耗，实现降低CO_2排放的建筑。其内涵是从全生命周期的CO_2排放量多少来评价建筑。低碳建筑是和约定的历史基准线相比实现了实质性减排的建筑。

节能建筑（Energy Saving Building）在古代建造技艺中已有体现，如古罗马的重力水渠和我国福建土楼。我国现代节能建筑开始于20世纪80年代，通过节能材料与技术的应用，通过节能设计方法实现使用过程中低能耗的建筑。

生态建筑（Eco-Building）形成于20世纪60年代，由建筑师保罗·索莱里（Paolo Soleri）将生态学与建筑学相结合提出的，其主要思想是将生态学的原理应用的建筑设计上，将建筑看成一个生态系统，目的是节约资源、保护环境、减少污染，实现生态平衡的建筑环境。

绿色建筑（Green Building）最早源于20世纪70年代的石油危机对能源节约的思潮。指在全生命周期内，节约资源、保护环境、减少污染，为人们提供健康、适用、高效的使用空间，最大限度地实现人与自然和谐共生的高质量建筑。

可持续建筑（Sustainable Building）理念最初源于1987年世界环境与发展委员会在《我们共同的未来》报告中提出的可持续性发展的概念，由查尔斯·凯博特于1993年正式提出。其主要指利用可持续发展的建筑技术，使建筑与环境形成有机整体，降低环境负荷，节约资源、提高生产力，在使用功能上既能满足当代人需要，又有益于后代的发展需求。

以上概念都体现建筑的发展应在满足人们使用要求的同时，实现建筑与环境的和谐共生。区别是历史任务和研究侧重点的不同（表1-2）。节能建筑强调建筑使用阶段的节约能源；生态建筑开始对建筑提出生态观念的思考，强调营造建筑与环境间的生态平衡；绿色建筑强调建筑全生命周期全方位的高质量；可持续建筑对建筑业的可持续发展提出要求，强调建筑业发展的代际公平与延续；低碳建筑的概念诞生较晚，是全社会共同应对气候变化问题过程中产生的概念。

不同建筑观点的历史任务和研究侧重点比较　　表1-2

建筑观点	产生时间	历史任务	研究侧重点
节能建筑	20世纪80年代	利用自然的节能技术，低能耗地使用建筑，实现建筑的舒适性与效益性	建筑使用阶段的能源节约
生态建筑	20世纪60年代	建筑业内生态观的觉醒	建筑与环境间的生态平衡
绿色建筑	20世纪70年代	建筑既要提供舒适、适宜、高效的使用空间，又要实现资源节约、环境友好、降低污染的人与自然的和谐关系	建筑全生命周期全方位的高质量
可持续建筑	20世纪90年代	对建筑业的可持续发展提出要求，涉及社会、经济、环境三方面，同时兼顾当代人与子孙后代的发展需要	建筑业发展的代际公平与延续
低碳建筑	21世纪10年代	面对全球气候变化问题，从建筑全生命周期出发，降低资源与化石能源的消耗，降低建筑活动中的CO_2排放	从全生命周期角度以碳排放作为衡量建筑应对气候变化与能源危机的效果指标

1.3.2 低碳建造的内涵

从建筑全生命周期物质流过程看，低碳建造包括三方面的物质活动：在建筑全生命周期过程的进口环节，要用太阳能、风能、生物能等可再生能源替代化石能源等高碳性的能源；在建筑使用过程中，要大幅提高化石能源的利用效率，加强建筑节能；在全生命周期的出口环节，要通过植树等绿化面积的增加，吸收建筑活动所排放的CO_2（图1-11）。

建筑业管理链条长、涉及环节多、精准管理难。此外，建筑存量较大，运营过程碳排放占比最高。在“双碳”目标下，涉及建筑设计、施工及运营全过程的产业链将被颠覆，碳达峰与碳中和发展目标将强化建筑绿色化、工业化这一趋势，未来可通过采用先进技术和新型装备，实现建筑垃圾再生资源化利用。

低碳建筑的发展是实现中国“双碳”目标的重要环节。首先，低碳建筑有助于节约能源和资源，减少CO_2污染。建筑本身就是能源消耗大户，同时对环境也有重大影响。据统计，全球有50%的能源用于建筑，同时人类从自然界所获得的50%以上的物质原料也是用来建造各类建筑及其附属设施。尽管诸如道路、桥梁、隧道等不能以绿色建筑去衡量，但是居住区、办公大厦、公寓等对资源的利用是周而复始的。另外，人类活动产生的垃圾，其中40%为建筑垃圾。对于发展中国家而言，由于大量人口涌入城市，对住宅、道路、地下工程、公共设施的需求越来越高，所耗费的能源也越来越多，这与日益匮乏的石油资源、煤资源产生了不可调和的矛盾。其次，在建筑过程中使用的能量，如电能、汽油、柴油等都附属有CO_2的产生，如电能来自煤的燃烧，建筑物材料的运输来自于电能或者汽油、柴油的燃烧等，而且这些耗能是巨大的。随着收入的提高，这种消费越来越

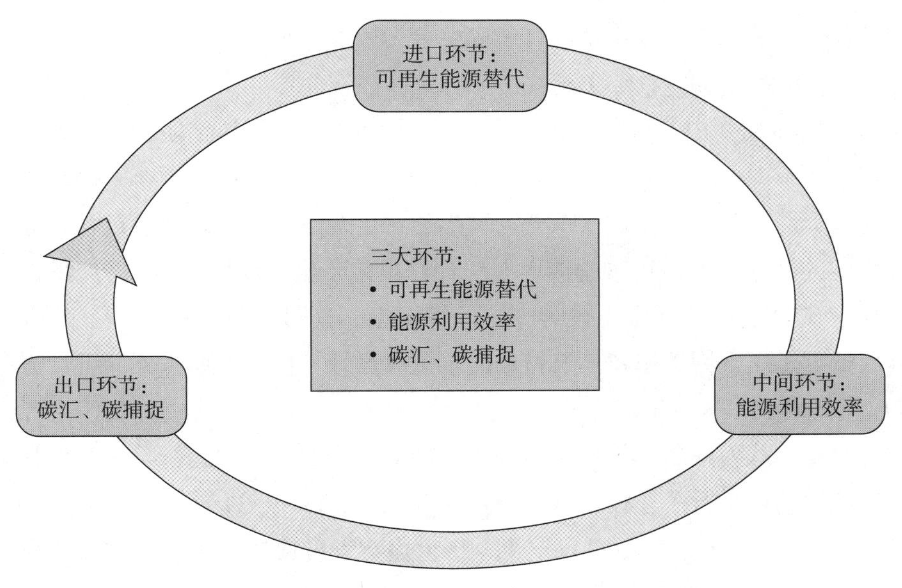

图 1-11 低碳建造内涵

高，人均耗能也越来越高，产生的CO_2废弃物越来越多，这与全球倡导的保护环境理念相违背。研究结果显示，2021年我国建筑运行阶段能耗达11.35亿t标准煤，意味着产生了23亿tCO_2，如果推进建筑节能，将大大缓解地球温室效应产生的压力，也极大地保护了其他资源。

科学把握生产方式向新型建造发展是必然趋势。实现“双碳”目标的关键是通过改革和创新来推动行业转型升级、提质增效。新型建造方式，其落脚点体现在低碳建造、智慧建造和工业化建造，将推动全过程、全要素、全参与方的“三全升级”，促进新设计、新建造、新运维的“三新驱动”。站在历史观，深刻理解新型建筑工业化是实现“双碳”目标的基础。站在未来观，准确把握智慧建造是实现“双碳”目标的关键。站在全局观，紧紧抓住低碳建造是实现“双碳”目标的核心。

1.4 低碳建造现状及问题

1.4.1 低碳建造发展现状

1. 碳排放核算方法

近年来，国内外对“建筑碳排放”“低碳建筑”的研究成果越来越多，从文献统计来看，国内外对于这方面的研究呈逐年增加的趋势，目前的研究多为从微观视角对建筑的碳排放计算进行研究，也就是对建筑在整个生命周期中的碳排放量进行研究。根据国内外有关资料的分析，目前的碳排放量计算方法主要分为以下三种。

（1）碳排放因子法

在建筑全生命周期内，建筑物的物化、运行和拆除过程中均有一定的物质及能量消耗，且在每个环节中所耗费的资源均有其对应的碳排放因子，由此便可采用碳排放因子法确定所消耗该资源的碳排放总量。首先计算出建材生产运输、建筑建造过程、运行过程以及回收过程中的能耗，然后用碳排放因子法计算出整个生命周期的CO_2排放量，当然在数据记录全面、碳排放量数据库也较为充分的情况下，还可以分别得到各个阶段的碳排放量。碳排放量因子法常用于构建建筑材料的碳排放量计算模型，模拟不同设计方案对建筑物CO_2排放量的影响，这有助于在施工阶段根据细分工程划分方式测算碳污染源、碳排放边界和碳排放量，从而编制建筑物化碳排放配额清单。在建筑的运行阶段，多数学者采用建筑软件对能源消耗进行了建模，其中以Energy Plus、Dest、Design Builder和DOE-2为代表，对建筑运行阶段的CO_2排放进行定量分析。也有学者通过分析装配式住宅窗口设计现状存在的问题，提炼了对装配式住宅立面设计有重要影响的窗口设计要素，并选择具有代表性的装配式住宅户型为基础模型，通过计算机模拟的方式，得到了在窗口不同设计要素的影响下能耗及CO_2排放量的数据，提出了低碳目标导向下的装配式住宅窗口设计策略。碳排放因子法可以计算某建筑从建筑材料开采运输到被拆除的整个过程中的碳排放量，并可以从建筑保温材料类型及厚度、门窗类型、建筑窗墙比、建筑供暖系统形式、建筑使用寿命五个方面，对影响建筑碳排放的因素进行分析。碳排放因子法是目前最常用的量化手段，但由于其具有非恒定数值，不同地域的不同计量标准会产生不同的碳排放因子，并且在不同的阶段对不同的能量进行定义和计算时，必然会忽视某些不重要的因素，从而导致这种方法存在着一些不确定因素。

（2）生命周期评价法

生命周期评价是一种对产品、生产工艺及服务从“摇篮到坟墓”生命期过程的环境负荷和资源耗进行评估的方法或工具。基于生命周期评价模型核算建筑碳排放量可以划分为基于过程的生命周期评价模型、投入–产出生命周期评价模型和混合生命周期评价模型。

基于过程的生命周期评价模型是将建筑生产过程分解成不同阶段，研究每个阶段的碳排放量，最后将各阶段数据归纳汇总，从而得到总的碳排放量，以及对经济、社会的总体影响表现。需要注意的是，建筑生产过程是一个无限向外拓展的过程，施工机械在施工活动中产生的各种能源消耗和环境影响处于建筑产品生产过程影响源的最底层。但施工机械本身的生产和制造对于建筑产品的成型与实现必不可少，因此也应被纳入建筑产品的生产过程中加以考虑。

投入–产出生命周期评价模型是根据某一国家或地区的经济投入产出表来测算建筑产品的碳排。投入产出分析成功地量化了经济系统中产业部门间的关联互动效果，并因此成为分析产品或服务外部的有效方法。投入–产出生命周期评价以国家或地区的经济系统作为边界。以系统内各产业部门间的关联互动关系为基础，有效地解决了过程生命周期评价中生产过程无限拓展的问题。由于投入–产出生命周期模型借助公众数据，如产业部门的直接消耗系数、各产业部门的碳排等。此外，由于该模型的基础是产业部门间的经济关系，模型计算得出的建筑碳排量反映了社会平均生产水平，因此模型结果具有普遍性。这一特点使得投入–产出生命周期模型在宏观研究中应用广泛，但不适用于个例研究。该模型的缺点在于产业部门的数据统计与投入产出表中各部门的经济数据统计在部门划分口径方面缺乏一致性，导致对部门数据进行汇总或拆分时产生误差。同时，对部门数据的拆分或汇总加入了研究人员的主观因素，影响模型的客观性和准确度。此外，由于投入产出表无法反映产品的运行与使用，该模型仅适用于对建筑产品物化过程碳排放的计算，而非产品的整个生命周期。

混合生命周期评价模型不仅包括建筑产品的物化过程，还可以覆盖建筑产品的运行与报废阶段。运用混合生命周期评价模型，可以减少过程分析中人为划定系统边界所产生的误差与干扰，实现在微观水平上对近似产品的比较。一般来讲，混合生命周期评价模型包括三种形式。第一，层次化混合生命周期评价模型（Tiered Hybrid LCA）。该模型的主要思想是在建筑的材料运输、施工、运行及拆除阶段运用过程生命周期评价模型。而对剩余的“上游”生命期阶段，如原材料挖掘和施工机械制造阶段，采用投入–产出生命周期评价模型加以分析，从而揭示建筑产品的全生命期影响表现。第二，基于投入–产出的混合生命周期评价（Input-Output-Based Hybrid LCA）。模型根据产品具体的经济信息对投入产出表中现有部门进行拆分或添加新的部门，再将过程分析的数据应用到投入–产出系统中。第三，集成化混合生命周期评价（Integrated Hybrid LCA）。该模型的基本思想是将建筑产品的整个生命期过程用技术矩阵进行表达。集成化混合生命周期评价模型的优点之一是通过建立统一的数学计算框架，避免了过程模型与投入–产出模型结合时的重复计算，同时保证了研究系统边界的全面性和完整性。该模型的不足是对数据的需求较大，研究时间较长，且该模型的应用和操作相对复杂。

（3）实测数据法

实测数据法顾名思义就是利用数据监测系统，对建筑物的用电、用水等各项消耗进行分类、分项计量，并利用远程监控系统进行实时监测，记录各个系统在不同时间内的CO_2排放量。例如，已有学者在广州某办公楼的楼顶建立了绿化屋顶和冷屋顶的节能检测试验平台，以此对绿化屋顶与冷屋顶的降温及节能效应进行了实测，经过对实测数据的统计分析确定了绿化屋顶和冷屋顶的节能减碳实效，并根据实测结果数据和参考文献中的数据计算了绿化屋顶和冷屋顶在建筑全生命周期内起到的节能减碳效果和经济效益。当然，这种方法也同样存在一定的不足，比如当抽样的代表性和准确性达不到要求或抽样基数不够时，用实测数据法归纳出的资料就没有任何实际意义。

国内外目前对于建筑CO_2排放量的量化分析主要就是通过以上三种方式进行。但是，由于不同学者、不同研究领域中对建筑生命周期的划分不同，其研究范围也不尽相同，加之碳排放量的计算模式有所差异，不同地区、不同时期的资料来源也不同，这就造成了不同的研究对象的碳排放量结果有所差异。为了规范我国的建筑碳排放量量化分析方式，住房和城乡建设部于2019年发布了《建筑碳排放计算标准》GB/T 51366—2019，该标准提供了民用建筑从建筑材料生产运输、建造施工、使用运行到拆除再利用各个阶段的碳排放量计算公式，同时提出了建筑的碳排放计算应该按照不同的需要分阶段进行，各阶段结果可以累积起来作为整个生命周期的CO_2排放量。

2. 低碳建筑案例

表1-3总结了国内外典型的低碳建筑案例及其低碳特征。这些建筑案例是“零净能源计划”的重要组成部分，均属于低碳、零碳建筑，即以人、建筑和自然环境的协调发展为目标，在利用天然条件和人工手段创造良好、健康的居住环境的同时，尽可能地控制和减少对自然环境的使用和破坏，充分体现向大自然索取和收获回报之间的平衡。因此，深刻

理解低碳建筑案例对保护环境，节约资源，创造高舒适度、高效、健康的与大自然和谐共生的环境有着重要的参考意义。

低碳、零碳建筑定义了未来建筑的发展方向，能够实现建筑以人为本的设计理念贯彻，用科技手段实现低碳与体验的双赢。置身于零碳建筑内部，能够充分体会到生态环境与人的有机融合，一方面给人们创造了一个健康、高效和适用的空间，另一方面人们通过低碳生活方式的转变提升了内心的满足感。

低碳建筑案例及其低碳特征 表1-3

低碳建筑名称	低碳特征
美国John J. Sbrega健康科学大楼	所有电力来自太阳能光伏，来自太阳能热水系统的生活热水占生活热水使用量的100%；通过太阳能光电技术、智能微电网技术、蓄能技术联合应用，存储、提供和储存电能，使建筑物可以达到能量供给和使用的长期平衡
英国Glyndebourne槌球馆	结合当地废物材料和可逆设计，允许建筑物拆卸并重复使用其组件；每种材料都将以一种允许解构的方式结合在一起——用螺栓固定而不是粘合——以确保它们的可回收性和再利用性
新加坡SDE4大楼	悬挑屋顶上面装有1200多个光伏面板，利用太阳能来满足整栋建筑的供电需求；与新加坡的传统建筑相比，带有天花板跟随器的“混合冷却系统”可减少大约36%～56%的电力消耗
墨西哥瓜达拉拉哈拉新机场航站楼	制定多种环境战略（包括改进的采光、隔热、眩光控制、遮阳、自然通风与省煤器冷却相结合、高性能机械系统和建筑管理系统）以减少60%的能源消耗和90%的碳足迹
美国纽约州凯瑟琳格林学校	采用了一个超紧密、高性能的建筑围护结构，并采用预制墙板作为雨幕系统；外墙板将雨水导入收集雨水的地下水箱，还在部分墙板处安装了太阳能电池板来抵消建筑的用电
美国奥兰多麦当劳旗舰店	现场发电策略：18727平方英尺的光伏板、4809平方英尺的玻璃集成光伏板和25个离网停车场灯产生的能量比餐厅使用的还要多；减少城市热岛效应的铺装材料，重新引导雨水的表面，增加生物多样性的1766平方英尺的绿色生活墙，新的LED照明和低流量管道装置
上海江森自控亚太总部大楼	中国首座获得所有三项顶级可持续认证的建筑，包括美国绿色建筑协会LEED（能源与环境设计先锋奖）新建建筑铂金级认证、中国绿色建筑设计标识三星级认证和IFC-世界银行EDGE（卓越高能效设计）认证；与当地市场标准相比，这座建筑预计节能可达到44%，节水42%和节约材料中的物化能源达到21%
上海中心大厦	独特的双层幕墙，包裹塔楼的玻璃幕墙充分利用自然采光，减少照明用电；透明的外墙为建筑减低热传导，减少空调供暖耗电；大幅降低了项目的各项能源消耗，预计每年能减少34000t的碳足迹
北京未来科学城展示中心	通过优化被动式建筑设计、提高围护结构保温隔热水平、采用高气密性无热桥技术策略、提高暖通空调系统综合能效、应用先进的智能控制系统、采用BIPV（建筑集成光伏系统）和土壤热泵等可再生能源系统，项目能耗目标为比现行公共建筑节能设计标准再节能90%以上，接近零能耗目标

1.4.2 建造碳排放主要影响因素

建材的准备和施工建造阶段是建筑物化成实体，即实现建筑蓝图的过程。这两个阶段的资源和能源消耗较高，并且所产生的温室气体比使用阶段更加集中和密集。因此，建筑物碳排放的影响因素主要取决于这两个阶段碳排放量。

第一，建材的消耗。建材生产阶段的碳排放量占建筑整个生命周期碳排放量的20%以上，建筑施工和建材准备阶段的碳排放量占总碳排放量的95%以上。根据案例住宅的主要建材消耗和碳排放分析，商品混凝土、钢材、水泥、门窗、保温材料、木材、建筑涂料七类建材的碳排放总量达到95%以上。在13种主要建筑材料中，商品混凝土、钢材、水泥的碳排放量最大。因此，在这两个阶段，建筑材料的消耗量和可回收利用的绿色建材使用比例对碳排放影响较大。

第二，能源的消耗。两个阶段的能源消耗对碳排放影响较大，特别是建筑工地的能耗以及某些大型施工机械使用过程中的能耗，塔式起重机、焊接机、钢筋切割机、建筑起重机、电渣焊机、混凝土振动器6种类型施工机械的能源消耗过程是重点，它们约占施工阶段碳排放量的74%。

第三，建材的运输。运输工具、运输方式的选择，运输距离的远近以及建材设备的类型和重量均对运输碳排放有重大影响。

第四，施工方式的优化。施工现场各种污染源产生的污染排放较多，如露天作业的扬尘、柴油发电机产生的废气、生活污水排放等。工地现场的构件加工区摆放的机械种类多且使用能耗大，比如电焊机、钢筋调直机、混凝土振捣器、套丝机、木工圆锯机等。

1.4.3 我国低碳建造发展存在的问题

我国于2016年9月3日加入《巴黎气候变化协定》，成为第23个完成批准协定的缔约方。在长期的工业化和城镇化进程中，我国的资源供需矛盾、生态环境破坏等问题逐渐突显，碳排放的管控主要集中在工程建设领域，因此，亟需发展低碳建造。总体而言，发展低碳建造是中国建设资源节约型、环境友好型社会的重要途径，是全面建成小康社会的重要战略选择。认识当前低碳建造发展中存在的问题，制订有效可行的解决措施，才能保障低碳建造的可持续发展。我国在低碳建造发展中存在的问题主要包括以下几方面。

第一，社会认识和参与程度不够。随着全球气候的不断恶化，环境问题和气候问题逐渐成为人们关注的重点，但从整体上来讲，社会公众对于环境的认识和关注度不高，参与低碳生活、保障低碳建造的意识不强。

第二，低碳建造政策体系与管理机制不完善。政府部门对于低碳建造的发展缺乏顶层的制度设计和整体规划。尚没有形成明确的低碳建造制度和法律保障，也未形成一套完整的评价体系和考核机制。中国的低碳建筑标准不够明确，政策多是规制性政策，对低碳建造的长远发展没有起到实质性的促进作用；行业标准内没有明确且有效的管理机制与监督体系，也没有制定相应的激励机制。

第三，低碳技术和资金问题。中国当前的整体科技水平和技术研发能力有限，低碳建造的发展没有行之有效的低碳技术，建筑的施工建设大多还处于高能耗和高排放的建设阶段。目前中国大规模使用的技术只有太阳能热水器和墙体保温系统等，技术含量不高，且可选择性有限，过于高昂的技术造价使建筑开发商难以接受，消费者也不愿意承担过大的技术经济压力。

第四，相关研究数据获取困难。在低碳建造推进中，从设计阶段获取相关能耗与建材使用的基础数据是比较困难的，即使目前有《建筑碳排放计算标准》的指导借鉴，但实际建材类型和施工机械型号的相关碳排放参数也存在缺少数据的局限，同时，不同的数据来源和统计方法带来单位的不统一，会出现m^2、m^3、kg、kWh等单位计量方式，在结果比较中需考虑单位的统一。对于能耗方面，目前主要从空间热工性能角度研究节能减排的设计策略，无法准确从其他角度进行能耗考虑。从建筑全生命周期角度，由于目前在设计阶段无法获知建筑拆除阶段的施工情况，故在计算拆除阶段的碳排放量只能通过占比值进行估算。在方案的低碳优化阶段，由于对施工具体施工流程和工艺的陌生，目前项目施工阶段的低碳优化指标，多通过借鉴文献经验。基础数据的准确性与统一性，数据获取的透明性与便捷性还待各相关领域的研究和支持。

第五，低碳作为建筑设计因素的重视不足。我国传统建筑设计都是根据甲方提供的设计要求有针对性地开展设计工作，往往设计的达标需满足功能性要求、美学的认可、造价的节省、保障使用者的安全与健康。建筑碳排放作为衡量建筑对环境的影响，大多属于建筑环保要求，且对于建筑的环保要求，目前习惯于从节能设计上进行体现，其重要程度相较于其他设计要求相对次要，这也使在与设计人员工作和沟通中，普遍对建筑设计阶段的减排要求重视程度不够，认识不清，对于建筑低碳设计的推进有一定的局限性。

第六，缺乏对设计阶段其他工种专业的认识与了解。对于实现具体的建筑低碳设计，不仅是建筑师的方案创意，同时也需其他各专业工种的配合，需要暖通、电气、结构、材料等专业知识的支撑。由于对其他工种的专业学识了解存在局限，遇到不少理论与实际之间的差距。

1.5 低碳建造技术体系

1.5.1 低碳建造技术路线

1. 整体框架

低碳建造技术遵循以“低碳化”为目标，以“智慧化”为技术手段，以“工业化”为生产方式，以工程总承包为实施载体，以低碳建材为物质基础，实现建造过程“节能低碳、提高效率、提升品质、保障安全”的新型建造方式。新型建造方式（Q-SEE）是在建造过程中，以“低碳、智慧、工业化”为特征，更好地实现建筑生命周期“品质提升（Q），安全保障（S），节能低碳（E），效率提升（E）”的新型工程建设方式，其落脚点体现在低碳建造、智慧建造和工业化建造。其中，低碳建造、智慧建造、工业化建造是相互关联的三个方面，低碳建造是工程建设的发展目标，工业化建造是实现低碳建造的有效生产方式，智慧建造实现低碳建造的技术支撑手段。实现“双碳”目标，于建筑企业而言，必须大力推行低碳建造，以“三化”协同完成低碳发展目标。

“双碳”目标促进新型建造方式应用升级，有助于建筑低碳零碳技术攻关。低碳建造的目标是实现建造过程的低碳化和建筑最终产品的低碳化，根本目的是推进建筑业的持续健康发展。智慧建造实现低碳建造的支撑手段，智慧建造主要体现在三个方面：一是“感知”，二是“替代”，三是“智慧决策”，智慧建造的主要目标是实现低碳建造，保证工程质量和安全。工业化建造是实现低碳建造的有效方式，是建筑产业生产方式的变革，也是建筑业发展的必然趋势，有助于进一步提高工程的品质和建造效率，推动生产方式转型升级。

2. 具体实施

围绕城乡建设和交通领域绿色低碳转型目标，以脱碳减排和节能增效为重点，大力推进低碳零碳技术研发与示范应用。推进绿色低碳城镇、乡村、社区建设、运行等环节绿色低碳技术体系研究，加快突破建筑高效节能技术，建立新型建筑用能体系。开展建筑部件、外墙保温、装修的耐久性和外墙安全技术研究与集成应用示范，加强建筑拆除及回用关键技术研发，突破绿色低碳建材、光储直柔、建筑电气化、热电协同、智能建造等关键技术，促进建筑节能减碳标准提升和全过程减碳。

同时，需要聚焦低碳零碳技术示范行动，以促进成果转移转化为目标，开展一批典型低碳零碳技术应用示范，建成不同类型重点低碳零碳技术应用示范工程，比如：

零碳/低碳能源示范工程。建设大规模高效光伏、漂浮式海上风电示范工程；在可再生能源分布集中区域建设“风光互补”等示范工程；建立一批适用于分布式能源的“源—

网—荷—储—数”综合虚拟电厂等。

低碳零碳建筑示范工程。建设规模化的光储直柔新型建筑供配电示范工程，长距离工业余热低碳集中供热示范工程，在北方沿海地区建设核电余热水热同输供热示范工程，在典型气候区组织实施一批高性能绿色建筑科技示范工程。

此外，支持基础条件好的地级市在规划区域内，围绕绿色低碳建筑、建筑废物循环利用等方面开展跨行业跨领域集成示范；在有条件的地方开展零碳社区示范；在典型农业县域内结合自身特点，综合开展光伏农业、光储直柔建筑、农林废物清洁能源转化利用、分布式能源等技术集成示范。

1.5.2 低碳建造关键技术

我国将以更大力度推进新能源先进发电技术、先进特高压电网技术、大规模新型储能技术、绿色氢能技术、碳捕集、利用与封存技术和先进核能技术攻关的同时，进一步推进煤炭绿色高效利用技术、石油化工绿色低碳技术的创新攻关，推动数字化信息化技术在节能、储能、清洁能源利用、能源互联网领域的创新融合（图1-12）。可再生能源发电、先进储能技术、氢能技术、先进核电、二氧化碳综合利用等新技术有望取得系列重大突破，减碳脱碳技术将成为今后一个时期能源领域技术研发和攻关的重点。

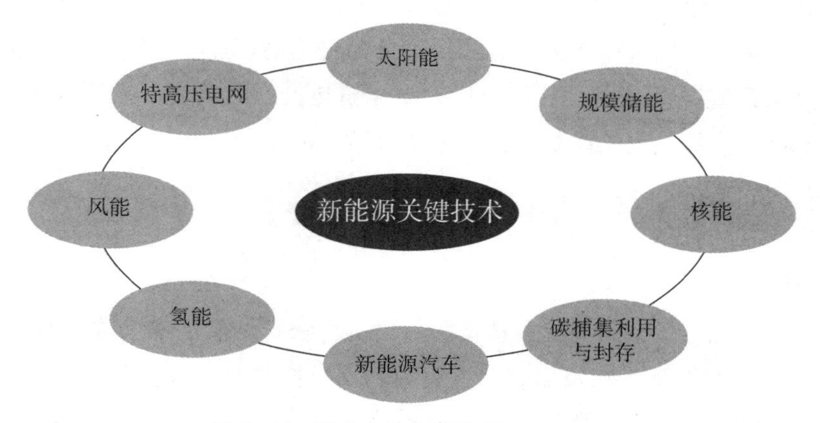

图 1-12 数字化信息化技术的创新融合

1. 太阳能光伏系统

到21世纪中叶，太阳能发电量将占世界总发电量的20%～25%，成为世界基本能源之一。许多发达国家已大力发展太阳能光伏产业，日本于1992年启动“新阳光计划”，到2003年，日本光伏组件生产占世界的50%；德国的可再生能源法规定了光伏发电上网电价，大大推动了其国内光伏市场的发展。随着技术的成熟，光伏系统的成本降低，中国的光伏市场从21世纪初开始飞速发展，前景广阔。2015年，国家发布《关于促进先进光伏技术产品应用和产业升级的意见》，开始实施“光伏领跑者计划”。2016年，我国光伏装机规模达到34.5GW，成为全球最大的光伏市场。

太阳能光伏系统是利用半导体界面的光生伏特效应而将光能直接转为电能。其主要组成部分包括太阳能电池板组件、控制器和逆变器。常见的太阳能电池主要分单晶硅太阳能电池、多晶硅太阳能电池和非晶硅（薄膜）太阳能电池三种。目前市场上使用率高的是晶硅太阳能电池。薄膜太阳能电池也拥有十分广阔的发展前景，其优点是光伏组件处于围护结构外表面，吸收并转化了部分太阳能，有利于减少建筑室内的热量、降低空调负荷；作为一种清洁能源，光伏发电过程中不会产生污染，有利于保护环境。缺点是光伏电池的制造成本较高，发电系统初期投资过大，回收周期长；光伏电池与建筑围护结构相结合，夏季有利于建筑物的遮阳隔热，但冬季则不利于采光采暖。例如武汉火车站采用光伏并网发电，其光伏组件选用单晶硅，布置在车站顶棚的一个主翼和八个副翼上，发电容量为2.2MW，是湖北省目前最大的铁路客站光伏电站项目。根据现场试运行阶段数据换算显示，工程投运后年上网发电量为204.8万度，每年可以减少2041.856tCO_2排放。

2. 太阳能热水系统

太阳能热水系统自20世纪80年代在国内开始发展并普及，目前已经作为一个成熟的新能源技术产品运用于建筑项目中。太阳能热水系统主要是在建筑围护结构外表面设置太阳能集热器或直接取代建筑外围护结构，将吸收的太阳能转化为热能并传递给工作流体，向用户提供生活热水。根据水循环运行方式，可分为自然循环热水系统、强制循环热水系统和直流循环热水系统。系统主要部件包括太阳能集热器、贮水箱、循环水泵、辅助热源、控制系统和热交换器等。太阳能集热器为系统最重要的组件之一，目前主要有平板型和真空管型两种常用类型。

3. 清洁风能

风能因其资源无尽、分布广泛、清洁无污染的优势，运用前景广阔。风能的大小与风的速度、方向、密度以及时间长短有关。目前利用风能主要有以下几个方式：风力提水、风力发电、风帆助航和风力制热等。其中风能发电是风能利用中最受推崇的主力之一，目前风能发电是我国第三大发电形式，具体发电模式有大型风电场和小型风电场。

风能发电是利用风力带动风车叶片的旋转，风轮通过主轴链接齿轮箱，经过齿轮箱增速后带动发电机发电。风力发电机一般由风轮、发电机组件、调向器（尾翼）、塔架、限速安全机构和储能装置等构件组成。由于风力发电效率与风速有关，而风速的大小是随机变化的，因此风力发电机的输出功率是不稳定的，往往发电机参数中会有发电机随风速变化的输出功率曲线。

4. 热泵技术

热泵是通过动力驱动做功，从低温热源中取热，将其温度提升，送到高温处放热。通过此原理可实现在夏季为空调提供冷源，在冬季为建筑采暖提供热源。相比于直接燃烧化石能源获取热量，热泵技术可以降低能源消耗，减少CO_2排放。目前较为常用的热泵技术是空气源热泵技术和地源热泵技术。

《中华人民共和国可再生能源法》中，规定地热能属于可再生能源。地源热泵系统是以岩土体、地下水或地表水为低温热源，由水源热泵机组、地热能交换系统、建筑物内系统组成的供热空调系统。地源热泵与其他热泵的基本工作原理类似，根据冷热源交换形式的不同，地源热泵系统可分为地下水地源热泵系统、地表水地源热泵和地埋管地源热泵系统。

5. 新型绿色低碳建材

在1988年第一届国际材料会议上首次提出“绿色材料”的概念，并被确定为21世纪人类要实现的目标材料之一。在碳减排的背景下，建筑中的绿色材料也逐渐探索低碳化发展，绿色低碳建材得到创新发展。绿色低碳建材是指以降低建筑碳排放为目标的绿色建材。新型绿色低碳建材目前发展的种类很多，如采用纳米技术在保温建材领域的新应用和多功能复合建材。针对主体结构和围护结构的建材创新，以超低碳贝氏体钢和薄膜太阳能发电材料为典型代表。

（1）超低碳贝氏体钢

超低碳贝氏体钢（Ultra-Low Carbon Bainit，ULCB）具有高强度、高韧性、焊接性能优良等特点，被国际上公认为21世纪最有前景的新一代绿色环保钢种。由于钢的强度不再依靠碳含量，而是在钢种中加入锰、钼、镍、铌、钛、铜、硼等合金元素，消除碳元素对贝氏体组织韧性的不利影响，其含碳量比常规钢材含碳量低得多，低碳贝氏体钢的含碳量多控制在0.08%以下，而超低碳贝氏体钢含碳量仅为0.01%～0.05%。超低碳贝氏体钢的超低碳与微合金化设计，使其在强度、韧性、耐腐蚀和焊接性上都具有优势，增加了建材的耐久性，同时降低了生产和使用过程中的碳排放，适合在高大空间公共建筑的低碳设计建造中进行推广。

（2）薄膜太阳能发电材料

薄膜太阳能发电材料是利用太阳能的光电转换实现围护结构材料的“自发电”，缓解建筑能耗对于传统化石能源的依赖，减少碳排放。目前建筑上主要利用晶体硅材质的太阳能电池板，由于晶体硅成本的增加和本身太阳能板的韧性差、可塑性较为局限等原因，建筑对于太阳能发电的利用也考虑通过采用非晶硅薄膜材料实现围护结构的低碳产能。薄膜太阳能发电材料多由玻璃和多种气体（如硅烷、硼烷等）组成，适用于微米厚度的非晶硅吸收阳光，降低材料成本的同时具有较高的可塑性和延展性；其耐高温、耐潮湿的稳定性适合在炎热多雨的夏热冬冷地区使用。由于不受安装角度的限制和较强的可塑性，其可在建筑不同方向上的表皮进行美学艺术与低碳环保的融合。

1.6 低碳建造发展规划体系

1.6.1 我国低碳建造发展路径

推进建筑行业实现“双碳”目标，首先要抓住“三全”特征，即牢牢抓住全生命期、全过程、全参与方的特征，在建筑全生命期中贯穿绿色、低碳、环保、生态等要素。同时，项目是最基本的单元，是减碳的源头，因此要推行节能环保的生产方式。在此提出“五度”路径。

1. 提升“高度”，加强顶层机制设计

一是开展碳排放定量化，确定碳排放总量约束目标；二是优化绿色施工的标准，把碳减排指标纳入企业绿色标准体系中，衡量建筑工程的碳排放量、研发投入成本、资源消耗量和经济效益；三是构建目标体系、市场体系、标准体系、技术体系、产业和产品体系，为业界实践提供参考路径；四是构建绩效评价和考核体系，建立建筑用能及碳排放总量目标的分解和量化实施机制。

2. 挖掘“深度”，突破关键技术

推动技术革新和升级换代，重点解决“卡脖子”的技术难题。一是提前布局“双碳”重大关键技术的研发，围绕能源替代、节能减碳、循环利用、碳捕获与封存、智慧建造等方面布局关键技术的专项科研攻关；二是尽快进行清洁能源、低碳、零碳、负碳、建筑材料等重大前沿技术领域的布局，深入开展光储直柔、抽水蓄能、建筑电气化、智能物联网等关键技术的攻关；三是研发运用各类建筑减碳新工艺、新技术、新产品，加快部署推进新型材料、新型结构、资源综合利用等低碳前沿技术的研究、储备和应用，不断挖掘减碳的技术潜力；四是大力发展信息技术，实现智慧建筑、智慧园区和智慧城市等的持续迭代升级，探索应用BIM、CIM技术融合及数字孪生技术，加快信息技术与工程业务的深度融合。

3. 加大“力度”，推动转变生产方式

建立新型的建造方式体制机制，建立健全科学实用、前瞻性强的新型建造方式标准和应用实施体系，完善相关技术体系和产品。强化新型建筑方式的新理念，建立新型建造方式的平台体系。打造创新研究平台、产业集成平台、成果应用推广平台。

4. 拓宽“广度”，全产业链协同减碳

纵向拉通、跨界融合、空间拓展是基本的要求。围绕工程建设的主业，为投资开发、规划设计、施工建造、运营维护提供可行的一揽子低碳节能方案；建立跨行业、跨领域的协作平台，以更加开放的心态和颠覆式的资源整合方式，构建具有吸引力的产业生态圈，形成绿色低碳产业链和供应链。

5. 寻找“温度”，助力稳增长保就业

目前，国家在研究部署进一步稳增长稳市场主体保就业。这给以低碳为基础的零碳建筑、零碳社区、零碳城市等带来了广阔的发展空间，将为国民经济尤其是建筑业的稳健发展、保障民生和就业提供助力。

1.6.2 低碳建造的重点工作

1. 坚持“三造”融合方向

对中国建筑业而言，如何借助中国制造、中国创造、中国建造这“三造”融合来推动技术创新与行业变革，将是建筑业实现“双碳”目标的重要途径。中国创造引领中国制造，中国制造支撑中国建造，中国建造带动中国创造，中国制造更好发展。“三造”融合不但可改变中国，还将影响世界。

坚持“三造”融合方向。“制造+创造+建造”是建筑业生产方式变革的内在基因。推动现代工业技术、信息技术与传统的建筑业融合创新，寻找建筑艺术与建造技术的完美契合点，探索“研发 + 设计 + 制造 + 建造 + 服务”高度集成的新生产与服务体系，代表了建筑业生产方式变革的内在基因，并将适应不同类型建筑特点要求，创造更广阔的新技术应用场景。

2. 依托“三体”落实责任

目标需要行动来落实，建筑业的“双碳”目标要牢牢把握全生命期、全过程、全参与方的特征。“全生命期”即建筑业碳排放贯穿于规划设计、施工建造、运营全过程，和建筑全产业链紧密相关。“全过程”即碳减排要全过程参与，要充分了解建筑行业的特点和属性，制定有针对性的措施。“全参与方”即参与方众多，建筑业碳减排涉及政府、企业、居民等多方利益主体。建筑业新型建造方式提倡Q-SEE，以低碳、智慧、工业化为特征，更好实现建筑生命周期的品质提升，推动全过程、全要素、全参与方的“三全”升级，促进新设计、新建造、新应用的“三新”驱动。同时抓住“三体”即城市、社区、项目三大载体，通过大力推进低碳建造来“做优存量、做精增量”，履行好“双碳”目标责任。

3. 遵循“四化”协同要求

低碳化、工业化、智慧化、国际化等“四化”协同代表了建筑业生产方式转型的方向。低碳化有助于形成人与自然和谐发展的现代化建设的新格局；发展新型建筑工业化是促进建筑领域节能减排的有力抓手；智慧化是“双碳”的关键引擎和动力，也是占据全球行业制高点的关键；国际化有助于促进中国建筑业与世界接轨，带动中国制造、中国创造走出去。

4. 推进全产业链协同发展

推动形成涵盖科研、设计、加工、施工、运营等全产业链融合一体的“新型建造服务平台”。加快发展现代产业体系，发展先进适用技术，打造新型产业链，优化产业链供应链发展环境，加强国际产业合作，形成全产业供应链体系。做强“平台+服务”模式，通过投资平台、产业平台、技术平台，把绿色低碳等都统筹起来，作为城市整体绿色低碳服务商，推进产业链现代化。关注超低能耗建筑和近零能耗建筑、新型建材等新兴产业。

1.6.3 低碳建造的实施策略

1. 科学理解“双碳”目标内涵

低碳不等于延缓发展的进程，我们要科学理解“双碳”目标的内涵。建筑业在实现碳达峰的进程中，在当前阶段最重要的就是要通过低碳建造、智慧建造和工业化建造，以提高资源能源利用效率为关键点，改变大拆大建、资源浪费的粗放发展方式，通过利用可再生绿色建材、降低废弃物排放等方式推动循环经济发展，在保持较大产业规模推动工程建设的同时，把资源消耗和环境排放逐步降低下来，实现发展与低碳的总体平衡。此外，伴随科技进步，很多低碳建造技术已不再意味着成本提高；同时，低碳建造短期成本的提高往往能够带来全生命周期综合成本的降低。这表明真正需要解决的是低碳建造责任承担主体和受益主体错位的问题，为此必须要探索低碳建造的全面创新，通过引入更科学合理的管理方法、实行更精准有效的政策措施，来激发推动城乡建设低碳发展的内在动力。

2. 打造以低碳建造为核心的新型建造方式

对工程建设领域而言，助力城乡建设低碳发展的落脚点就在于推动以低碳建造为核心的新型建造方式，要以此为抓手助推低碳发展，营造低碳生活。城乡建设低碳发展的关键在于低碳发展、低碳建造和低碳生活的有机统一。首先，低碳发展是根本方向。低碳发展是推动各项工作的总抓手。低碳发展理念以人与自然和谐为价值取向，以低碳循环为主要原则，以生态文明建设为基本抓手。城乡建设实现低碳发展，就是要保护环境、转变发展方式，实现可持续发展。其次，低碳建造是实现方式。建筑业必须要从根本上摆脱粗放发展的老路，在建筑全生命周期内最大限度节约资源和保护环境，大力推动低碳建造，助力我国实现“双碳”目标。最后，低碳生活是最终归宿。建筑业高质量发展的核心就是以人为本，体现在为人民群众提供更高品质的建筑产品上，提供更优质、更高效的低碳建筑、绿色住宅，建筑业的使命就是实现更加美好的人居环境，让人与建筑、城市和谐共生。低碳发展、低碳建造、低碳生活是有机统一的整体，低碳建造是实现低碳发展的重要手段，是营造低碳生活的途径。为此，要着力推动建筑业生产方式转型，落实“双碳”目标，由传统的粗放建造向以低碳建造、智慧建造、工业化建造为核心的新型建造方式转变，建设低碳城市、美丽乡村，打造健康低碳的生活方式，助力城乡建设低碳发展。

思考题

（1）简述建设工程碳管理的定义及其主要目标。

（2）分析当前建设工程碳排放的现状，以及“双碳”目标对于低碳转型的意义。

（3）解释低碳建造的定义，并阐述其内涵，包括节能、减排、环保和资源高效利用等方面的要求。

（4）讨论低碳建造在实践中面临的问题和挑战，并提出可能的解决方案。

（5）结合实际案例，分析建设工程碳管理与低碳建造在实际项目中的应用情况。

（6）探讨未来建设工程碳管理与低碳建造的发展趋势和研究方向。

（7）结合个人理解和实践经验，谈谈对建设工程碳管理与低碳建造的体会和感悟。

2

建设工程碳管理的基础理论

本章要点

本章主要介绍了建设工程碳管理的基础理论，包括工程管理相关环境理论、可持续发展理论、低碳发展理论、项目减排机制等内容。本章旨在向读者介绍建设工程碳管理基础理论的相关概念、特征、原则及发展模式，帮助读者深入学习和理解该领域。

学习目标

（1）了解环境的概念与特征，以及工程管理中的环境问题；

（2）掌握可持续发展的概念和内涵、可持续发展的原则和生态环境可持续发展的内容；

（3）熟悉低碳与低碳发展、低碳经济发展模式以及建筑与低碳发展等内容；

（4）理解减排目标、碳交易减排基础、碳交易市场以及项目减排量机制的运行原理。

2.1 工程管理相关环境理论

随着中国经济的不断发展，工程建设日趋增加。随之而来的废气、污水、废弃物等不断增加，对当地自然环境产生了不良影响，对我国人民的生存环境造成了巨大压力。此外，工程项目对环境的影响是持续性的，这种对环境的影响不仅包括施工过程中的水污染、噪声问题、空气污染、高能耗问题、固体废弃物问题等，而且还包括工程项目建成后对周围环境的各种影响。保护环境，减少CO_2排放是时代的使命，环境目标逐渐成为传统工程项目管理成本、进度与质量三大目标之外的又一重要管理目标。基于工程管理环境论，确保经济与自然的协调发展，实现可持续发展，应积极倡导绿色管理理念，保证经济发展与环境保护的协调统一，防止环境污染和生态破坏，避免或减缓建设工程项目对环境的影响。

2.1.1 环境的概念与特征

1. 环境与工程环境

（1）环境

环境是一个被广泛使用的名词，理解其概念是认识环境和环境问题的前提。人类既是环境的产物，又是环境的创造者。人类与环境是相互联系、相互影响和共同发展的关系。从人类与环境的关系可以看出，所谓环境是指围绕着人类的全部空间以及其中一切可以影响人类生活与发展的各种天然的与人工改造过的自然要素的总称。因此，可以认为环境是以人为中心的一切外部事物的总和，是人类生活和生产的场所，并为人类进行生产、生活提供必要的物质基础。

但是，环境是一个极其广泛的概念，在不同的考虑范围内，环境具有不同的内涵和外延。准确理解环境概念，对于协调人类与环境的关系、解决实际或潜在的环境问题、保护人类的生存环境、保障经济社会的可持续发展具有重要意义。

（2）工程环境

工程环境包括工程的自然环境与社会环境。自然环境是社会环境的基础，社会环境是自然环境的发展。其中，自然环境是指在人类出现以前就存在的，是人类目前赖以生存、生活和生产所必需的自然条件和自然资料的总称，包括阳光、空气、水、岩石、土壤、动植物、气候以及地壳的稳定性等。而社会环境是指人类活动而形成的环境要素，包括由人工形成的物质、能量和精神产品，以及人类活动中所形成的人与人之间的关系。

就工程项目而言，建设工程活动能够对自然环境产生重大影响，自然环境也能够对工程活动产生重大制约。这是工程自然环境学说的思想基础。自然环境包含三大要素，即：气候环境、土地环境和生物环境。工程活动不但与自然环境相互影响，而且还与社会文化环境相互作用。社会文化环境可以为工程活动提供社会文化资源，还可以作为结构性因素影响工程活动，并且渗透到工程活动成果或产品之中。如长城、故宫等工程成果，都折射出它们出现之前的社会文化环境，同时又成为它们出现之后的社会文化环境的重要部分。中国古人重视工程社会文化环境，提出过不少学说，涉及政治、经济、法律等多个维度。

工程环境的核心是工程与社会的和谐、工程与自然的和谐。然而，工程活动本身必然打破原有的平衡，其最终目的是构建新的“和谐”，包括人与人、人与自然的和谐。因此，工程建设的过程中需要高度重视环境保护，在强调发展主题、鼓励经济增长的同时，深刻认识工程项目的建设需要以保护自然与社会为基础，与资源永续利用和生态环境承载能力相协调。

2. 环境的特征

（1）整体性

人与地球环境是一个整体，地球的任一部分，或任一个系统，都是人类环境的组成部分。各部分之间存在着紧密的相互联系、相互制约关系。局部地区的环境污染或破坏，总会对其他地区造成影响和危害。所以人类的生存环境，从整体上看是没有地区界线、省界和国界的。

（2）有限性

环境的有限性不仅是指地球在宇宙中独一无二，而且其空间也有限，有人称其为“地球村”。这还意味着人类环境的稳定性有限，资源有限，容纳污染物质的能力有限，或对污染物质的自净能力有限。人类活动产生的污染物或污染因素、进入环境的量，超越环境容量或环境自净能力时，就会导致环境质量恶化，出现环境污染。

（3）不可逆性

人类的环境系统在其运转过程中，存在两个过程：能量流动和物质循环。后一过程是可逆的，但前一过程不可逆。环境一旦遭到破坏，利用物质循环规律，可以实现局部的恢复，但不能彻底回到原来的状态。

（4）隐显性

除了事故性的污染与破坏（如森林大火、农药厂事故等）可直观其后果外，日常的环境污染与环境破坏对人们的影响，其后果的显现要有一个过程，需要经过一段时间。

（5）持续反应性

环境污染不但影响当代人的健康，而且还会造成世世代代的遗传疾病隐患。

2.1.2 工程管理中的环境问题

进入21世纪后，在全球范围内，工程项目的建设和运行等引发的自然和社会文化环境问题日益突出，严重影响人们健康生活，影响社会和谐发展。当今世界主要有十大全球环境问题：全球变暖及温室效应、臭氧层的耗损与破坏、生物多样性减少、酸雨蔓延、森林锐减、自然资源短缺、土地荒漠化、淡水资源危机与水污染、海洋污染、危险废物增加与转移。而建设工程项目与上述十大环境问题几乎都相关，在建设工程项目全生命期各个阶段其环境问题是不同的，如建设工程项目前期主要是由于选址不当而产生的生态破坏；建设期对于环境的影响是实质性的、全方位的，主要有：大气污染、温室效应、噪声污染、废弃物污染等；而运营维护期主要是能源的消耗；拆除阶段则是建筑垃圾的污染。

1. 大气污染

大气污染源主要是工程施工中的粉尘，为了有效地改善工程施工中的作业环境，可以定期对施工现场进行洒水，以减少粉尘漂浮产生的大气污染，对于有粉尘物质的建筑材料进行装卸时最好是在空气较为湿润的仓库内进行，要加固建筑物外脚手架的封闭性，以防粉尘物资的泄漏。

2. 温室效应

在建造阶段的碳排放中，温室气体与大气污染物有极强的同源性，且与化石燃料燃烧密切相关。化石燃料燃烧排放污染物的同时，也会排放大量的温室气体，尤其是CO_2。温室气体虽然不属于大气污染物，但其引发的温室效应不仅会对当前气候变化造成影响，其影响力甚至可持续数十年，甚至上千年。不加节制的温室气体排放会引致温室效应，令全球气温上升。因此，工程建设施工过程中所排放的废气中的温室气体是工程碳管理关注的焦点。

3. 资源浪费

传统粗放式工程施工管理中存在的资源浪费等问题，对于建筑材料与人工的消耗，要实现工程施工场地与周围环境的和谐共生。在建设工程施工阶段，粗放施工普遍，施工技术落后，施工管理水平低下导致水电等能源消耗量巨大、人力资源低效率占用。这样粗放的施工方式对材料、能源和人力资源等的浪费比较严重。资源浪费问题严重影响工程的质量以及施工进度。

4. 噪声污染

噪声污染是建筑管理过程中非常普遍的一种污染形式，其中包括管理机械作业、模板安装及拆除及清理作业等的噪声排放。噪声污染会对周围居民的生活环境造成非常大的污染，最主要是对人们的身心健康造成损害。进行施工时，将容易产生较大噪声的施工工作安排在白天进行，降低施工机械设备厂产生的噪声问题；如果出现特殊情况，必须在晚上施工，必须征得当地市政部门和环保部门的许可，同时在施工期间要合理降低噪声；施工前施工方应该就可能出现的噪声问题和周边的居民进行协商；施工期间，车辆进进出出要避免鸣笛，保证减速慢行。

5. 废料污染

目前工程废水是造成我国水污染的主要污染物，排放量很大，污染物的种类繁多，造成污染的范围会很广泛；废水中污染物质的毒性通常很强，危害大；被工程废水污染过的水体，很难恢复。对工程废水进行治理，其主要的措施有过滤沉淀、吸附、离心分离等。工程废气中含有大量的有害气体，气体成分复杂、污染范围广、危害程度大。工业废气的物理治理措施主要为活性炭吸附法。建筑废物一般可分为土石方、建筑或拆卸废物、化学废物、包装废物、日常垃圾等几类。从环保角度则可分为可循环再用和不可循环再用两种，如果将两种废物混合一起填埋和弃置，则会造成资源浪费。

2.1.3 基于环境保护的工程项目管理

随着人类文明的发展，工程环境观在不断变化，逐渐认识保护环境的重要性。随着社会经济实力的不断增长，人们对工程项目管理中的环境保护管理提出了更高的要求，既要取得较高的经济和社会效益，又要兼顾保护好自然环境。基于环境保护的工程项目管理，既不是鼓励对环境的“无所作为”，也不是纵容对环境的“为所欲为”，而是倡导在这两种极端中间寻求工程和环境的平衡与和谐。即保护和合理地利用自然资源保持良好的生态环境，实现社会、经济与资源环境的协调发展。工程环境观的转变如图2-1所示。

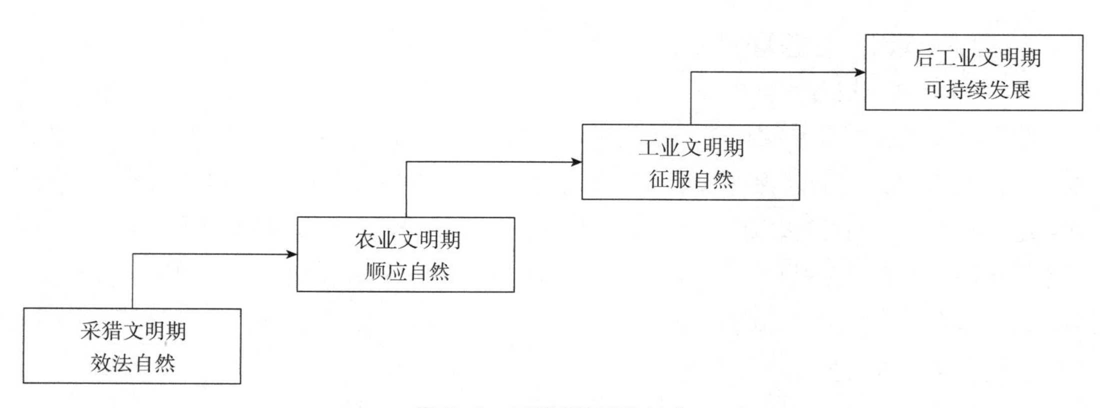

图 2-1 工程环境观的转变

1. 工程项目环境管理观的转变

（1）项目管理对象扩展

在传统意义上，建设工程项目管理关注的对象是项目本身，往往只考虑项目的经济和社会效益实用性，缺乏对建筑项目周围生态环境保护的考虑。而随着对环境问题的高度重视，要求建筑建设工程项目管理者要取得工程技术和保护环境之间的一个平衡点，管理者需要利用现有的技术，尽最大的努力减少工程对周围生态环境的影响，维持生态平衡的稳定性，同时在工程技术合理提高的前提下更理智地开发自然资源，不能盲目地追求经济利益而忽略环境，应最大限度地确保建筑工程与环境保护的和谐统一。

（2）项目管理目标统一

实现经济效益、建设工程项目与环境保护的三者协调统一。工程项目管理中的环境问题并不单一存在，其本质是一个复杂的系统工程问题。其涉及生产技术、工程质量、经济目标等各方面。从管理学的角度应统筹制定相对应的管理方法，在实现经济效益目标的前提下，综合实现建设工程项目与环境保护的协调一致。

（3）项目管理理念升级

实现人与自然环境的高度协调一致。一般意义上的工程项目管理目标是实现质量、经济和成本控制三个传统目标，如今，新增加了可持续发展的目标，这就意味着在工程项目建设中，要求实现整个宏观区域和微观区域的环境质量目标，不会因工程建筑而对环境质量进行破坏，从而实现人与自然的最大限度的统一。

（4）项目管理方法协同

传统的工程项目管理，往往其核心点在于项目本身，需要将环境保护问题纳入项目管理的范畴内，实现这一目标需要工程项目组的整体协作及与其他团体部门的合作，任何一个环节出现纰漏都会对整个项目的工程质量和环境质量造成不可估量的影响。因此站在可持续发展的角度看，协调好项目管理与环境保护之间的关系，需对工程建设的共同合作精神提出更高的要求，团结协作是环境保护工程项目管理的重点之一。

2. 工程项目环境管理措施

（1）制定环境保护管理制度

首先，项目管理者需根据现场的实际情况来核实、确定工程现场周围环境的敏感点、环境保护目标和对应的环保法规及其他要求。此外，管理者还需对工程项目施工全过程中，建筑施工各阶段的环境因素进行分析与预测，找出影响环境的重大因素，并制定可行的环境保护工作方案。其中，要重视工程项目施工过程中的碳排放，必要时可建立低碳管理的相应制度，以形成有序的管理体系。倘若在施工过程中，工程内容、环境保护要求等发生变化，则管理者要相应地调整施工环境保护方案。

项目组可在施工现场设置环保负责人，负责日常的环境保护管理工作。还可在工地门口设置公众投诉信箱并公布投诉电话，主动接受群众的监督，对有群众投诉反映的问题，相关负责人要及时处理并给予群众积极正面的答复。在建筑工程完成后，还需在施工合同规定的时限内清理好场地、恢复设施和绿化，并对环保工作进行全面的总结以及资料整理归档。

（2）对原有管线、建筑物的保护

一个具体的建设工程项目中，发包人要遵循建设工程合同管理的相关规定，向承包人提供施工场地的工程地址和地下管线资料，对资料的真实准确性负责（在专用条款中应该写明：工程地质和地下管线资料的提供时间和要求，如水文资料的年代、地质资料、深度等）。

承包人要按建设工程合同管理中的专用条款约定做好施工场地地下管线和邻近建筑物、构筑物（包括文物保护建筑）、古树名木的保护工作［在专用条款中应该写明施工场地周围地下管线和邻近建筑物、构筑物（包括文物保护建筑）、古树名木的保护要求及费用承担］。

（3）加强作业人员的环保意识的教育培训

培训是提高项目竞争力的重要手段。在双碳背景下，除了应对建设工程项目中的施工作业人员加强环保培训外，还要有针对性地控制项目的碳排放，实现低碳管理的总目标，提高一线施工作业人员环境保护、节能减排的意识，提高施工单位领导以及有关工程管理人员的环保减排素质，让环境保护的理念深入人心。在建筑施工的过程中，倘若出现生态环境或绿化破坏的情况，项目组一定要积极配合当地的环保部门采取可行的措施对其进行保护。提倡严格管理、文明施工，采用对保护生态环境有益的或无害的施工技术、施工程序和施工方法。

（4）积极倡导建立健全的生态环境保护的法规

没有规矩不成方圆，我们应积极倡导健全完善建设工程项目施工中关于保护生态环境和降低温室气体排放的法规。在相应法规条例的基础上，强调任何施工单位和人员都应遵守并积极践行。此外，还可以将环境保护的质量与建设过程中的碳排放量作为建设工程施工单位工程质量的一部分进行监理考查，并与经济效益挂钩，与其他合同条件（如保证建筑物本身的质量条款）一样受合同法的约束，约束施工单位在环保方面不良的行为。

2.2 可持续发展理论

人类历经农业社会、工业社会并将全面迈进知识经济社会。在创造了辉煌的工业文明的同时，也出现了全球范围内的环境破坏、资源过度消耗和贫富差距加大等问题，随之出现严重威胁和阻碍着人类社会的生存和发展。在此期间，人类的发展观也历经转变，从重视效率到对传统经济发展模式进行反思，孕育出了可持续发展思想及其相关战略。回顾可持续发展理论，从它的产生到人们将其付诸行动，都是人类文明进步的表现，是人类认识自然、认识自我、改造自然、规范自我的一个正确举措。

2.2.1 可持续发展的概念和内涵

1. 定义

可持续发展的概念和理论从西方国家传入中国。世界环境与发展委员会（WCED）于1987年在《我们共同的未来》报告中，第一次对可持续发展作了全面、详细的阐述，并给出了权威性定义："可持续发展是既能满足当代人的需要，而又不对后代人满足其需要的能力构成危害的发展"，得到了国际社会的普遍接受。

"可持续发展"一词最初是由发达国家提出来的，发展中国家对此也进行了一系列的对话和辩论。于1989年5月，在联合国环境署第15届理事会上达成共识，并在《环境署15届理事会关于"可持续发展"的声明》中，记载了这一共识。1992年6月，在巴西召开的联合国环境与发展大会上，可持续发展已经成为人类的共识和时代的强音，并体现到这个会议发表的五个重要的文件中，即：《保护生物多样性公约》《气候变化公约》《里约热内卢宣言》《21世纪行动议程》《关于森林问题的原则声明》。这是人类第一次将可持续发展由理论和概念变成行动。

2. 内涵

所谓可持续发展，就是要实现资源的永续利用和人、自然、经济、社会的协调发展，追求包括经济效益、社会效益、生态效益在内的综合效益，使人的生产、物质生产与环境生产良性互动。从而使发展不是一种短期的、断续的行为，而是一种长期的、可持续行为。总的来说，可持续发展具有以下几方面的内涵：

（1）共同发展

地球是一个复杂的巨系统，每个国家或地区都是这个巨系统不可分割的子系统。系统的最根本特征是其整体性，每个子系统都和其他子系统相互联系并发生作用，只要一个系统发生问题，都会直接或间接影响到其他系统，甚至会诱发系统的整体突变，这在地球生态系统中表现最为突出。因此，可持续发展追求的是整体发展和协调发展，即共同发展。

（2）协调发展

协调发展包括经济、社会、环境三大系统的整体协调，也包括世界、国家和地区三个空间层面的协调，还包括一个国家或地区经济与人口、资源、环境、社会以及内部各个阶层的协调，持续发展源于协调发展。

（3）公平发展

世界经济的发展呈现出因水平差异而表现出来的层次性，这是发展过程中始终存在的问题。但是这种发展水平的层次性若因不公平、不平等而引发或加剧，就会因为局部而上升到整体，并最终影响到整个世界的可持续发展。可持续发展思想的公平发展包含两个纬度：一是时间纬度上的公平，当代人的发展不能以损害后代人的发展能力为代价；二是空间纬度上的公平，一个国家或地区的发展不能以损害其他国家或地区的发展能力为代价。

（4）高效发展

公平和效率是可持续发展的两个“轮子”。可持续发展的效率不同于经济学的效率，可持续发展的效率既包括经济意义上的效率，也包含着自然资源和环境的损益的成分。因此，可持续发展思想的高效发展是指经济、社会、资源、环境、人口等协调下的高效率发展。

（5）多维发展

人类社会的发展表现出全球化的趋势，但是不同国家与地区的发展水平是不同的，而且不同国家与地区又有着异质性的文化、体制、地理环境、国际环境等发展背景。此外，因为可持续发展又是一个综合性、全球性的概念，要考虑到不同地域实体的可接受性，因此，可持续发展本身包含了多样性、多模式的多维度选择的内涵。因此，在可持续发展这个全球性目标的约束和指导下，各国与各地区在实施可持续发展战略时，应该从国情或区情出发，走符合本国或本区实际的、多样性、多模式的可持续发展道路。

2.2.2 可持续发展原则

1. 公平性原则

可持续发展强调：“人类需求和欲望的满足是发展的主要目标”。包括三层意思：一是本代人的公平，即同代人之间的横向公平。二是代际间的公平，即世代人之间的纵向公平性。人类赖以生存的自然资源是有限的，要给世世代代以公平利用自然资源的权利。三是公平分配有限资源。

2. 持续性原则

资源和环境是人类生存和发展的基础，在保护地球自然系统基础上进行人类的经济建设和社会发展，这意味着人类发展不能超过自然资源和生态环境的承载能力，它应以不损害支持地球生命的诸如大气、土壤、水、生物等自然系统为前提。也就是说，可持续发展不仅要求人与人之间的公平，而且更要顾及人与自然之间的公平。因此，人类不能过度生产和消费，应该按照可持续性原则来调整自己的生产方式，确定自己的消耗标准。

3. 共同性原则

为了实现可持续发展的总目标，全人类应该共同遵从公平性原则和持续性原则。从根本上讲，贯彻可持续发展思想就是促进人与人之间以及人与自然之间的和谐。因此，只要每个人均能够真诚地依据“共同性原则”行动，那么人类之间、人类与自然之间就能维持互生互惠的关系，从而实现可持续发展。

4. 质量原则

可持续发展更强调经济发展质量的中的“质”，要以尽可能低的资源代价去达到提高人民生活质量的目的，还要提高经济运行的效率。必须通过发展来提高当代人的福利水平，必须具有长远发展眼光。

2.2.3 生态环境可持续发展的基础

可持续发展最初是从环境资源角度提出来的，建设工程项目的低碳管理是环境方面管理的重点。因此，认识环境的稀缺性和重要性是可持续发展的基础。有学者提出，可持续发展要以保护自然为基础，与资源和环境的承载能力相协调。在发展的同时必须保护环境，包括控制环境污染、改善环境质量、保护生命支持系统、保护生物多样性、保持地球生态的完整性、保证以持续的方式使用可再生资源，使人类的发展保持在地球承载能力之内。

1. 环境稀缺论

在人类活动对环境影响还较小时，人们认为空气、水等环境资源是一种“自由取用”的物品。环境无限论导致人类任意使用自然资源、对环境进行掠夺式开发与利用。到20世纪60年代末，随着人类活动对环境影响的深度和广度的不断扩大，各种环境问题逐步暴露出来，人类逐渐认识到环境问题的实质在于：人类索取资源的速度超过了资源及其替代品的再生速度，人类向环境排放废弃物的速度超过了环境的自净力。于是，环境稀缺论应运而生，认为相较于人类无限制的欲望而言，环境是一种稀缺资源，那么就有一个如何合理、持续利用环境的问题。因此，对环境稀缺性的认识是可持续发展理论发展的基本前提。

2. 环境价值论

对环境价值的全面认识是可持续发展的理论基础之一。环境价值包含环境的使用价值、潜在价值和存在价值。使用价值不仅是环境为人类提供食物、药物和原料的功能，还间接地支持和保护人类活动和财产的调节功能。潜在价值使环境为后代人提供选择机会的价值。存在价值则是环境独立于人的需要的生存权利。如果环境没有这些价值，人类就没理由去合理利用与保护环境，目前人类该做的是通过恰当的产权分配、合理的制度安排来约束和规范人类的行为，从而实现人类与自然关系的协调。

3. 代际分配公平论

“可持续发展是既满足当代人的需要，又不对后代人满足其需要的能力构成危害的发展。”地球资源是有限的，当代人对资源的利用必须为子孙后代考虑，当代人在满足自己的需求时，不能以牺牲子孙后代的利益为代价，必须为子孙后代保留满足其生存发展所需的足够资源及最佳环境条件，使子孙后代与当代人一样，享有对资源和环境利用的公平性，自然资源和环境掌握在当代人手中，当代人对资源和环境的利用具有绝对主动权，所以，只有当代人树立起正确的世代伦理观，才能保证代际公平，人类的发展才能健康、持续，一代好于一代。所以代际公平也向人类文明提出了更高的要求。

2.2.4 基于可持续发展的工程项目管理

工程项目全生命周期会排出有害气体或粉尘污染空气和消耗大量的天然资源和能源，工程项目在管理过程中出现了能耗高、污染重、排放高的问题。因此，大力发展低碳建筑是我国建筑可持续发展的必行之路，也是应对当前气候变化，实现资源节约型、环境友好型社会科学发展的有效途径。以产业结构调整、技术创新、清洁生产、资源定价、绿色消费等经济、法律、行政和教育等综合手段转变经济增长方式，与环境保护相结合，以资源的高效和循环利用，使人类经济社会发展与自然生态系统的良性循环相和谐。

1. 可持续发展的工程项目

可持续发展的建设工程项目必须要保持功能，并能够适应社会对工程服务能力的长期需要。工程本身必须是合乎建筑工程标准和规范的产品，但是从时间维度来看，我们不能留给后代一个非耐久的、结构无法更新的、功能适应性弱的工程。因为建设工程项目的资源消耗量本身就存在代际公平问题，所以它的功能要求必须考虑下一代的需要。可持续发展的建设工程项目的功能应具备以下特点：

（1）功能适度性

工程的功能必须具有适度性，即适当、适度超前还是过度超前。

（2）功能可更新性

包括结构和材料的更新。要求能够更新，并能够方便地更新。

（3）功能可维护性

工程能够方便地维修、低成本地运营。

（4）功能适应性

功能适应性表现在工程的功能设计与环境相协调，利用环境为实现工程功能服务，而不是违背环境条件和特点。这表现在建筑物的朝向、通风、保温设计等；对于交通工程应采用顺应地理条件的线路规划与设计等。

针对建设工程项目建设过程中使用的技术与材料，要降低污染物的排放，实现低碳生产，并满足以下特征：

（1）技术清洁性

建设工程项目的低碳建设过程需要低碳技术来完成。通过采用建筑新技术，包括绿色能源利用技术（回收能源）、可再生资源利用技术（太阳能、风能、地热能）、能源有效利用技术、雨水收集、中水回收和利用技术、建筑节能环保技术、清洁的施工技术和施工工艺、固体废弃物处理回收再利用技术、被污染土地的使用技术等，对工程的环境效果、社会效果起到非常大的促进作用。通过清洁技术的采用，可以节省原材料使用量，同时减少废物产生量。

（2）材料友好性

低碳生产要求采用清洁的原料，生产清洁的产品。环境友好的材料包括原材料和产品的材料。建筑师在建筑材料选择上选择低能量消耗的建筑材料，以减轻未来工程使用阶段的能量消耗。

2. 可持续发展下工程项目管理的新思路

可持续发展道路是在人类出现生态危机，重新反思高碳经济发展观念而进行的理性选择。随着经济的发展，人们越来越清醒地认识到之前的工程项目建设是以高碳经济和破坏生态环境为代价的，换来的经济发展只是一时的繁荣，不可能实现可持续发展。因此，建立可持续发展的低碳管理是工程项目管理的发展新思路。

工程与人们的日常生活密不可分，它给人们带来巨大财富的同时也引起生态环境的恶化。工程可持续发展问题成为一个值得探讨和研究的问题。可持续发展条件下的工程项目管理是将建设工程项目作为“自然—社会—经济”的复合系统，站在更高的层次，即项目所处的整个社会经济的层次管理项目，应用新的生产方式，实现项目的成本、工期、质量及社会、经济的系统目标，解决项目的环境与发展问题，实现项目的可持续发展。

可持续发展理论要求改变传统建筑业的发展模式，依靠技术创新来发展经济实现工程的可持续发展。技术创新能够在很大程度上节约资源，实现资源的可再生和再利用，节能减排，形成良性的循环系统。

可持续发展的建筑在设计上更加追随自然，提倡应用可促进生态系统良性循环、不污染环境，高效、节能、节水的建筑技术和建筑材料。这种节能减排的环保型建设工程项目，注重对垃圾、污水和油烟的无害化处理或再回收，充分考虑保护周边环境，包括施工中采用新的施工技术和无污染的建筑材料，尽量减少对建筑工地周围树木、植被、土地的破坏。

可持续发展要求建筑使用的可持续发展，解决建筑老化过快、重修等问题。随着现代传感技术、计算机与通信技术、信号分析与处理技术及结构动力分析理论的迅速发展，人们提出了结构健康监测的概念，给工程的发展带来革命性的变化。通过发展结构健康监测与安全预警，可以在第一时间发现建筑可能出现的问题，及时进行修复与加固，既避免了可能出现的建筑事故，也基本解决了建筑过快老化损坏、不得不拆去重修的尴尬局面，及由此造成的大量经济、资源、时间上的浪费，实现建筑使用的可持续发展。

2.3 低碳发展理论

随着人类活动与化石能源的大量消耗，气候问题已成为全球公认的人类在发展过程中所需要面对的重大挑战。CO_2排放量与日俱增，全球变暖是历史上迄今为止人类所遇到的最大危机和最大范围的公共问题。低碳发展问题不仅仅是单一领域内的科技、经济、政治问题，更是涉及人类几乎所有经济社会领域的问题。当今世界是一个相互依赖、相互联系的世界，任何人和任何一个国家都会通过碳足迹相互影响，任何人和任何一个国家都无法摆脱这种公共性。低碳发展问题的最终解决需要全人类改变目前的基本生活方式、发展模式以及对待他人、他国和自然的基本态度。

2.3.1 低碳与低碳发展

1. 低碳的概念

低碳（Low Carbon），指较低的温室气体排放。低碳理论建立在自然规律基础上。它依据基本的地球物质循环（尤其是碳循环）和碳平衡的原理，计算各种公共工程和商业活动的碳排放及碳预算收支，同时，通过衍生产品市场机制和“京都机制”使得碳排放权得以自由交易。

2. 低碳发展的提出

全球变暖的出现要求从高碳时代向低碳时代转型。由此，引出了全人类低碳发展这一关键命题。人类通过从根源上重新审视各种经济社会活动，从机制和制度层面控制温室气体排放，使低碳发展理论和模式成为解决全球气候变化、能源安全问题、经济转型问题的重要途径。低碳发展是“低碳”与“发展”的有机结合。一方面要降低CO_2排放，另一方面要实现经济社会发展。低碳发展需要通过新的经济发展模式，在减碳的同时提高效益或竞争力，促进经济社会发展。

低碳发展是全人类共同的选择。推进低碳发展有利于优化能源结构；有利于保护环境；有利于促进产业结构转型升级；有利于培育可持续竞争力。在低碳发展的世界潮流中，谁先掌握低碳技术、低碳品牌和低碳标准，形成较低成本的低碳产业，生产被消费者认可的低碳产品，谁就抢占了新的市场制高点，拥有了新的竞争优势，形成了可持续的竞争力。

3. 低碳发展的含义与重要性

（1）含义

简单说，低碳发展就是“低碳式”发展，是指通过采用新的经济发展模式，在污染减排的同时提高效益和竞争力，实现资源节约、环境友好，在经济效益和社会效益兼具的基础上实现可持续发展，是一种以低耗能、低污染、低排放为特征的可持续发展模式，对经济和社会的可持续发展具有重要意义。低碳发展是一种全新的经济模式和生活方式。与传统的发展方式相比，它注重发展和应用新的技术，尤其是降碳技术来降低经济活动化石能源的消耗和温室气体的排放，具体表现为低碳能源供给、低碳生产以及低碳消费。

（2）重要性

从全球背景来看，低碳发展是遏制气候变化的必然要求。随着全球对气候变化问题越来越关注，气候变化已经成为全球变化研究的核心问题和重要内容，国际社会共同应对气候变化的意愿越来越强烈，谋求低碳未来已成为国际社会和经济发展的重要目标。

中国的能源安全要求中国要走低碳发展道路。化石能源作为我国能源供应的主体，长此以往，能源资源面临着枯竭的危机。此外，化石燃料大量利用破坏生态环境，对人类的发展也造成不良影响。而依靠化石能源的发展模式只能带来短期的发展，高碳式的发展终将停滞不前。因此，走低碳发展之路是解决化石能源短缺的一条重要出路。

中国所处的发展水平要求走低碳发展道路。要全面提高人民的生活水平，让大多数人享受到现代物质文明和精神文明，这就要求在未来一段时期内，中国的经济以较高的速度保持增长，中国的能源消费带来的CO_2排放的继续增长将不可避免。经济社会发展更重要的是要保持高质量发展，这就要求我国走低碳发展道路。

2.3.2 低碳发展与低碳经济

人们关于低碳发展的认知，与“低碳经济”概念的提出相关。从宏观层面出发，低碳经济的发展方向是低碳发展。

1. 低碳经济的含义

低碳经济（Low-Carbon Economy），最早由2003年的英国能源白皮书《我们能源的未来：创建低碳经济》提出。该能源白皮书指出，低碳经济是通过更少的自然资源消耗和更少的环境污染，获得更多的经济产出；低碳经济是创造更高的生活标准和更好的生活质量的途径和机会，也为发展、应用和交流先进技术创造了机会，同时也能创造新的商机和更多的就业机会。

低碳经济是以低能耗、低污染、低排放为基础的经济发展模式。在可持续发展理念指导下，通过技术创新、制度创新、产业转型、新能源开发等多种手段，尽可能地减少煤炭、石油等高碳能源消耗，减少温室气体排放，达到经济社会发展与生态环境保护双赢的一种经济发展模式。发展低碳经济，一方面是积极承担环境保护责任，完成国家节能降耗指标的要求；另一方面也是调整经济结构、提高能源利用效率、发展新兴工业及建设生态文明。这是摒弃以往先污染后治理、先低端后高端、先粗放后集约的发展模式的现实途径，是实现经济发展与资源环境保护双赢的必然选择。

2. 低碳经济的特征

低碳经济实质上依然是发展经济的一种模式，是通过提高能源利用效率和改善能源结构，通过低碳技术、产品和服务，确保经济稳定增长的同时削减温室气体的排放量。其关键是低碳技术创新和保障制度创新。低碳经济具有经济性、技术性和目标性三个特征。

（1）经济性

从发展经济的角度考虑，既反对资源和能源的高度消耗和浪费，又致力于提高人民生活水平。这包含两层含义：一是低碳经济应按照市场经济的原则和机制来发展；二是低碳经济的发展不应导致人们的生活条件和福利水平明显下降。

（2）技术性

通过发展低碳技术，在提高能源效率的同时降低温室气体的排放强度，实现碳排放最小化。一方面，在消耗同样能源的条件下人们享受到的能源服务不降低；另一方面，在排放同等温室气体的情况下人们的生活福利不降低。

（3）目标性

发展低碳经济的总体目标是将大气中温室气体的浓度保持相对稳定的状态，对人类的生存和发展没有过大的影响，从而实现人与自然的和谐发展。但在不同时间、区间内，低碳经济的发展目标存在阶段性、相对性、动态性、差异性等特征。

3. 低碳经济的核心要素

低碳经济一为减排、二为发展，它包括“稳定大气中的温室气体浓度并保持经济的增长”两层含义。一是能源消费的碳排放的比重不断下降，即能源结构清洁化；二是单位产出所需要的能源消耗不断下降，即能源利用效率不断提高。低碳经济包含4个核心要素：发展阶段、资源禀赋、低碳技术、消费模式。

（1）发展阶段

发展阶段主要体现在工业化、城市化、现代化以及产业结构、人均收入、社会福利等方面，是一个国家向低碳经济转型的起点和背景。经济发达程度可以从技术方面和消费方面影响低碳经济的发展进程。尽管各国碳排放的驱动因素有所差异，但不外乎消费和生产两种因素的影响。发达国家基本属于后工业化时代的消费型社会，而发展中国家基本处于生产投资和基础设施投入带动的资本存量累积阶段，两者的碳排放驱动因素有所区别，发展低碳经济的目标也各有侧重。研究发现，人均温室气体排放与人均GDP之间存在近似倒U形的曲线关系，处在不同的发展阶段，在低碳经济发展进程中面临的问题、路径选择和减排成本也会有所不同。包括中国在内的广大发展中国家正处于这一曲线的爬坡阶段，无疑实现低碳发展的难度更大。

（2）资源禀赋

资源禀赋主要包括土地资源、矿产资源、可再生能源、劳动力资源以及资金和技术资源等，资源、能源、生态环境和社会资本是实现低碳经济的物质基础。碳排放主要来源于化石能源的使用，与人类生产和生活息息相关。煤炭、石油和天然气的碳排放系数递减，绿色植物是碳中性的，太阳能、水能、风能等可再生能源以及核能属于清洁能源。可见，低碳资源越丰富，越有利于低碳经济的发展。

（3）低碳技术

低碳技术集中体现在因科技进步和技术革新所带来的主要能耗产品和工艺的碳效率水平的改善，是发展低碳经济的关键因素。技术进步能够从能源效率、低碳技术发展水平、管理效率、能源结构等不同角度推动低碳化的发展进程。通常低碳技术主要针对电力、交通、建筑、冶金、化工、石化、汽车等重点能耗部门，对现有技术的应用和高新技术的研发，如能源部门低碳技术就涉及节能技术、煤的清洁高效利用、油气资源和煤层气的勘探开发、可再生能源及新能源利用技术、CO_2捕获与埋存（CCS）等领域的减排新技术。

（4）消费模式

消费模式主要指不同消费习惯和生活质量对碳的需求或排放。人类一切社会经济活动最终都要体现为现实或未来的消费活动，因而一切能源消耗及其排放本质上都受全社会各种消费活动的驱动。随着经济发展，人的消费欲望与需求不断增加，尽管这会受到发展水平、自然条件、生活方式等多方面的制约，但厂家总是千方百计地予以满足。不同国家居民消费产生的能源消耗和碳排放具有较大的差异，消费排放除了受到自然气候条件、人均收入水平、文化习俗、资源禀赋的影响之外，消费模式和行为习惯对于排放的影响不可低估。另外，经济全球化导致的生产与消费活动的分离，使得一国真实的消费排放被国际贸易中的转移排放问题所掩盖。因此，从消费而非生产角度，探讨国民实际消费导致的碳排放，有助于全面认识一个国家碳排放问题，有助于采取更加公平的视角从源头上推动低碳发展。

4. 低碳经济的实质

发展低碳经济是一场涉及生产模式、生活方式、价值观念和国家权益的全球性革命，它的内涵十分丰富。

首先，低碳经济是一种发展理念，更是一种发展模式。低碳经济首先是一种经济发展理念。这种发展理念以“三低三高”（低能耗、低污染、低排放、高效能、高效率、高效益）为前提，以“稳定大气中的温室气体浓度并保持经济的增长”为目标。它是人对自然和谐共处、经济发展与环境保护“双赢”的理性权衡，是人类在“后工业时代”经济发展的方向。同时，低碳经济也是一种经济发展模式。这种经济发展模式的核心在低碳，目的在发展。在保证经济社会健康、快速和可持续发展的条件下，最大限度地减少温室气体的排放。

其次，低碳经济是一个经济问题，更是一个社会问题。低碳经济不是一个简单的涉及能源、环境、贸易等方面的经济问题。发展低碳经济不仅要通过改善能源结构、调整产业结构、提高能源效率、增强技术创新、增加碳汇能力等措施来实现。更重要的是它同时是一个社会问题，涉及社会政府、企业和个人对低碳理念的认识问题，涉及生产、流通、消费、管理对低碳理念的实践问题，涉及社会经济的增长方式、发展模式、生活风俗、消费习惯等诸多方面，低碳发展本质上应该是全社会共同支持的结果。

最后，低碳经济是一个科学问题，更是一个政治问题。低碳经济的提出与全球气候变化、“两型”社会构建、节能减排问题密不可分。低碳问题的解决有赖于科学技术的革新，低碳经济的发展离不开科学技术的进步，科学技术是低碳经济发展的强有力的推动力。发展低碳经济已演变成为一个环境、经济和政治的外交“大拼盘”，围绕《联合国气候变化框架公约》衍生的一系列国际事件正是纷繁复杂的国际政治、环境外交的一个缩影。

2.3.3 低碳经济发展模式

低碳经济发展模式就是运用低碳经济理论组织经济活动，以“三低三高”为基础，以低碳发展为发展方向，以节能减排为发展方式，以碳中和技术为发展方法的绿色经济发展模式。低碳经济发展模式框架如图2-2所示。

其中，低碳技术、低碳能源、低碳产业、低碳市场和低碳管理是低碳经济发展的5个基本构成要素，如图2-3所示。

（1）低碳技术是低碳经济发展的动力

低碳技术是低碳经济核心竞争力的一个重要标志，是解决日益严重的资源能源和生态

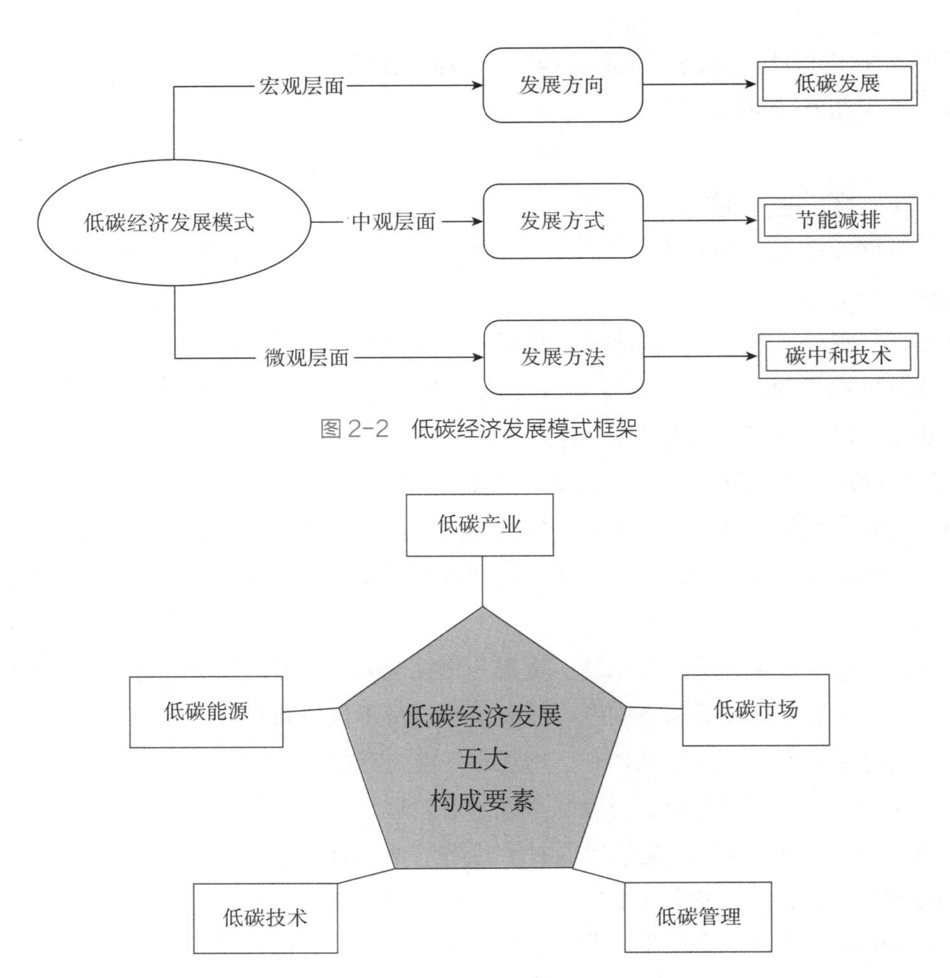

图 2-2　低碳经济发展模式框架

图 2-3　低碳经济发展五大构成要素

环境问题的根本出路。低碳技术一旦作用于低碳经济的生产过程就成为直接生产力，成为低碳经济发展最为重要的支撑条件和强大的推动力。

（2）低碳能源是低碳经济发展的核心

低碳能源是指除石化燃料以外的清洁能源、可再生能源、新型能源，如太阳能、风能、氢能、核聚变能、潮汐能、生物质能、地热能等，可实现低碳排放或零碳排放。发展低碳经济就是要改变传统的能源结构，使“高碳”能源结构逐渐向“低碳”能源结构转变。

（3）低碳产业是低碳经济发展的载体

低碳产业是指以低碳能源、低碳技术为基础的新兴产业，主要由“化石燃料的低碳化领域”“可再生能源领域”“能源的效率化与低碳化消费领域”“低碳型服务领域”四大领域构成。经济发展在不同阶段有不同的承载体，低碳经济发展的载体是低碳产业。低碳产业承载能力的大小、效率的高低、质量的好坏决定着低碳经济发展的水平。

（4）低碳市场是低碳经济发展的温床

低碳市场是指低碳生产技术、低碳产品、低碳服务的消费市场。随着社会发展和科技进步，低碳生活和绿色消费的理念已经深入人心。低碳市场是21世纪新的经济增长点，低碳生产技术研发、低碳生产生活设备制造、低碳服务消费核算、低碳贸易公平竞争是构成这一经济增长点的重心。

（5）低碳管理是低碳经济发展的保障

低碳管理包含对政府、企业、行业、产业发展目标的明确、法律规章的完善、体制机制的创新和科技创新的推动等方面，涉及生产、流通、消费、管理的各个环节。如何借鉴发达国家低碳管理的先进经验，结合自身的实际与存在的问题，科学构建和完善低碳管理制度与体系，将低碳管理规则转变为政府、企业和个人自觉践行的低碳行为，对低碳经济的发展至关重要。

中国作为一个发展中国家，生态环境脆弱，人均收入较低，发展经济仍然是当务之急，因而一定要立足中国特色低碳减排和发展经济。特别是在生态文明建设和科学发展观的背景下，“发展”的概念涵盖经济结构、经济增长、生态保护、环境友好、资源节约、收入分配、人力资源、生活质量、社会福利等内容，注重的是经济发展的“质量”。所以，中国的“低碳经济”实质上强调的是“低碳发展”，它兼顾了经济发展、社会和谐、生态友好，更符合中国的国情和未来的发展趋势。

目前，越来越多的国家意识到低碳经济是世界未来经济的发展趋势，并将其作为国家未来发展战略的重要内容加以谋划。

2.3.4 建筑与低碳发展

“低碳建筑”是作为当前低碳经济理念下提出的一种新的建筑发展模式。低碳建筑是指在建筑的全生命周期过程中，尽可能节约资源，最大限度减少温室气体排放，为人们提供健康、舒适和高效的生活空间，实现建筑的可持续发展。

低碳建筑是一种新的建筑理念和新的建筑管理模式。低碳建筑与建筑节能理念有所区别，建筑节能是前瞻情境性的增量节能，低碳建筑是历史基准线性质的存量减排。“生态建筑”强调利用生态学原理和方法解决生态与环境问题，利用一切可能的行为手段达到生态与环境保护的目的。低碳建筑侧重于从减少温室气体排放的角度，强调采取一切可能的技术、方法和行为来减缓全球气候变暖的趋势。

低碳建筑要求从建筑的全生命周期全程引入低碳理念，通过合理的土地利用、材料选择、能源系统配置等来节约资源和减少碳排放，以实现建筑业的可持续发展。低碳建筑强调在规划设计中充分考虑碳排放因素，对建筑在全生命周期内的能源与资源消耗提出合理的解决措施；在施工过程中节约能源并减少碳排放；在使用阶段为人们提供健康、舒适和低能耗低碳排放的生活空间；在拆除及处置的过程中减少碳排放。

低碳建筑要因地制宜，与当地的气候条件、地理环境、自然资源和人文发展水平相适应。随着中国城镇化的加速和人们生活品质的提升，人们对建筑数量要求越来越多，对建筑质量的要求越来越高，需要通过合理的规划设计和先进的低碳建筑技术，以满足不断增长的建筑需求。

2.4 项目减排机制

温室气体的排放导致全球变暖，引发全球性的环境问题，带来了灾害性气候的出现。2020年中国碳排放总量为99.0亿t，占全球的30%以上。如果不加快调整经济结构，转变增长方式，由CO_2引起的全球气温不断增加，最终会把人类逼向绝路。因此，认识减排目标、了解减排机制以及由机制“催生”出的碳交易市场，是进一步理解、学习低碳管理的基础理论。

2.4.1 减排目标

1. 降低2℃目标

1996年6月25日，欧盟委员会卢森堡会议上第一次提出了将全球平均升温幅度控制在2℃以内，而这一结论在2009年12月的哥本哈根会议上得到了广泛认同。直到2015年，全世界178个缔约方共同签署《巴黎协定》，对2020年后全球应对气候变化的行动作出统一安排。各方将加强应对气候变化带来的威胁，把全球平均气温较工业化前水平升高控制在2℃之内，并为把升温控制在1.5℃之内而努力。

2. “双碳”目标

作为一个负责任的大国，“双碳”目标是我国按照《巴黎协定》规定的国家自主贡献强化目标以及面向21世纪中叶长期温室气体低排放的发展战略制定的，表现为CO_2排放（广义的碳排放包括所有温室气体）水平由快到慢不断攀升、在年增长率为零的拐点处波动后持续下降，直到人为排放源和吸收汇相抵。从碳达峰到碳中和的过程就是经济增长与CO_2排放从相对脱钩走向绝对脱钩的过程。具体内容如下：

（1）碳达峰

碳达峰是指CO_2等温室气体的排放达到最高峰值不再增长。中国承诺在2030年前力争“碳达峰”，即在2030年前煤炭、石油、天然气等化石能源燃烧活动和工业生产过程以及土地利用变化与林业等活动产生的温室气体排放（也包括因使用外购的电力和热力等所导致的温室气体排放）不再增长，达到峰值。

（2）碳中和

碳中和是指在一定时间内直接或间接产生的温室气体排放总量，通过碳汇、碳捕集、碳封存等技术实现等量吸收抵消。中国承诺努力争取2060年实现“碳中和”，即通过产业优化、能源转型、技术革新等大量降低碳排放总量，通过植树造林、节能减排、CO_2再利用、碳捕集、碳封存等技术形式，吸收CO_2，等量抵消中和必要的CO_2排放量，实现CO_2“零排放”。

2.4.2 碳交易减排基础

1. 碳排放权及其理论依据

温室气体排放权是对温室气体排放量的权利界定，政府确定排放总量或标准，然后确定企业的排放配额（排放权），企业可以在排放权交易市场将其交易，由市场决定排放权的价格。将温室气体排放权定性为可交易的商品，其理论依据是资源稀缺性理论和产权交易理论。

（1）资源稀缺性理论

随着工业文明的快速发展，人类社会对自然资源的消耗不断增加，人类发展正面临日益严重的自然资源约束。在人类发展的自然资源约束中，煤炭石油、天然气这类化石能源的约束最为突出，温室气体也主要由燃烧化石能源所引发，因而人类发展的自然资源约束集中反映在温室气体排放的约束上，温室气体排放量的增加空间已很有限，因而，温室气体排放量也就成为了稀缺资源。

人类发展面临温室气体浓度的共同约束，但具体到不同历史阶段以及不同发展水平的经济体，这一约束的强度却是不同的。环境库兹涅茨曲线表明，随着人均收入由低水平阶段上升，碳排放强度（每美元GDP所排放的CO_2千克数）呈上升之势，到人均收入约8000美元，碳排放强度开始下降。以美国、欧盟为代表的发达经济体，在工业化的历史时期，尚未面临温室气体排放的约束，在这期间，温室气体随工业化的进程而大量排放。现如今，发达经济体已走过了碳排放增加阶段，进入下降阶段；而以中国为代表的新兴市场经济体正处于工业化阶段，经济发展必然带来排放的增加。但温室气体积累所导致的全球变暖效应使得温室气体排放约束非常强烈，这一约束同样施加于新兴市场经济体，对其经济发展产生了压制作用。这使得新兴市场经济体承受着发展的不公平。

（2）产权交易理论

产权交易理论则来自著名经济学家科斯。按照科斯定理，只要明确产权，且其交易成本为零或很小，则产权交易最终会产生有效率的结果。在总量控制的前提下，分配温室气体排放权，由于各企业对温室气体排放量的需求有大有小，因而排放权就有了可交易的价值，并激励企业减少排放。美国人Dales于1968年最早提出了排污权交易的设想。

2.《京都协定书》三大减排机制

1997年,《京都议定书》(Kyoto Protocol)提出了强制性量化减排目标，规定了各国减排义务。2005年2月16日,《京都议定书》正式生效，成为全球第一个以法律形式明确规定各国减排义务的文件。鉴于不同国家减排目标和减排成本的差异,《京都议定书》第六条、第十二条和第十七条分别提出了三种“灵活机制”，以帮助附件一规定的国家完成减排目标：分别是联合履行机制（Joint Implementation，JI）、清洁发展机制（Clean Development Mechanism，CDM）以及排放交易机制（Emission Trading，ET）。

（1）联合履行机制（JI）

该机制是基于项目的减排合作。主要指发达国家之间通过项目级的合作，其所实现的温室气体减排单位（Emission Reduction Units，ERUs），可以转让给另一发达国家缔约方，但是同时必须在转让方的“分配数量”（Assigned Amount Units，AAUs）配额上，即允许的排放额上扣减相应的额度。联合履行机制（JI）示意图如图2-4所示。

（2）清洁发展机制（CDM）

该机制也是基于项目的减排合作。主要是指发达国家通过提供资金和技术的方式，与发展中国家开展项目级的合作，通过项目所实现的“经核证的减排量”(Certificated Emission Reductions，CERs)，用于发达国家缔约方完成在《京都议定书》第三条下的减排承诺。该机制既能帮助附件一规定的国家完成减排任务，又能帮助发展中国家收获技术与资金，实现技术升级，走向可持续发展。清洁发展机制（CDM）示意图如图2-5所示。

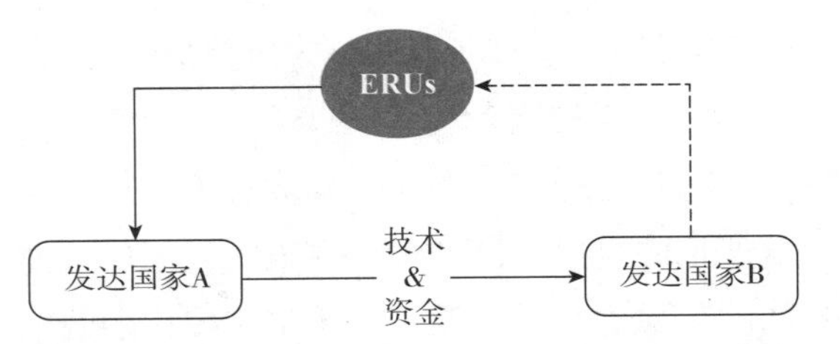

图2-4　联合履行机制（JI）示意图

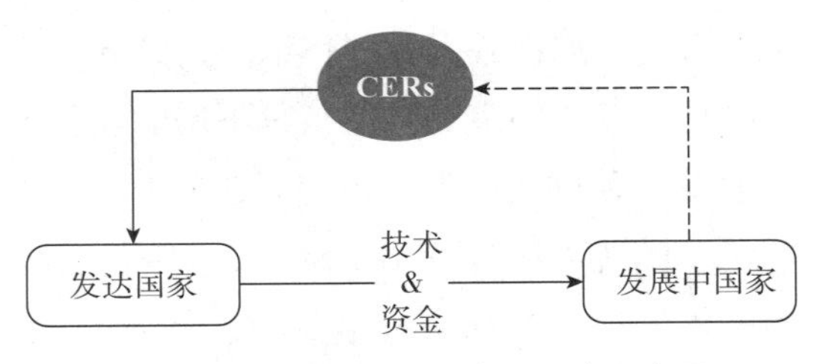

图2-5　清洁发展机制（CDM）示意图

（3）排放交易机制（ET）

该机制主要发生于附件一规定的发达国家间的合作。一个超额完成减排任务的发达国家，允许将其超额完成减排义务的指标（AUUs），以贸易的方式转让给另外一个未能完成减排义务的发达国家，并同时从转让方的允许排放限额上扣减相应的转让额度（AUUs）。排放交易机制（ET）示意图如图2-6所示。

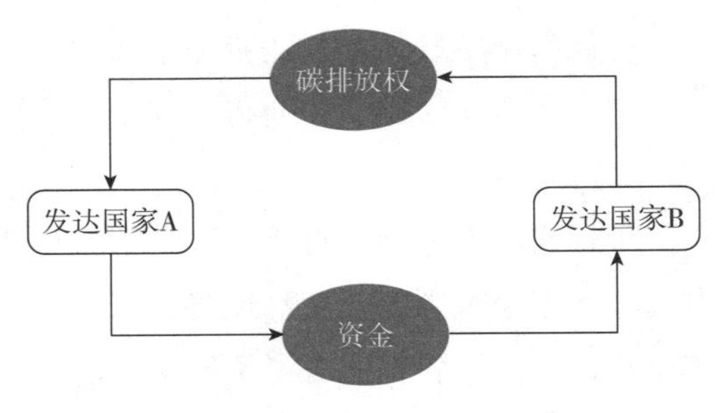

图2-6　排放交易机制（ET）示意图

对《京都协定书》中的三大减排机制

的类型、参与者、交易单位、来源及具体内容进行总结，见表2-1。

三大减排机制对比 表2-1

机制	联合履约机制（JD）	清洁发展机制（CDM）	排放交易机制（ET）
类型	基于项目	基于项目	基于配额
参与者	附件一国家之间	附件一与非附件一国家之间	附件一国家之间
交易单位	减排单位（ERUs）	核证减排量（CERs）	分配数量单位（AAUs）
来源	《京都议定书》第六条	《京都议定书》第十二条	《京都议定书》第十七条
具体内容	发达国家向发达国家出让技术与资金，得到ERUs	发达国家向发展中国家出让技术与资金，得到CERs	发达国家之间进行结余碳排放交易

3. 碳排放交易类型

《京都议定书》及其三种“灵活”的碳减排机制最终催生了碳排放交易和碳市场。碳排放交易源于欧美，经过近十年的发展，已经成为国际认可的有效的温室气体减排手段。碳排放交易的基本原理是合同的一方通过支付另一方获得温室气体减排额。根据《京都议定书》，国际碳交易可分为配额型交易和项目型交易两种形态。

（1）配额型交易

配额型交易（Allowance-Based Transactions）是指总量管制下所产生的排减单位的交易，在有关机构控制和约束下，有减排指标的国家、企业或组织，在该市场总量管制与配额交易制度下，向参与者指定、分配（或拍卖）排放额度，通过市场化的交易手段将环境绩效（以实际设定的限额水平定义）和灵活性结合起来，使得参与者以尽可能低的成本达到遵约要求。例如，欧盟的欧盟排放权交易的“欧盟排放配额”（EUAs）交易就是典型的配额型交易。

（2）项目型交易

项目型交易（Project-Based Transactions）是通过项目的合作，买方向卖方提供资金支持，获得温室气体排放额度。由于发达国家的企业要在本国减排的花费成本很高，而发展中国家平均减排成本低。因此发达国家提供资金、技术及设备帮助发展中国家或经济转型国家的企业减排，产生的排放额度必须卖给帮助者，这些额度还可以在市场上进一步交易。主要是以清洁发展机制下的“排放减量权证”、联合履行机制下的“排放减量单位”，通过国与国合作的减排计划产生的减排量交易，通常以期货交易方式预先买卖。

2.4.3 碳交易市场

1. 碳交易市场形成

减排的实质是能源问题。历史经验已经表明，如果没有市场机制的引入，仅仅通过企业和个人的自愿或强制行为是无法达到减排目标的。根据《京都议定书》的规定，发达国家有减少包括CO_2、CH_4等6种温室气体的责任，但由于发达国家能源利用效率高，能源结构优化，新能源技术被大量采用，因此本国进一步减排成本高，难度较大，而发展中国家能源效率低、减排空间大、成本也低。这导致同一减排量在不同国家之间存在不同成本，形成价格差。发达国家有需求，发展中国家有供应能力，碳交易市场由此产生。

碳交易市场，依据联合国定义，每公吨排放到大气的温室气体即为一个碳信用单位，碳交易市场即为碳信用之交易平台。从《京都议定书》规定的碳交易机制来看，发达国家多属于被要求降低CO_2排放量的一方，发展中国家虽然有多余CO_2的排放额度，但依规定不能直接销售给已开发国家，必须透过碳基金公司或世界银行等机制出售。最终使用者对配额体系之外的减排单位的需求，推动了项目交易市场的发展，并吸引了各个企业和机构的参与。

国际碳交易市场的参与者可以分为供给者、最终使用者和中介等三大类，涉及受排放约束的企业或国家、减排项目的开发者、咨询机构以及金融机构等。

2. 国际碳市场

（1）全球性履约碳市场

全球性履约碳市场（《京都议定书》下的碳市场）是整个国际碳市场的基础，美国是其中最不确定性因素。但美国人在气候变化方面的野心是明显的，他们把气候变化作为重塑美国霸主地位的重要手段。以CDM机制为核心的全球性履约碳市场将在“后京都时代”发生演化和改进，主要体现在两个方面：一是向行业减排和规划类减排等效率更高的机制发展；二是在适用行业和领域有所调整和变化，以便更加适合市场的需求。全球性碳市场存在的最大意义是建立碳市场的信用基础。

（2）区域性碳市场

区域性碳市场是国际碳市场的另一个重要角色。未来将形成以欧洲和北美两个市场为核心的区域性交易市场体系。两大市场的交易量将占碳市场的大部分，并在世界其他地区展开激烈的竞争。竞争的核心将是碳定价权的争夺，具体表现在碳交易所的谋划布局、标准竞争以及碳衍生商品的创新。从理论上来讲，区域性交易体系更加稳定和成熟，理所应当地承担起整个碳市场的发展重任。

（3）自愿减排市场

自愿减排市场是另一个重要领域。自愿减排市场近几年发展很快，但交易额还比较小，目前处于标准竞争的阶段。一旦某一标准在市场上明显胜出，那么自愿减排市场的表现可能会让很多人“大跌眼镜”，它的创造性会超过强制减排市场。自愿减排市场的运行机制与强制市场是截然不同的，这会带来与目前CDM完全不同的机会和商业模式。

经过多年的发展，碳交易市场渐趋成熟，参与国地理范围不断扩展，市场结构向多层次深化延伸，同时财务复杂度也不可同日而语。交易成为世界最大宗的商品交易已经势不可挡，而碳交易标的标价货币绑定权以及由此衍生出来的货币职能，将对打破单边美元霸权、促进国际货币格局多元化产生影响。

2.4.4 项目减排量机制的运行原理

下面从微观角度分析项目减排量如何从一个环境变量具备经济价值，变成一种可交易的商品。CDM（清洁发展机制）是目前最大的项目减排量交易机制，也是其他同类机制设计的标杆，因此本部分以CDM为对象，但结论可以推广至所有的项目减排量机制。

根据现有的CDM方法论体系，CER的价值是由以下的范式来决定：

$$V_P=\Delta E_P \cdot T_{Additionally}=(E_P-E_{Baseline}) \cdot T_{Additionally} \tag{2-1}$$

式中 V_P——项目减排量经济价值；

ΔE_P——项目减排量，即该项目所产生的环境价值；

E_P——项目实际排放量；

$E_{Baseline}$——基准线排放量；

$T_{Additionally}$——额外性甄别结果。

项目减排量是指项目所产生的减排量，为该项目所产生的环境价值。额外性甄别系统用来判别一个项目是否具有额外性。如果额外性甄别为真，则该项目具有额外性，产生的减排量可作为CER使用，否则不能产生CER。即使一个项目具有减排贡献，但是如果额外性甄别结果为假，该项目仍然无法产生合法的减排量。额外性甄别类似一个资金阀，用来打开或者关闭对项目减排量的资金通道，从而可以有选择性地激励减排项目。

根据CDM额外性方法学，额外性甄别系统可以表达为以下范式：

$$T_{Additionally}=T_1 \cdot T_2 \cdot T_3 \cdot T_4 \tag{2-2}$$

式中 $T_{Additionally}$——额外性甄别结果；

T_1——财务额外性甄别；

T_2——技术额外性甄别；

T_3——政策额外性甄别；

T_4——最佳实践额外性甄别；

$T_i(i=1, 2, 3, 4)$——布尔变量。

财务额外性是指在没有CDM资金的支持下，项目的收益率低于行业或区域平均水平，导致项目投资行为不会发生。而如果考虑到CER的额外收入，项目收益率则可以吸引投资者进行投资。这是额外性甄别系统中最重要的判别变量。

技术额外性是指项目所采用的技术具有一定的先进性和复杂性，导致实施风险较大，平均收益率无法吸引投资者进入。如果增加CER的额外性收入，投资者会愿意进行投资。技术额外性的目标是鼓励低碳技术的应用，但是由于技术风险的评估缺乏标准化的工具，因此实际上是一个辅助判别变量。

政策额外性是指项目所在地并没有额外的激励政策来促使投资行为的发生，例如如果当地政府明确规定要将燃煤电厂转换为燃气电厂，那么燃气电厂项目就不具有额外性，无法通过政策额外性识别。

最佳实践额外性也是一个辅助判别变量，是指项目在当地具有一定的示范性意义。通常项目具有示范性意味着该项目存在一定的投资障碍，应该优先受到激励。

在实际的额外性分析中，财务额外性是关键判别变量，其他变量均为辅助性判别变量。四个额外性判别变量均为逻辑变量，只有当四个判别结果均为“真”时，额外性甄别系统的输出才为“真”，从而能够产生合法的减排量。

2.4.5 减排与绿色建筑发展

减排信用度开放能够促进建筑发展。对于未纳入碳交易市场的建筑物，可以通过开发温室气体自愿减排项目获得温室气体减排信用，进而在碳市场中出售获益。在《联合国气候变化框架公约》（UNFCCC）下，国际上有六种方法适用于建筑物减排信用的开发。我国也针对性地设立了开发温室气体减排信用的渠道，目前有四种方法可适用于绿色建筑减排信用的开发，分别是：“新建建筑物中的能效技术及燃料转换”“在建筑内安装节能照明和/或控制装置”“针对建筑的提高能效和燃料转换措施”以及“向商业建筑供能的热电联产或三联产系统”。

1. 碳交易在建筑领域的应用前景

碳交易应用能够对建筑业发展起到多方面促进作用。在企业层面，若建筑的排放量低于配额分配基准，则可以在碳市场出售配额获益，这对企业推进绿色建筑建设，并做好运行维护以降低碳排放起到一定的促进作用。在行业层面，相当于增加了对建筑减排效果的评价，持续、真实地记录并反映出建筑的运行能耗和碳排放数据，有助于建筑业形成从设计、施工到运行结果的反馈、迭代，促进建筑业不断降低碳排放、实现良性循环。

2. 碳交易体系框架应用创新

在碳市场中，碳排放权是有价的，即建筑运营商获得的配额可视为一种资产，因此，如果只将碳排放配额和核证减排量作为碳市场履约的工具，而不进行其他的金融操作，将会造成一定程度的资源浪费。建筑运营商将可以利用碳排放配额作为自身的融资工具，通过申请碳信贷、开展碳回购和发行碳债券等碳金融操作方式，拓宽自身绿色融资渠道，用于支持减排项目建设或企业经营发展。在申请碳信贷方面，建筑运营商可以将自身持有的碳排放配额和核证减排量等碳资产作为抵押担保条件，向银行申请授信，经银行评估批准后获得贷款。在开展碳回购方面，建筑运营商可以向其他机构出售碳排放配额获得短期融资，并约定在一定期限按约定价格回购所售碳排放配额。在发行碳债券方面，建筑运营商碳债券的收益可以由固定收益和浮动收益两部分构成，固定收益与基准利率挂钩，以建筑建设投资收益为保障，浮动收益为核证减排量收益，与已完成投资的建筑减排项目产生的核证减排量挂钩。

3. 建筑全生命周期的碳交易制度创新与发展

碳交易制度目前管控的重点行业是工业，仅北京、上海纳入了部分公共建筑，但主要集中于对建筑运营商的管控，尚未覆盖建筑开发商。

从建筑的全生命周期角度看，如果在建筑设计和建设阶段开始就将绿色低碳的理念融入其中，能够更有效地推进低碳排放的建筑的落地，对控制碳排放和保护环境将产生更大的作用。针对建筑开发商，可以设立低碳排建筑积分制度。主管部门依据《绿色建筑评价标准》等相关法规标准，制定低碳排建筑积分基准线。明确建筑开发商在新建建筑中应达到的低碳排建筑建设比例，以积分形式进行管理和考核。与碳配额的管理类似，建筑开发商依据相关法规和专业第三方机构的评价结果获得积分，每年根据实际建设情况向主管部门提交积分，积分达到基准线要求即为合格，否则将接受处罚。若低碳排建筑积分高于基准线则产生积分盈余，可向其他建筑开发商出售或按一定比例结转至下一年度。若低于基准线出现积分短缺，可向其他建筑开发商购买积分至达到基准线标准。

4. 推动“制造+创造+建造”融合创新

中国制造、中国创造、中国建造共同发力，改变着中国的面貌。如何借助“三造”融合，转变城乡建设方式，是摆在我们面前的重要课题。对建筑业而言，探索“三造”融合创新是行业变革的关键，将直接影响城乡建设低碳发展。回顾建筑业发展历史，不难看出，建筑业的技术革命与钢铁工业、机械制造业、信息产业等工业部门的技术变化紧密相关。总体上，我国建筑业生产方式还没有真正实现建筑工业化。比较而言，制造业的技术先进性已经显著领先于建筑业，在生产效率、质量控制、环境保护等诸多方面都具有明显优势。为此，要着力推动“三造”融合创新，促进工业先进技术、现代信息技术与传统建筑业融合。通过科技创新和管理创新，把低碳化的理念、工业化的技术、信息化的管理贯穿到建造全过程，要借鉴工业制造的标准化、流程化、信息化经验，把流水生产、智能制造、柔性制造等先进经验引入建筑业，探索新型建筑工业化，以标准化的设计、自动化的生产、信息化的管理进一步提升资源利用和环境保护水平。要站在建造全生命期的视角，推动建造方式转型：在设计阶段，要提高设计质量和标准化水平，推行低碳设计，提高方案建造水平，从源头上把好低碳关；在制造阶段，要科学组织制造工艺和流程，提升自动化、智能化水平，提升资源利用效率；在施工阶段，要科学组织，避免资源浪费，推行“四节一环保”的绿色施工；在运维阶段，要完善运营管理体系，推动智慧运维，让低碳建筑、健康建筑、零碳建筑真正实现。

5. 加速“低碳化、工业化、智慧化、国际化”协同发展

当前，在新材料、新装备、新技术的有力支撑下，建造方式正以品质和效率为中心，向低碳化、工业化和智慧化程度更高的“新型建造”发展。低碳化、工业化、智慧化、国际化这“四化”协同发展代表了建筑业生产方式转型的根本方向。从生产方式看，新型建造的落脚点主要体现在低碳建造、智慧建造和工业化建造，将推动全过程、全要素、全参与方的“三全升级”，促进新设计、新建造、新运维的“三新驱动”。坚持低碳发展，形成人与自然和谐发展现代化建设新格局，这是新发展理念的要求。建筑业必须从根本上摆脱粗放发展的老路，要致力于建设生态修复工程、民生安置工程、江河湖泊治理工程；要致力于为全社会提供绿色建筑产品，打造超低能耗、近零能耗建筑，降低建筑运营能耗，减少碳排放。特别是，碳达峰碳中和是党中央的重大战略决策，是我国向国际社会作出的庄严承诺。为此，我国建筑行业必须面对艰巨挑战，加快部署和推动低碳建筑、生态建筑的发展，为“双碳”目标找到合理路径。智慧化是新时代的关键引擎。发展新型建造方式，推动智慧建造的发展与应用，是顺应第四次工业革命的必然要求，是提升行业科技含量、提高人才素质、推动国际接轨的必然选择，是解决我国资源相对匮乏、供需不够平衡等发展不充分问题的必由之路，也是我国建筑产业未来能占据全球行业制高点的关键所在。工业化是现代化的坚实基础。发展新型建筑工业化是落实党中央、国务院决策部署的重要举措，是促进建设领域节能减排的有力抓手；当前，我国建筑业正在各类房屋建筑和基础设施工程中，结合各自工程特点，推动着诸如装配式建筑、装配式桥梁等建造技术的发展。充分发挥工厂制造高效率、高品质、自动化的优势，将大大降低资源消耗，为建筑业低碳发展打牢基础。国际化是新格局的关键支点，推动行业国际化发展，有助于促进我国建筑业在“一带一路”等海外发展中更好地与世界接轨，发挥建筑业产业链长的优势，带动中国制造、中国创造更好地走出去。尤其是在绿色低碳领域要加强国际合作，既要通过引进来，消化吸收国外在减碳技术方面的创新成果，又要走出去，参与国际工程建设，推动低碳产品国际化发展。

思考题

（1）环境的概念与特征是什么？

（2）工程管理中存在的环境问题以及面临的挑战有哪些？

（3）低碳经济发展的基本构成要素是什么？

（4）请解释并比较分析联合履行机制、清洁发展机制以及排放交易机制三种减排机制。

（5）根据你对碳交易市场的理解，阐述你对碳排放交易的观点。

3

建设工程碳排放核算方法

■ 本章要点

本章主要介绍了建设工程碳排放核算方法，包括建设工程碳排放的核算方法体系、边界与范围、核算内容、数据获取方法、全生命周期（建筑材料生产阶段、建筑材料运输阶段、施工建造阶段、拆除回收阶段）碳排放核算方法以及碳排放核算软件工具等内容。该章旨在向读者介绍建设工程全生命周期碳排放核算的方法，使读者能够对建设工程碳排放有一个清晰的认识，同时引导读者将碳排放核算方法运用到实际的建设工程中。

■ 学习目标

（1）了解建设工程碳排放核算方法体系的基本框架；

（2）理解建设工程碳排放核算的边界与范围；

（3）清楚建设工程碳排放核算数据的获取方法；

（4）知悉建设工程全生命周期包含的各个阶段；

（5）掌握建设工程全生命周期各个阶段的碳排放核算方法；

（6）熟悉国内外碳排放核算软件工具。

3.1 碳排放核算基本方法

3.1.1 碳排放核算方法体系的基本框架

1. 国内外碳排放核算体系框架分析

本章的温室气体排放核算体系亦称为碳排放核算体系，这里的“碳”并不是指实物的CO_2，而是二氧化碳当量（CO_2e）。碳排放核算体系的构建，应先构建基本核算体系框架。该基本框架构建的基础是国外具有代表性的温室气体核算方法理论和较为成熟的温室气体核算体系，依据国内温室气体核算体系，归纳出国内外不同标准体系的温室气体核算方法理论作为碳排放核算体系的理论基础，见表3-1、表3-2。

国外温室气体核算体系框架对比分析　　表3-1

名称	体系框架	主要内容
《IPCC 2006年国家温室气体清单指南（2019年修订版）》	方法选择	确定温室气体计算方法
	排放因子选择	指导针对不同的计算方法选择不同的排放因子
	活动数据的选择	指导活动数据的选择和收集
	不确定性评估	为估算和报告与年排放量和清除量估算以及排放量和清除量随时间变化的趋势有关的不确定性提供指导
	时间序列一致性	为确保时间序列一致性提供指导
	质量保证/质量控制与验证	指导制定并执行质量保证、质量控制和验证系统
	报告指南及表格	提供完整、一致和透明的国家温室气体清单报告指南
ISO 14064	温室气体量化与报告原则	温室气体量化与报告应遵守的原则
	温室气体清单设计和编制	确定温室气体清单的组织边界和运行边界，量化温室气体排放和清除
	温室气体清单组成	指导形成清单文件的主要内容
	温室气体清单质量管理	温室气体信息管理以及文件和记录保管
	温室气体报告	指导形成完整符合要求的温室气体报告
ISO 14067	产品碳足迹量化范围	产品碳足迹量化与交流基于全生命周期评价
	产品碳足迹量化原则	产品碳足迹量化与报告的原则
	产品碳足迹量化方法	产品碳足迹研究应包括四个内容：目标与范围的确定，生命周期清单编制，生命周期影响评价以及生命周期解释

续表

名称	体系框架	主要内容
ISO 14067	产品碳足迹研究报告	指导将量化结果形成文件
	产品碳足迹交流	为组织进行产品碳足迹交流提供要求与指南
《PAS 2050：2008 商品和服务在生命周期内的温室气体排放评价规范》	碳足迹范围	用于评估产品生命周期温室气体排放
	碳足迹评价原则	碳足迹评估是应遵守的原则
	排放源、抵消和分析单位	划定温室气体排放范围、评价期、碳排放源，确定碳足迹分析单位
	系统边界	为设定不同产品的系统边界提供依据
	数据获取	数据质量规则、数据类型、数据采样等
	排放分配	特殊过程的排放量计算分配
	产品温室气体排放计算	产品温室气体排放计算步骤
	符合性声明	指导在文件或产品包装上公布符合本规范声明

国内温室气体核算体系框架对比分析　　表3-2

名称	体系框架	主要内容
《省级温室气体清单编制指南》	排放源界定	指导界定不同部门中不同活动的排放源
	温室气体清单编制方法	排放量计算方法，计算步骤
	活动水平数据及其来源	确定数据的分类以及来源
	排放因子数据及其确定方法	指导确定计算所需的排放因子，部分给出排放因子参考值
	清单报告格式	统一规范清单报告格式
	不确定性分析	帮助确定降低未来清单不确定工作优先顺序
	质量保证与质量控制	评估和保证温室气体清单质量
《行业企业温室气体排放核算方法与报告指南》	适用范围	说明各个行业指南适用范围
	核算边界	报告主体、排放源和气体种类
	核算方法	核算方法以及核算步骤
	质量保证和文件存档	质量保证工作内容
	温室气体报告	不同行业温室气体排放报告内容
《建筑碳排放计量标准》	一般规定	对于采用标准中的计量方法的一般规定
	数据采集	规范不同阶段活动水平数据应包括的内容以及计算方法
	数据核算	不同阶段碳排放量计算方法
	数据发布	规范以碳排放计量报告的形式以及内容

可见，对于一个产品或者一个企业的CO_2排放情况进行报告或评价，量化只是其中一步。通过以上对比分析，归纳出CO_2核算过程关键的是需要确定核算边界、确定CO_2排放

源、量化方法选择、核算数据确定、报告CO_2排放情况。因此，碳排放核算体系借鉴国内外核算体系的框架内容，将体系框架内容归纳为三大部分：确定核算范围、确定核算方法以及碳排放报告和质量控制。

2. 碳排放核算体系基本框架构建

依据以上分析并提炼国内外较权威的温室气体核算体系标准框架，以此为理论基础构建出建设工程项目温室气体核算体系框架，使得框架的建立更具科学性。由于建设工程项目的温室气体排放主要表现为CO_2排放，在外购电力的温室气体排放涉及少量的CH_4以及NO_x。因此，碳排放核算体系是主要针对CO_2的核算，但进行其他温室气体的核算工作也可以参考本核算体系的方法进行核算，可折算成为CO_2e纳入最后的总排放量中，核算体系命名为工程碳排放核算体系。

国家或区域层面核算的《IPCC指南》核心框架包括确定源类别、选择核算方法、收集活动数据、确定排放因子、温室气体清单的质量保证。每一部分都有详细的指导，包括确定源类别时提供关键类别的确定方法、三个层级的核算方法、活动数据收集或计算指南、排放因子的选择等。这是目前在全球范围内应用最广的温室气体清单编制方法，也奠定了世界各国温室气体核算体系框架的基础，因此对建设工程项目碳排放核算体系基本框架的构建研究具有一定的参考作用。

碳排放核算体系主要框架包括确定碳排放目标、确定碳排放核算范围、确定碳排放核算方法、碳排放报告，如图3-1所示。

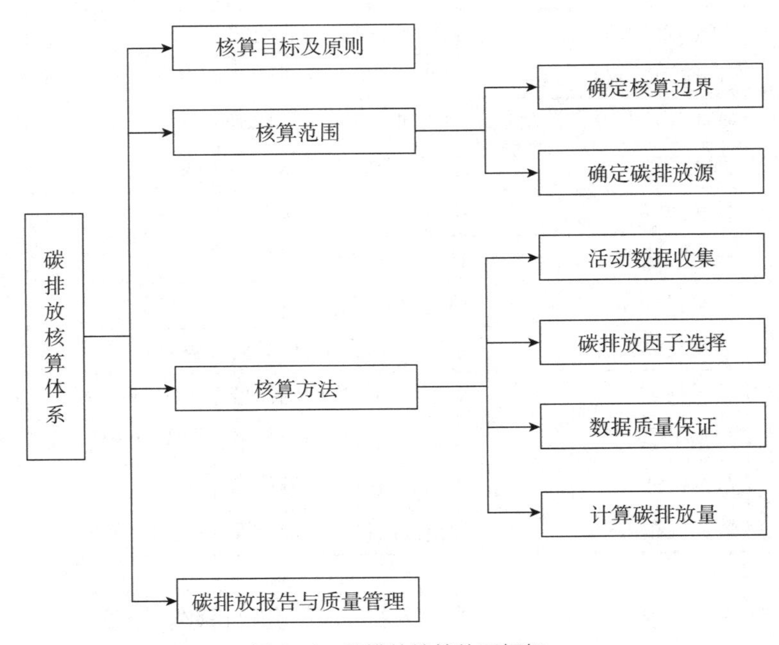

图3-1　碳排放核算体系框架

3. 核算流程设计

设计碳排放核算流程，明确各流程工作内容，能够正确引导进行核算工作，从核算工作上保证碳排放结果完整性。运用该核算体系进行碳排放核算工作，应包括但不限于以下工作内容，如图3-2所示。人员安排是进行碳排放核算工作的第一步，核算人员依据碳排放管理目标需求，制定具体的核算工作目标。核算原则在施工碳排放核算体系中已基本确定，但核算方可按照具体核算报告的要求制定新的核算原则。以上属于碳排放核算前期工作，从确定碳排放核算范围开始正式进入碳排放计量核心工作。工作内容包括核算边界、碳排放源的确定、活动数据采集、碳排放因子选择以及运用符合目标的碳排放计算模型进行计算。最后，核算方依据核算目标以及碳排放管理要求，编制碳排放报告。此外，碳排放质量控制工作需要贯穿于整个碳排放核算各阶段中，保证核算过程的准确性、精确性、完整性和一致性。

（1）组建碳排放核算团队

碳排放核算团队是为适应各部分施工碳排放核算工作的实施及有效而建立的团队。该团队组织结构、人员构成、人数配备以及各成员的具体职责等方面由碳排放核算工作复杂

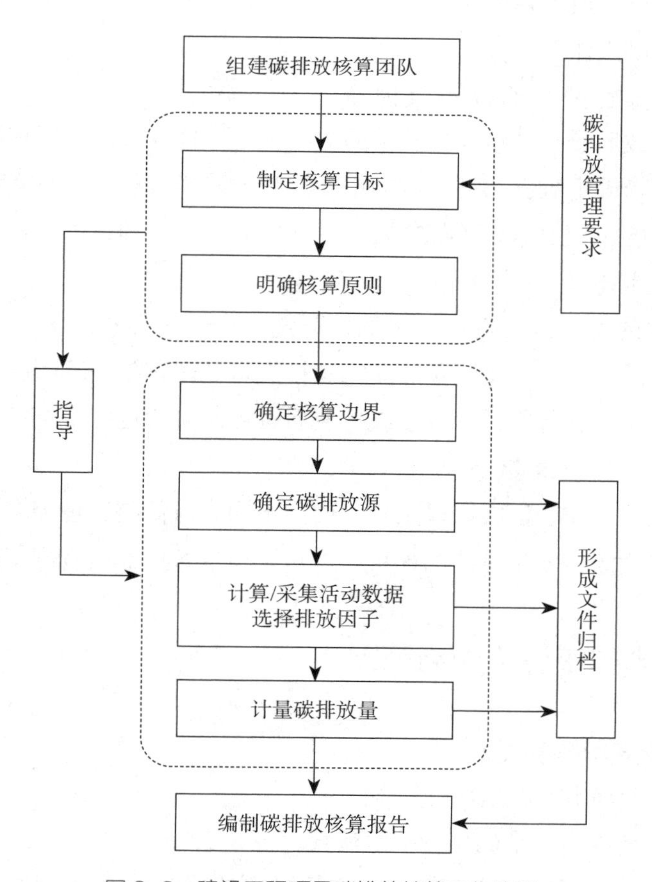

图 3-2 建设工程项目碳排放核算工作流程

程度、项目规模大小、项目性质而定。碳排放核算团队主要负责计划、组织、管理碳排放核算工作。碳排放管理团队可以是项目管理组织的一个分支，也可以是独立于项目管理组织的团队。因此，碳排放核算负责人可以是项目经理，也可以是具备碳排放管理知识、经验的管理者。

（2）制定碳排放核算目标，明确核算原则

核算方应在开展具体碳排放核算工作前，依据建设工程项目低碳管理目标需求，制定具体的核算目标。碳排放核算目标是指建设工程项目参与方计量碳排放总量的需求，可理解为应用工程碳排放量进行项目管理的需求。一般按照国家、地方或行业政策、项目性质、项目规模、核算方需求等因素制定碳排放核算目标。碳排放原则一般是固定的，在建设工程项目排放核算体系中已列出必须遵循的原则，核算方可依据具体的核算目标的要求增加核算原则。核算目标与核算原则在核算工作的全程起到指导的作用。

（3）确定核算范围

确定核算范围包括确定核算边界以及盘查碳排放源两项核算工作内容。核算边界的确定是明确是否属于建设工程项目的碳排放，而碳排放源的盘查是对属于产生建设工程项目碳排放的源头，是施工所消耗的各种资源，也可以是特定的施工工序等。确定核算范围是计量碳排放量的基础工作。

（4）采集活动数据、选择排放因子

活动数据和排放因子是计量碳排放量的数据基础，核算方应依据核算的需求、计量精度、计量方法的要求确定数据类型、数据精度、数据采集方法以及与活动数据对应的排放因子。核算过程中的一切数据来源都需要形成文件并归档管理，以便审查。

（5）计量碳排放量

依据活动数据的类型以及排放因子的情况选择合适的计量方法，一般为碳排放因子法。特殊碳排放情况可采用直接测量法获得碳排放量。碳排放核算团队必须将计量过程或直接测量结果形成文件进行归档，以便碳排放质量控制阶段进行审查。

（6）编制碳排放核算报告

核算报告是核算工作的汇报阶段工作。面向不同项目低碳管理需求以及核算目标，核算报告能够反映出对碳排放量结果的评价，以指导项目各项低碳管理工作的进行。

3.1.2 碳排放核算边界与范围

1. CO_2排放清单核算范围

（1）电力、水间接CO_2排放清单

根据建筑所在地电力、水的生产技术流程，核算电力、水的排放系数，可直接参考政府或企业提供的数据。例如，国家发展和改革委员会公布了各电网基准的排放因子，北京、天津两地外来电计算采用华北电网排放因子（0.9930tCO_2-eq/MWH），上海市外来电计算采用华东电网排放因子（0.9384tCO_2-eq/MWH）。电力的CO_2清单根据获取的来源不同，核算的方式也不同，例如火电、核电、水电、风电等生产方式和技术流程各不相同。即使采用相同的能源生产电力，发电设备的技术和效率也会不同。在核算电力CO_2清单时，需根据电力供应企业的生产流程进行，生产过程中消耗的资源强度不同，单位电能的产出造成CO_2的排放量也不同。建筑生命周期中CO_2排放采用的电力、水的CO_2排放清单需采用该建筑使用的某供电企业或某地区的电力排放因子。电力、水的CO_2排放清单还需考虑其时效性，即随着企业生产技术流程的发展，CO_2排放因子可能在未来产生变化，需要定期进行更新。

（2）建筑材料、构件、设备的CO_2清单

建筑材料、构件、设备的CO_2清单包括中国在内的世界上很多国家还未形成本土化的建筑材料、构件、设备等产品的CO_2清单。本章中对于产品CO_2清单概念界定为：从建筑材料、构件、设备的原材料开采、运输，到工厂生产、运输，直到建筑工地产生的CO_2排放，即“摇篮到现场”（Cradle to Site）的过程，形成物化二氧化碳（Embodied CO_2）清单。

应被纳入建筑材料、构件、设备CO_2清单的核算内容包括：①原材料开采、生产流程中的物理、化学变化产生的CO_2；②原材料开采、生产流程中使用机械消耗化石能源、电力、水产生的CO_2；③运输原材料至建筑材料、构件、设备工厂产生的CO_2，可能途经若干仓库；④生产建筑材料、构件、设备流程中的物理、化学变化产生的CO_2；⑤生产建筑材料、构件、设备流程中消耗化石能源、电力、水产生的CO_2；⑥运输建筑材料、构件、设备至建筑工地产生的CO_2排放，可能途经若干仓库；⑦建筑材料、构件、设备从原材料开采、运输至生产、运输至建筑工地过程中人员办公、工作消耗化石能源、电力、水产生的CO_2。

需要注意的是，在建筑材料、构件、设备生产过程中，可能存在回收废弃材料并重新加工形成新产品的过程，即制造建筑材料、构件、设备的原材料可能是循环利用的材料。这一过程与直接从自然界中开采建筑材料、构件、设备的原材料并进行生产的过程并不相同，产生CO_2的量也不相同，需要核算废弃材料回收和重新加工过程中因物理、化学变化产生的CO_2及使用机械消耗化石能源、电力产生的CO_2。这意味着建筑材料、构件、设备CO_2清单的核算内容第①、②、③项CO_2的排放源不同，如图3-3所示。在核算某种材料、构件、设备的CO_2排放清单时，需要根据其采用原材料的来源比例计算核算内容的第①、②、③项。

在进行建筑的维护和改造过程中取用材料、构件、设备的CO_2排放因子时，也需要考虑其CO_2排放清单的时效性，即随着时间的推进，生产技术发展更新会导致生产过程中CO_2排放量产生变化，能耗的排放因子也会产生变化，从而导致材料、构件、设备CO_2排放清单的变化。

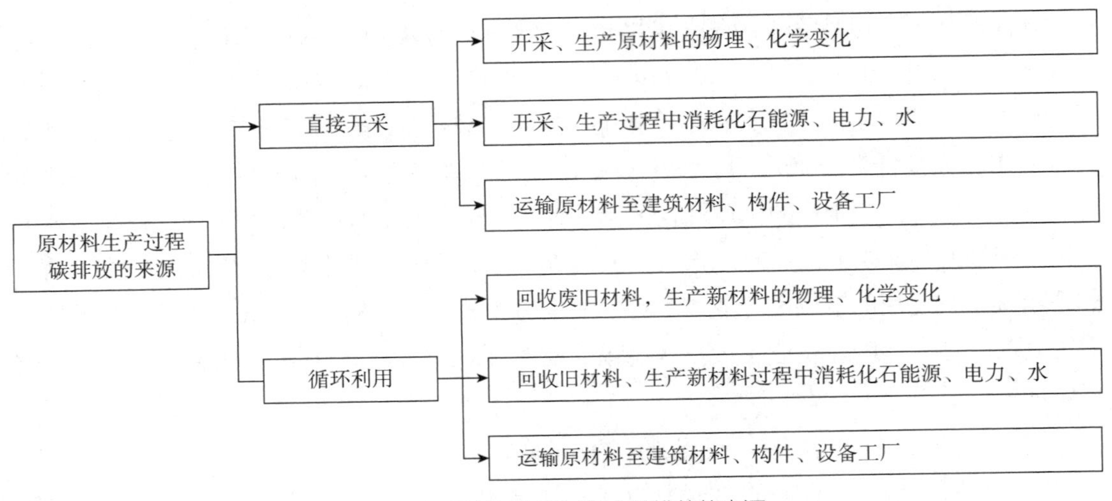

图 3-3　原材料生产过程中碳排放的来源

2. 建筑生命周期CO_2核算范围

根据建筑生命周期CO_2核算原则，确定建筑生命周期中各阶段的CO_2排放核算范围。将建筑作为一个产品，建筑的生命周期从生产形成到拆除销毁包括以下阶段：

（1）建筑的材料生产及施工阶段

CO_2排放的核算包括：①机械、工具消耗化石能源、电力产生的CO_2；②施工过程消耗水产生的CO_2；③运输废土、废料至其他场地消耗化石能源产生的CO_2；④现场人员办公设施消耗化石能源、电力、水产生的CO_2；⑤使用的建筑材料、构件包含的物化CO_2，根据对应的CO_2清单计算；⑥安装的各种设备所包含的物化CO_2，例如公共通风、取暖、制冷、热水、照明、电梯设备，太阳能光电系统、风能系统、地热系统、生物能系统（沼气池）等各类可再生能源设备及各种管道、线路铺设等；⑦置换原有土地植被造成吸收CO_2的减少量。

建筑现场需要核算所有进入施工场地的材料、构件，包括直接用于建筑组成的材料、构件和用于施工辅助的材料、构件。在施工现场使用完成其生命周期的辅助材料、构件需要将其物化CO_2纳入核算体系，例如木模板、木支撑等；在施工现场未完成其生命周期，可用于其他项目的辅助材料、构件，根据其周转次数通过折算将其物化CO_2纳入核算体系，例如钢脚手架、活动房墙板等。

（2）建筑的运行阶段

CO_2排放的核算包括：①公共区域设备消耗化石能源、电力、水产生的CO_2，例如公共通风、取暖、制冷、热水、照明、电梯设备等；②用户设备消耗化石能源、电力、水产生的CO_2，例如空调、电热器、热水器、照明设备等；③公共区域设备使用过程中直接释放排出的CO_2，例如氟利昂类制冷剂的蒸发消散等；④用户设备使用过程中直接释放排出的CO_2；⑤用户的取暖、制冷热水、照明等设备包含的物化CO_2，根据对应的CO_2清单计算；⑥太阳能光电系统、风能系统、地热系统、生物能系统（沼气池）等各类可再生能源设备生产的可再生能源抵消的CO_2排放，用负值计算；⑦置换原有土地植被造成吸收CO_2的减少量。

建筑运行阶段中，公共区域设备与用户设备的界限根据建筑类型不同（如商用、民用等）会有所不同，例如通风、取暖、制冷、照明设备等，既可能属于建筑的公共区域，也可能属于个人用户区域。设备归属界限的主要区分原则是：设备的购置、管理、使用如果由统一的物业部门承担，则属于公共区域的范围；如果由用户承担，则属于用户的范围。例如：如果建筑的取暖设备是物业部门统一安装并运行，住户无法调节或关闭设备（如暖气片、地暖等），则属于公共区域的范围；如果建筑的取暖设备是用户自行购置、安装并运行（如空调、电暖气等），则属于用户的范围。

将可再生能源设备生产的可再生能源抵消的CO_2排放用负值计算的原因是：建筑配备的可再生能源设备生产的可再生能源（如电力）有可能多于建筑本身需要的能源，多出来的能源则可以通过一定技术供给社会使用（例如家庭电力上网），社会再通过购买、补贴等方式补偿给建筑用户。采用这样的核算方式更易于清楚地分析和评估可再生能源设备对CO_2减排作出的贡献，有可能促成“零排放”建筑甚至“负排放”建筑的形成。例如白天住宅中的住户外出上班，建筑配备的太阳能光电设备可以生产一定量的电能，一部分存储于住宅中的电池中，供住户夜晚使用，一部分则通过电力上网技术供给工厂、办公楼等公共建筑使用，如图3-4所示。但需要注意的是，考虑可再生能源供给社会使用时，需要考虑供给能源在传输、电压转换等过程中的损失，从而计算出合理的利用效率。

（3）建筑的维护、改造阶段

CO_2排放的核算包括：①机械、工具消耗化石能源、电力产生的CO_2；②维护、改造过程消耗水产生的CO_2；③运输废物、废料至其他场地消耗化石能源产生的CO_2；④现场

图 3-4　住宅太阳能光电设备电力上网示意

人员办公设施消耗化石能源、电力、水产生的CO_2；⑤使用的建筑材料、构件包含的物化CO_2；⑥替换使用的各种设备所包含的物化CO_2。

建筑维护、改造过程中材料、构件的核算方法与建筑施工过程中的核算方法一致。

（4）建筑的拆除、废物处理阶段

CO_2排放的核算包括：①机械、工具消耗化石能源、电力产生的CO_2；②建筑的拆除、废物处理过程消耗水产生的CO_2；③运输废物废料至其他场地消耗化石能源产生的CO_2；④废物废料处理消耗化石能源、电力、水产生的CO_2；⑤人员办公设施消耗化石能源、电力、水产生的CO_2；⑥废物废料填埋处理毁坏原有土地植被造成吸收CO_2的减少量。

废物废料处理阶段中，仅核算废物废料进行填埋、降解等最终处理过程中产生的CO_2。如果废物废料进行重新利用产生新的产品，则这一过程中产生的CO_2不予核算，避免与建筑材料、构件、设备的CO_2清单中的CO_2的核算发生重复。

建筑生命周期中碳排放的核算范围见表3-3。公共区域的大型设备通常在建筑的施工阶段或维护改造阶段进行安装或更新，而用户设备在建筑的运行阶段随时可能进行安装或更新，故将公共区域设备包含的物化CO_2排放纳入施工阶段和维护改造阶段，将用户设备包含的物化CO_2排放纳入运行阶段。

建筑生命周期碳排放核算范围　　表3-3

碳排放核算项目	生产及施工阶段	运行阶段	维护改造阶段	拆除处理阶段
建筑材料、构件、公共区域设备包含的物化碳排放	√		√	
用户设备包含的物化碳排放		√		
机械、设备、运输等工具消耗化石能源、电力、水产生的碳排放	√		√	√
人员办公设施消耗化石能源、电力、水产生的碳排放	√		√	√
公共区域设备及用户设备消耗化石能源、电力、水产生的碳排放		√		
公共区域设备及用户设备使用中直接释放排出的碳排放		√		
可再生能源设备生产的可再生能源抵消的碳排放（负值）		√		
置换土地植被造成吸收碳排放的减少量	√		√	√
废物废料处理消耗化石能源、电力、水产生的碳排放				√

3.1.3 碳排放核算方法与核算内容

本章通过分析国内外温室气体核算体系中关于核算方法的方法理论，提出建筑施工过程中碳排放核算方法确定的理论基础，再结合目前国内建设工程项目碳排放的具体情况，确定具有可操作性的碳排放核算方法。本章主要介绍碳排放核算方法中的具体内容，包括活动数据的收集、碳排放因子的选择和碳排放计量方法确定三个部分。建设工程项目的碳排放量计量需要依据前面所确定的碳排放核算范围，收集适合活动数据以及确定合适的碳排放因子，通过合适的计量方法核算范围内的碳排放量。

建设工程项目碳排放核算体系的核心是确定碳排放量的核算方法。碳排放计算的方法是否可行取决于活动数据以及碳排放因子能否获取，而活动数据种类、数量、获取方式以及碳排放因子的确定又会受到计算方法的影响。此外，碳排放因子与活动水平数据必须形成一一对应的关系。因此，碳排放核算方法中的三个核心因素——活动数据、碳排放因子以及计算方法，它们之间形成既相互独立又相互影响的关系，如图3-5所示。

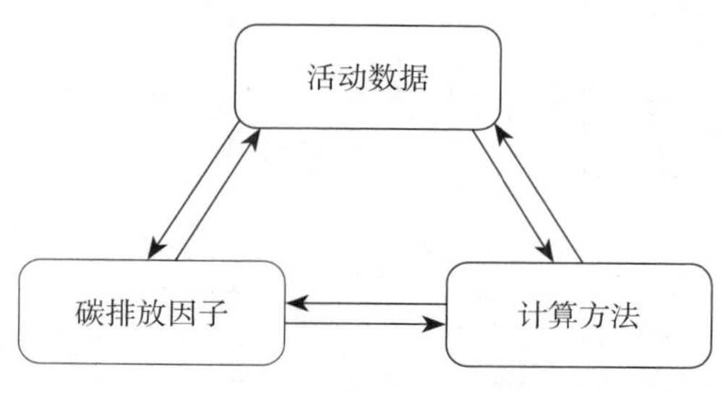

图 3-5　碳排放核算方法确定的三大因素之间的关系

1. 国外确定碳排放核算方法的理论分析

（1）《IPCC 2006年国家温室气体清单指南（2019年修订版）》温室气体核算方法

《IPCC 2006年国家温室气体清单指南（2019年修订版）》是在《2006年IPCC国家温室气体清单指南》上的重要进步，简称《IPCC指南》，为世界各国建立国家温室气体清单和减排履约提供最新的方法和规则，其方法体系对全球各国都具有深刻和显著的影响。《IPCC指南》在确定温室气体核算方法中包括三个方面内容：活动数据的收集，排放因子的确定和核算方法的选择。

1）活动数据的收集

《IPCC指南》中活动数据指相应部门内产生温室气体的客体的消耗量，如在能源部门，活动数据一般是指燃烧的燃料数量。《IPCC指南》对收集现有数据、生成新数据和调整数据提供了一般性指导意见，给出数据来源选取的先后次序，并提出了管理数据质量的做法和建议。在能源部门，《IPCC指南》将活动数据分为两类（表3-4），第一类针对方法1层级，对活动数据要求最低，通常为对应客体的直接消耗量。第二类主要针对方法2和方法3层级，要求活动数据依据不同的条件进行分类，并分部门给出数据获取的具体要求。活动数据一般为燃烧的燃料数量。这类数据满足方法1层级的计算深度要求。而在较高层级方法计算中需要关于燃料特性和应用的燃烧技术的额外数据。

2）排放因子的确定

在IPCC的一般指导中，排放因子的选取采取优先国内特定因子，缺省因子或国际通用数据备用的原则（排放因子缺省值也就是默认值，是初始情景计算出来的值）。排放因

IPCC碳排放核算方法层级对比　　表3-4

方法层级	数据要求		特点
	排放因子	活动数据	
方法1	缺省排放因子	源类别数据来自国家统计数据	（1）基于表观消费量的方法； （2）采用的数据适用范围广，不考虑特定因素； （3）数据密集度低于方法2，且没有方法2复杂
方法2	特定国家或地区排放因子	同方法1，但需依据特定国家数据进一步划分，或使用企业级数据	（1）基于国民经济各部门的部门方法； （2）排放因子反映了给定国家（或地区）的独特情形
方法3	特定技术（设施）排放因子	依据与特定技术排放因子共同使用的活动数据，包括特定的排放模式、特定的测量，单个工厂级和设备级排放数据等	空间范围定位于具体的范围（如单个工厂），并考虑特定因素

子优先选用各国内同行评议后的公开文献，其次是选用IPCC缺省因子或者排放因子数据库（EFDB）中的数据，或者利用国际机构编制的估算数据。该排放因子数据库（EFDB），由权威专家以及研究人员对库内排放因子数据进行定期更新以确保计算时具有较高的适用性。

同时，排放因子的选取也要与计算方法相符合。由于《IPCC指南》中给出的三个不同层级的计算方法，它们分别对应三种不同层级的排放因子。《IPCC指南》中为方法1提供了一些相应数据的缺省排放因子，清单编制者在使用方法1计算时可以直接使用。方法2计算时所使用的排放因子称为“特定国家/地区排放因子”，这些排放因子可以通过国家统计或文献来确定，并给出了数据可能来源供清单编制者作参考。而方法3的排放因子属于基于特定技术的排放因子，结合IPCC给出了部分排放因子计算模型工具结合更详细的技术资料来确定方法3的排放因子。

3）核算方法的选择

《IPCC指南》主要提出了多种计算温室气体计算的方法，一种是按照活动部门分类，划分不同部门的不同燃料品种的排放因子计算相应的温室气体排放量；另一种思路是基于国家能源供应数据的计算的参考方法，是基于不同燃料品种的表观消费量直接计算得到温室气体排放量。基于部门分析的方法即排放因子法，而基于燃料表观消耗量的方法是公式法。还有一种方法是在工业部门、农林和其他土地利用部门的计算中使用质量平衡法。

《IPCC指南》在核算温室气体排放量时使用的是最简单的排放量计量方法——碳排放因子法，即把活动数据与量化单位活动排放量的排放因子相结合，计算得到温室气体排放量。《IPCC指南》为提高计算的精确度，根据活动数据的采集以及排放因子选取的情况，在部门方法中提出了“方法层级”的划分，把核算方法分成了3个层级。《IPCC指南》继续沿用“三层次”的计量方法。

方法1为缺省方法，是基于表观消费量计算的方法，缺省值是初始情景计算出来的默认值。该层级的方法旨在利用现成的国内或国际统计数据作为计算的活动数据，结合使用提供的缺省排放因子和已提供的其他参数，计算所得的排放量属于一般水平的排放量评估，未能真实反映实际排放量的大小。如基于燃料的计算，燃料数量选自国家能源统计，集合平均排放因子估算排放量。这里的平均排放因子是适用于所有相关的直接温室气体。CO_2排放因子主要取决于燃料的碳含量，CO_2排放量计算可以使用方法1基于燃烧的燃料总量和燃料中平均碳含量进行相当精确的估算。但是对于其他温室气体的碳总量可能还会与如燃料成分、燃烧效率等其他燃烧条件相关，这时若仍然使用方法1层级计算会出现较大的误差。因此，方法1的适用要求最低，适用范围最广。

方法2是中等层级的方法，是基于国民经济各部门分类计算的方法，与方法1的区别在于，方法2的温室气体排放量计算使用特定国家排放因子，而不是缺省值，是通过考虑特定国家数据，如使用的燃料碳含量、碳氧化因子、燃料属性和技术发展状况来确定该特定的排放因子。由于特定国家值应该更适用于所给国家的情况，因此期望与特定国家相关的计算误差会小于方法1中使用缺省因子的计算误差。方法2中可用的特定国家排放因子因不同的特定燃料、燃烧技术等燃烧条件，所以温室气体排放量计算中对应的活动数据比使用方法1时更应进一步划分。因为这些特定国家排放因子依据具体碳含量的详细数据，或者依据国家使用的燃烧技术等更具体的资料，所以采用方法2进行估算时的误差减小，并且可更好地估算长期趋势。

方法3属于最高级的方法层级，是基于实测数据的计算方法，在有相应的监测、测量条件以及单个工厂级数据的情况下，可使用方法3以达到最低的计算误差。值得注意的是，《IPCC指南》中指出方法3由于其计算成本较高，仅用于CO_2排放量的计算通常是没有必要的。方法3的活动数据以及所用的排放因子应针对不同的类型或者不同的技术设备条件进行分类，并对应结合求出总的温室气体排放量。可见，方法3需要确保监测质量，该层级方法的使用要求最高，主要针对非CO_2气体排放量的计算。

（2）ISO 14064、ISO 14067的温室气体核算方法

1）选择温室气体量化方法

ISO 14064—1量化温室气体方法包含五个步骤，分别是识别温室气体源和汇，选择量化方法，选择和收集温室气体活动数据，选择或确定温室气体排放或清除因子，计算温室气体排放和清除。可见，温室气体量化方法的选择是数据收集和选择计算因子的基础。ISO 14064—1将量化方法分成三类，分别是计算类、监测类以及监测与计算方法综合方法。ISO 14064—1仅提出方法的选择，并没有给出具体的计算公式或者监测方案。第一类计算法中包含可供组织选择的排放因子法、模型法、设备的关联性、物料平衡法。如果不能通过计算的应采用第二类监测法，包括持续性监测或者间歇性监测的方法。在一定条件满足的情况下，为提高计算的准确性可以采用监测与计算相结合的方法。

2）收集活动数据和确定排放或清除因子

排放是指在特定的时段内释放到大气中的温室气体总量，清除是指在特定时段内从大气中清除的温室气体总量，排放或清除因子是指将活动数据与温室气体排放或清除相关联的因子。ISO 14064中并没有详细给出收集活动数据的指南，仅提出组织需要按照前期选定的量化方法来决定温室气体活动数据收集的方式以及活动数据的类型。而在ISO 14067中活动数据分为三个层次的数据，包括特定数据、初级数据和二级数据。特定数据指的是直接测量得到的温室气体排放量、活动数据和具体排放因子，这些特定的数据可通过检测技术实现直接获得。初级数据和二级数据在特定数据无法获取的情况中使用，这些数据可以从重要文献数据中获取得到，如CO_2因子缺省值、官方认证的地区平均值、计算获得的数据等。

对于计算因子，ISO 14064中并没有为组织提出相应的排放因子或者清除因子，组织在选取排放和清除因子时应当对来源和适用性作出解释。要求组织所选的排放或清除因子应来自公认的可靠来源并具有适用性，需要保证该因子在计算期内是有效的，并且符合温室气体清单的预定用途。排放因子法的计算即温室气体排放或清除为该数据与温室气体排放或清除因子的乘积。

（3）《PAS 2050：2008商品和服务在生命周期内的温室气体排放评价规范》（简称《PAS 2050规范》）温室气体核算方法

《PAS 2050规范》中温室气体计算工作是在确定核算边界的基础上进行活动数据和排放因子的收集和碳足迹的计算。

1）收集数据

《PAS 2050规范》的数据类型分为活动水平数据和排放因子两类，而数据层次划分了两个层次，包括初级数据和二次数据。与ISO 14067不同，这里的初级数据是指通过定量测量得到的数据，而从直接测量以外的来源获得的数据则为二次数据，如行业协会的行业报告数据，属于平均数据或者通用数据。当初级数据无法获得或者获得初级数据不可行时，则使用次级数据。碳足迹评估中所用的所有数据必须遵循关于数据时间、地理、技术覆盖面的质量要求，保证数据的准确性、精确度、完整性以及一致性。《PAS 2050规范》没有给出特定的排放因子，排放因子选择是参考其他来源，如国家政府、联合国或者由联合国支持机构的出版物，经过同行评审过的数据，或者是多行业生命周期数据库等。

2）计算碳足迹

《PAS 2050规范》中规定的温室气体种类与《IPCC指南》中所列的气体种类一致，计算所使用的全球增温潜势也是参考IPCC中列出的数值。《PAS 2050规范》中计算产品碳足迹的方法是，求解整个产品生命周期中所有过程中活动数据乘以相应排放因子之和，即排放因子法。每个活动过程计算所得的温室气体排放需要通过使用全球增温潜势换算成CO_2e，在该步骤主要是基于之前测量得出的数据，最后汇总计算单个商品的碳足迹。与其他国外的规范或者指南不同的是，《PAS 2050规范》着重要求计算过程中需要遵循质量平衡原则，即所有输入过程的总质量与输出过程的总质量相等，确保所有输入和输出的物质流已被计算。

2. 国内确定温室气体核算方法的理论分析

（1）《省级温室气体清单编制指南》的温室气体核算方法

1）活动水平数据收集

《省级温室气体清单编制指南》（简称《省级指南》）中提供了不同部门的活动水平数据，例如能源部门的活动水平数据来源主要来自《中国能源统计年鉴》，或各种行业统计资料如《中国海关统计年鉴》《中国农村能源统计年鉴》《中国化工统计年鉴》，以及省/市统计年鉴及相关企业的统计资料。活动数据具有一定的优先次序，按照统计部门数据、行业部门数据、文献发表数据、专家咨询数据排列。《省级指南》中为各活动领域的活动数据采集提供了相应的表格。

2）排放因子确定

《省级指南》中，排放因子选取或者确定的方法有详细的建议。《省级指南》提出部分优先确定排放因子的方法，或是通过实测获得，又或者是通过指南给出的排放因子计算步骤和计算参考数值得出，还可以直接使用指南给出的碳排放因子，或者参考《IPCC指南》推荐的缺省排放因子或IPCC推荐的公式进行计算得到排放因子。在不同的活动领域的温室气体计算中，《省级指南》都有给出清晰的排放因子选取方法。

3）排放量估算方法

《省级指南》中提出温室气体排放量计算方法主要是参考IPCC所提出的方法1和方法2，再根据实际收集数据的情况进行改进（表3-5）。

《省级指南》各领域核算方法　　表3-5

领域	活动	温室气体核算方法
能源活动	化石燃料燃烧活动	拟采用以详细技术为基础的部门方法（IPCC方法2）或采用参考方法进行检验（IPCC方法1）
	生物质燃烧活动	设备法（IPCC 方法2）
	煤炭开采和矿后活动甲烷逃逸排放	首选采用基于煤矿的估算方法（IPCC方法3）
	石油和天然气系统逃逸排放	采用IPCC方法2计算指定的数据
工业生产过程	水泥生产过程	《IPCC指南》方法1和方法2结合
	石灰生产过程	
	钢铁生产过程	
	电石生产过程	
	己二酸生产过程	
	硝酸生产过程	
	一氯二氟甲烷生产过程	

续表

领域	活动	温室气体核算方法
农业	稻田甲烷排放	参照了1996年、2000年、2006年不同版本《IPCC指南》和《中国初始国家信息通报》中有关农业温室气体清单编制方法
	省级农用地氧化亚氮排放	
	动物肠道发酵甲烷排放	
	动物粪便管理甲烷和氧化亚氮排放	
土地利用变化和林业	森林和其他木质生物质生物量碳贮量变化	参考《IPCC指南》
	森林转化温室气体排放	
废弃物处理	固体废弃物处理	质量平衡法和《省级指南》提供的方法
	废水处理	

（2）《中国行业企业温室气体排放核算方法与报告指南》（简称《行业指南》）的温室气体核算方法

《行业指南》旨在指导报告主体在量化温室气体排放量时，选择相应的温室气体排放量计算公式，依据选定公式再确定活动水平数据和排放因子的收集，通过公式计算不同排放源的温室气体排放量再汇总成企业温室气体排放总量。不同行业的排放源温室气体排放量计算的方法主要是排放因子法或者质量平衡法，报告企业可按照《行业指南》中的计算公式，计算以及汇总行业的温室气体排放量。而对于排放因子的选择，各行业指南中都给出对应不同公式所需的因子的推荐参考值，包括通过对典型企业调研后获得的数据，或者是其他温室气体核算指南的排放因子，如使用区域电网的平均排放因子、《IPCC指南》或者是《水泥行业二氧化碳减排议定书》中的排放因子。必要时，《行业指南》还给出排放因子的计算公式以及相应的计算所需的推荐数据值。而在活动水平数据的选取上，《行业指南》建议所有数据获取方式首选实测法，也可以参考《行业指南》中提供的计算公式计算可得，或者直接采用指南中推荐使用的数据来源中的行业数据。在量化温室气体排放的方法理论上，《行业指南》与《省级指南》能相对直观、简要地指导核算方完成温室气体排放核算。

（3）《建筑碳排放计量标准》的温室气体核算方法

1）活动数据收集与排放因子选择

活动数据的采集应当与碳排放单元过程内容相对应，必须能反映能源、资源和材料消耗特征。活动数据采集过程中需要对数据的时间跨度、地域范围、代表性、完整性、数据源、数据精度进行详细记录。核算方可以通过仪表监测、资料查询和分析测算的方法收集活动数据，优先采用仪表监测法，其次可查询相关技术资料，由于特定因素使得前两种方法无法使用时，才选择使用公式分析测算的方法。标准中详细列出建筑生命周期内不同阶段需要收集的活动数据类型，见表3-6，以及数据收集表格模板。

建筑生命周期数据类型以及推荐数据来源　　表3-6

阶段名称	活动数据类型	推荐数据来源
材料生产阶段	建筑主体结构、围护结构和填充体使用的材料、构件、部品、设备种类以及数量	决算清单
		施工图纸
		采购清单
施工建造阶段	材料、构件、部品、设备运输的耗能量	能源缴费账单
	施工机具运行的耗能量、耗水量	工程建设财务报表
	施工现场办公的耗能量	施工现场监测仪
运行维护阶段	—	《民用建筑能耗数据采集标准》
	建筑运行的耗能量、耗水量	《建筑给水排水设计规范》
	可再生能源的种类及使用量	可再生能源系统监测系统
	维护更替活动的材料消耗量	建筑冷水量总表
	维护更替活动的耗能量	维护更替方案
	—	公式计算
拆解阶段	拆解机具运行的耗能量	能源缴费清单
	拆解废弃物运输的耗能量	建筑拆解方案
回收阶段	建筑主体结构、围护结构和填充体中回收的建材、构件、部品及设备的种类及回收量	建筑设计材料设备清单

碳排放因子与活动数据相对应，可在权威机构文献、经认证的研究报告、统计年鉴和报表、数据手册、内部工艺信息以及标准中提供的部分碳排放因子中选择。

2）碳排放计量方法

该标准以全生命周期计量的方法为基础提出清单统计法和信息模型法两种方法，其中清单统计法是划分建筑碳排放单元过程，以单元过程实际活动水平数据为基础，使用碳排放因子法，将单元过程活动水平数据与相应的碳排放因子相乘得到建筑碳足迹。其中，施工建造阶段碳排放量是由耗电量、耗油量、耗煤量、耗燃气量、耗水量以及其他消耗量乘以相对应的排放因子再加总获得。

而信息模型法是指通过信息模型得到活动水平数据计算建筑碳足迹，并通过模型来管理建筑全生命周期各阶段的能耗、材料消耗等数据。在整个建筑碳排放计量中，标准在计量过程中有将建筑范围内由绿化、植被吸收并存储的CO_2量。

3. 确定碳排放核算方法的理论基础

通过对国内外温室气体核算体系中核算方法的理论分析，归纳总结出确定碳排放核算方法的过程，包括核算数据的确定以及计量方法的选择。其中，核算数据确定包括活动数据的获取、碳排放因子的确定等。

（1）核算数据确定的理论分析

1）数据类型

建设工程项目施工过程中涉及大量的数据，包括能源消耗数据、材料消耗数据、机械消耗数据、工程量信息、人员安排情况等。量化建设工程项目碳排放所需的数据主要是活动数据以及碳排放因子。活动数据是对产生碳排放的单元活动资源消耗的相关物理量值，反映了单元过程中的输入或输出资源量，如能量值、质量、体积、面积、距离、时间等。碳排放因子是各个排放源计算碳排放量所需的系数，即相应活动水平数据的单位碳排放量。

根据对《PAS 2050规范》与ISO 14067的分析，建设工程项目的碳排放核算数据依据来源不同，可划分为初级数据和次级数据两个层级。初级数据即在施工现场通过直接检测、现场测量、模拟或统计账单获得的数据。次级数据不是来自核算范围内单元过程的数据，可从生命周期数据库、行业协会等外部来源获得的数据。只要不属于初级数据也可归为次级数据，例如从其他数据库中获得的反映平均水平的数据，或用其他类似单元过程近似得到的数据，或是行业平均温室气体排放量数据。若核算数据按类型分类，则分为活动水平数据、碳排放因子以及直接测量的碳排放量数据。

2）活动数据

活动数据是指碳排放源的资源消耗情况。活动数据的获取在温室气体核算体系中各自都有规范的具体内容，包括确定活动数据的类型、获取的方法以及规范数据质量。数据收集方法可由ISO 14064中给出活动数据的获取方法进行改良，分别是监测法、计算法以及监测与计算相结合的方法，以及借鉴《建筑计量标准》中关于施工阶段活动数据。结合不同核算体系的经验，建设工程项目碳排放活动数据的内容需要包括确定活动数据类型以及数据收集方法两部分，并借鉴ISO 14067和《IPCC指南》中对数据质量要求以及质量保证工作的内容，进行施工碳排放核算数据质量保证工作设计。

3）碳排放因子

对于碳排放因子的选择，应选用特定的碳排放因子而不是默认的数据，其次，依据国内外温室气体核算体系中碳排放系数，可以选择体系外的碳排放因子，或体系本身相对应的核算因子或核算因子计算方法，或者两者结合。表3-7为国内外温室气体核算体系中排放因子确定的统计情况，国外比较成熟的温室气体核算体系都有相应的排放因子计算方法，较为成熟的排放因子计算方法体系相互之间也会借鉴与引用。

由于建设工程项目碳排放源主要为化石燃料碳、外购电力、人工和建筑材料化学或物理反应，因此相对应，需要化石燃料碳排放因子、外购电力的碳排放因子、人工碳排放因子以及建材物理或化学反应的碳排放因子。

国内外温室气体核算体系排放因子确定情况　　表3-7

温室气体核算体系		排放因子确定
国外	《IPCC2006年国家温室气体清单指南（2019年修订版）》	提出部分排放因子计算方法
		已形成IPCC排放因子数据库
	WRI温室气体核算体系	提出部分排放因子计算方法
		数据参考生命周期数据库、出版的温室气体清单报告、政府机构、行业协会、企业开放的因子和同行评审的文献等
	ISO 14064、ISO 14067	没有提供排放因子计算方法
		没有形成排放因子库
		排放因子数据来自公认的可靠来源
	《PAS 2050：2008商品和服务在生命周期内的温室气体排放评价规范》	没有提供排放因子计算方法
		正在形成相关数据库
		数据来自多行业生命周期数据库
		国家数据来源，例如政府机构的数据
国内	《省级温室气体清单编制指南》	提出部分排放因子计算方法
		数据参考指南中推荐的适合国内情况的缺省值，或参考《IPCC指南》提供的缺省数值
	中国行业企业温室气体排放核算方法与报告指南	提出部分排放因子计算方法
		数据来自各指南的推荐值、国家主管部门公布的排放因子、《省级温室气体清单编制指南》相关数据、《IPCC指南》的缺省数值、国内外相关行业协定书或典型企业调研数据
	建筑碳排放计量标准	没有提供排放因子计算方法
		没有形成排放因子库
		排放因子数据来自公认的可靠来源

通过对国内外温室气体核算体系的分析，国内外的排放因子计算方法基本以IPCC和WRI的部分排放因子计算公式为计算依据，由于计算所需的数据不同、体系不同，不同体系所得的排放因子会有所不同。不提供排放因子计算方法的体系更多是参考现有的排放因子缺省值，缺省值也就是默认值，是初始情景计算出来的值。国外的类似IPCC或WRI的缺省排放因子主要是适用于发达国家的实际情况。由于我国国情与相关资源使用和生产情况与国外不一致，因此，直接使用国外的缺省因子会使得计算结果不具代表性。即使是WRI温室气体核算体系中有部分针对中国制定的计算工具以及统计资料，但没有专门针对建设工程项目领域的碳排放因子，碳排放核算选择这类排放因子不是最佳的选择。而国内的《省级温室气体清单编制指南》中所列的建筑部门燃料消耗类型比国外的体系列举的燃料类型更适用于我国的温室气体核算。《行业指南》中有专门针对公共建筑运营阶段的温

室气体排放核算的数据，而不是针对建筑施工阶段的数据。因此，本章的核算体系是综合国内外排放因子的计算方法，采用适用建设工程项目的数据，主要给出计算CO_2排放因子的方法以及建设工程项目碳排放因子数据库。

（2）碳排放计量方法选择的理论分析

国内外对温室气体计量主要有两种层面的计算方法，一种是基于国家、企业或项目层面上的计量，如《IPCC指南》、ISO 14064、《省级指南》以及国内行业企业系列指南。另外一种是基于产品或者服务层面的计量，如ISO 14067和《PAS 2050规范》。无论是国家或企业层面的核算，还是产品或者服务层面上的核算，都是从全生命周期的角度进行温室气体计量，具体所采用的计量方法是基于质量守恒定理的碳排放因子法。

IPCC能源部门中有两种温室气体分析方法，一种是IPCC能源部门中的基于能源表观消费量自上而下的参考方法，另外一种是基于部门、燃料种类分类的燃料消费量自下而上的部门方法。我国的《省级温室气清单编制指南》、二十四个行业企业指南中的计量方法是参考IPCC的温室气体计量方法。而ISO 14064、ISO 14067、《PAS 2050规范》、《建筑碳排放计量标准》中的温室气体分析方法相当于自下而上的过程分析方法。IPCC的参考方法是宏观或中观层面上的温室气体分析方法。该参考方法计算排放量是以燃料表观消费量为计算基础，燃料消费量是个较为宏观的数据，是生产量与燃料进出口量之差相加并扣除国际航空或航海的加油量以及库存的变化量，是反映整个区域的宏观消费量。这种从较大的核算边界估算整体的温室气体情况，其优点是数据较易统计，完整反映整体情况，计算工作量不大，而缺点是不能兼顾微观层面的温室气体情况，缺少细节上的计算，如计算分析产品层面的温室气体情况时有局限性，没有微观数据难以指导具体的减排工作，因此，不适用于建设工程项目的碳排放核算。不同的温室气体分析方法通常取决于温室气体核算的对象、核算的目标、核算数据来源等因素，较为宏观的方法更加适用于研究行业部门的温室气体情况，而独立的产品分析更加倾向于选择过程分析的方法。

通过以上的分析，温室气体计量方法除了IPCC能源部门的参考方法是通过使用碳氧化因子、碳含量、CO_2与碳分子量比率换算出CO_2排放量外，通过IPCC的部门方法与ISO的过程分析方法中计量温室气体量时，本质都是采用排放因子方法。依据精度不同，IPCC在部门方法中划分了三计量层级，从方法1到方法3的核算精度由小到大。方法1使用缺省数据计算，虽然计算数据获取较为方便，对具体产品的温室气体情况分析不具代表性。而方法3精度最大，需要针对不同设备技术有不同的核算数据，核算工作量过大，核算结果普遍性较低，数据对比难度较高。同时，IPCC指出CO_2的排放量并不取决于不同设备的燃烧技术，因此不采用方法3来计量CO_2的排放量。而介于方法1与方法3之间的计算层级是较为适合的计量精度，即采用特定的碳排放因子进行核算，使得结果具有代表性以及普遍性。综上所述，本章把建设工程项目作为产品研究温室气体情况时，温室气体情况分析采用过程分析方法，温室气体计量方法使用方法2层级的碳排放因子法。

在构建建设工程项目碳排放核算体系中，核算方法确定的主要理论基础依据如图3-6所示。

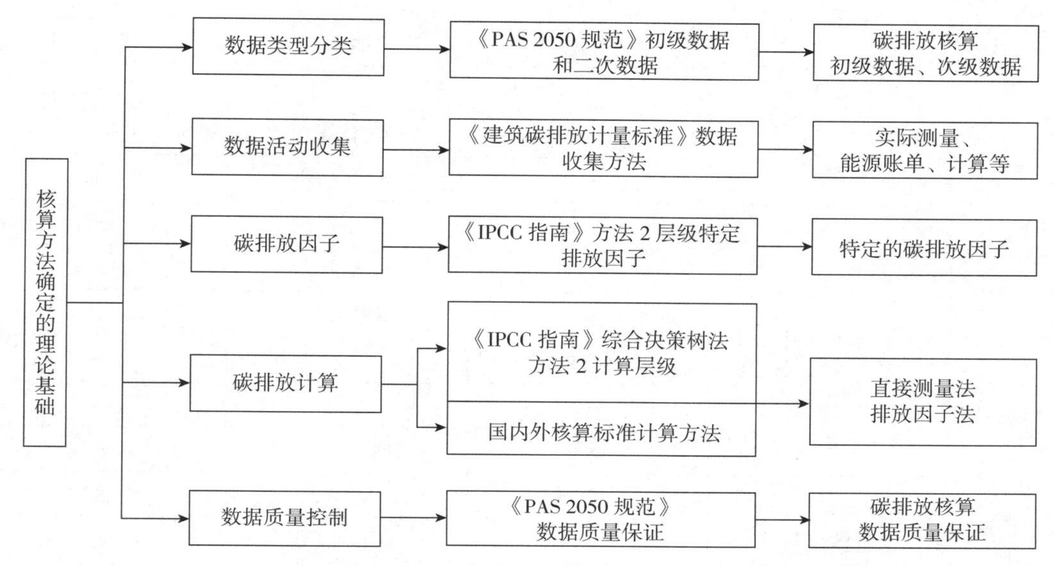

图 3-6 建设工程项目碳排放核算体系核算方法确定的理论基础示意图

3.1.4 碳排放核算数据获取方法

1. 活动数据类型

（1）资源消耗量

建设工程项目碳排放活动数据应该与碳排放源一一对应。建设工程项目碳排放源划分为直接排放和间接排放两种类型。其中，直接排放为施工机械、运输设备、仓储设备等消耗的汽油、液化石油气、煤炭等化石燃料，在活动数据获取阶段需要进一步明确具体的化石燃料类型。从国家统计局能源统计司编制的《中国能源统计年鉴》所进行统计的燃料种类来看，国内所使用的燃料包括烟煤、焦炭、原油、汽油、柴油、天然气、液化石油气等26种类型。《中国能源统计年鉴》中分燃料类型统计了不同行业的消费量，表3-8统计出建筑业所有消费的燃料类型。国家发展改革委能源研究所出版物《中国温室气体清单研究》表明，建筑行业能源利用的关键排放源是来自于工业锅炉的烟煤、无烟煤，工业窑炉的烟煤、焦炭，机械工程车辆的柴油，发电内燃机的原油、燃料油、柴油以及其他设备的天然气。而在国家发展改革委应对气候变化司组织编写的《省级温室气体清单指南》中，按建筑部门分类，化石燃料类型包含有烟煤、焦炭、原油、燃料油、汽油等，见表3-8。

国内不同机构统计建筑业所消耗燃料的类型　　表3-8

燃料类型		国家统计局能源统计司	国家发展改革委应对气候变化司	国家发展改革委能源研究所
化石燃料	固体燃料	焦炭	焦炭	焦炭
		煤炭	烟煤	烟煤
		—	—	无烟煤
		—	洗精煤	—
		—	其他洗煤	—
	液体燃料	汽油	汽油	—
		柴油	柴油	柴油
		燃料油	燃料油	燃料油
		煤油	—	—
		—	原油	原油
		—	其他石油制品	—
	气体燃料	天然气	天然气	天然气
		—	炼厂干气	—
		—	焦炉煤气	—

表中国家统计局能源统计司的数据来自《中国能源统计年鉴》中建筑业能源数据，代表了建筑业消耗的主要化石燃料类型，其中，建筑业原油的消费量从2000年之后就不再统计，统计年鉴中没有对煤炭进行细分。而对于《省级温室气体清单指南》中列出的建筑部门的燃料种类，是为全面计算各个种类碳排放因子所列出的燃料类型，并不全都是施工阶段关键化石燃料碳排放源。考虑现场施工活动中，生活区会使用到液化石油气，因此将其纳入关键碳排放源燃料类型中考虑。结合《中国温室气体清单研究》所列的建筑行业关键排放源以及国家统计局建筑业所统计燃料类型，得出建设工程项目直接排放中关键碳排放源燃料类型，见表3-9。

建设工程项目直接排放中关键碳排放源燃料类型　　表3-9

固体燃料	液体燃料	气体燃料
无烟煤、烟煤、焦炭、洗精煤、其他洗煤	汽油、柴油、燃料油	天然气、液化石油气

计量直接排放的活动水平数据需要收集无烟煤、烟煤、焦炭、洗精煤、其他洗煤、汽油、柴油、燃料油、天然气、液化石油气的消耗量。对于间接排放中，外购电力的碳排放量对应的活动水平数据为核算范围内的电量，而其他间接排放对应的活动数据应包括人工

消耗量、必要时统计的特殊材料消耗量以及施工工艺工程量或施工机械的具体使用量。

（2）单元过程定额工程量

单元过程定额工程量是指每个工程碳排放核算单元过程依据定额工程量计算规则计算所得的工程量。通过定额工程量和定额碳排放因子的计算，能计量出建设工程项目碳排放量。依据设计图纸的不同阶段，可以分为初步设计定额工程量、施工图定额工程量、竣工图定额工程量，不同的工程量数据满足不同碳排放核算目标的计量精度，核算方依据具体的目标进行合理的选择。

2. 活动数据收集方法

（1）资源消耗量收集方法

建设工程项目化石燃料的消耗量收集方法可依据《民用建筑能耗数据采集标准》JGJ/T 154—2007。化石燃料消耗量数据收集过程中，初级活动数据可以采取实测法进行采集，即可以通过现场设有的总能耗计量表或者单个能耗计量表进行采集，从单个能耗计量表中采集的数据需要汇总成为整体的能耗数据。若无法从现场能耗计量表中直接获取数据，可以从能源消耗量账单或能源财务账单数中获取能源消耗量，并统计能源消耗设备的类型、参数、运行时间等信息，检验数据质量。

此外，次级数据可以采用估算方法进行采集。估算的方法不是具体的实际消耗量，是一种社会平均水平的体现。数据来源可以是行业统计数据、企业统计数据、各类工程建设定额等，并依据实际核算数据选取原则进行筛选数据；也可以采用相似工程平均数据、行业平均数据或者区域平均数据，并对替代数据进行准确度、可行性论证。在现阶段仍没有形成较完善的碳排放数据库的情况下，对于特殊施工工艺或者施工材料的碳排放量只能通过现场仪器监测或者通过实验室实验法采集活动数据，例如焊接过程中的数据收集可以通过实验完成，分析焊条的化学成分和化学反应的产出物，以及特殊焊机使用的CO_2保护气体的溢散情况。具体不同类型活动数据常见的收集方法见表3-10。

活动数据常见来源汇总表　　表3-10

碳排放源类型			数据来源
直接排放	化石燃料排放	无烟煤	无烟煤消费台账或统计报表
		烟煤	烟煤消费台账或统计报表
		焦炭	焦炭消费台账或统计报表
		洗精煤	洗精煤消费台账或统计报表
		其他洗煤	其他洗煤消费台账或统计报表
		天然气	天然气计量表、天然气消费台账或统计报表
		液化石油气	液化石油气计量表、液化石油气消费台账或统计报表

续表

碳排放源类型			数据来源
直接排放	化石燃料排放	汽油	机械设备汽油计量表、汽油消费台账或统计报表、工程建设定额
		柴油	机械设备柴油计量表、柴油消费台账或统计报表、工程建设定额
		燃料油	机械设备煤油计量表、汽油消费台账或统计报表
		其他	依据实际情况选择合适方法
间接排放	外购电力排放	电量	电量计量表、汽油消费台账或统计报表、工程建设定额
	其他间接排放	人工	工程建设定额、人员统计表
		特殊施工工艺/材料	实验法、实测法
		其他	依据实际情况选择合适方法

（2）单元过程定额工程量收集方法

定额工程量计算是采用定额排放因子计算方法的基础工作，即工程量计算是采用该方法首先解决的问题。传统的工程量计算有手工算量法，工作量大且繁琐，消耗时间长，同时也易发生计算错误，对算量人员的专业知识要求高，适用于小型工程以及零星项目的计算。如今，利用建筑信息模型计算能提高工程量的计算精度，以保证碳排放核算数据的质量。如利用符合定额工程量计算规则的工程计量软件可轻易获得准确的定额工程量。

3.2 建筑材料生产阶段碳排放核算

建筑生命周期碳排放各个阶段，即原材料开采、工厂生产、现场施工、建筑运营维护和拆除回收阶段都有所涉及，但本章的建设工程项目碳排放主要考虑建筑建造的碳排放，该部分的碳排放由四个阶段构成，即建筑材料生产阶段、材料运输阶段、施工建造阶段和拆除回收阶段，本章的建设工程项目碳排放按这四个阶段进行核算。

3.2.1 建筑材料碳排放现状

建筑材料是建筑行业的基础，是建筑物重要的组成部分，建筑物是通过建筑材料来实现的。环境负荷，即为某种材料在生产和使用过程中资源和能源的消耗水平，及向环境排放各种废弃物的综合值，包括气态、固态和液态等废弃物之和。据统计，我国仅由水泥生产产生的CO_2排放量就占全国CO_2排放总量的16%～24%。所以如何减少与建筑材料相关的资源和能源浪费、减少CO_2排放是一个重要的课题。

根据中国建筑材料联合会发布的《中国建筑材料工业碳排放报告（2020年度）》，经初步核算，中国建筑材料工业2020年CO_2排放14.8亿t。比上年上升2.7%。建筑材料工业万元工业增加值CO_2排放比上年上升0.02%，比2005年下降73.8%。此外，建筑材料工业的电力消耗可间接折算约合1.7亿tCO_2e。

1. 建筑材料工业碳排放构成

2020年，建筑材料工业CO_2排放中，燃料燃烧过程排放同比上升0.7%，工业生产过程（工业生产过程中碳酸盐原料分解，下同）排放同比上升4.1%。

其中，建筑材料工业燃料燃烧过程排放中，煤和煤制品燃烧排放同比上升0.6%，石油制品燃烧排放同比上升1.4%，天然气燃烧排放同比上升1%。

2. 建筑材料行业主要碳排放

2020年，钢铁工业CO_2总排放量为18.1亿t，其中，直接排放16亿t，间接排放2.1亿t。CO_2直接排放中，化石燃料燃烧、炼钢降碳及熔剂使用产生的CO_2排放量分别为14.5亿t、1.1亿t和0.4亿t。

水泥工业CO_2排放12.3亿t，同比上升1.8%，其中煤燃烧排放同比上升0.2%，工业生产过程排放同比上升2.7%。此外，水泥工业的电力消耗可间接折算约合8955万tCO_2e。

石灰石膏工业CO_2排放1.2亿t，同比上升14.3%，其中煤燃烧排放同比上升5.5%，工业生产过程排放同比上升16.6%。此外，石灰石膏工业的电力消耗可间接折算约合314万t CO_2e。

墙体材料工业CO_2排放1322万t，同比上升2.5%，其中煤燃烧排放同比上升2.4%。此外，墙体材料工业的电力消耗可间接折算约合612万tCO_2e。

建筑卫生陶瓷工业CO_2排放3758万t，同比下降2.7%，其中煤燃烧排放同比下降4.2%，天然气燃烧排放同比下降2.1%，焦炉煤气燃烧排放同比上升21.4%，高炉煤气燃烧排放同比上升58.4%，发生炉煤气燃烧排放同比下降95.4%。此外，建筑卫生陶瓷工业的电力消耗可间接折算约合1444万tCO_2e。

建筑玻璃工业二氧化碳排放2740万t，同比上升3.9%，其中天然气燃烧排放同比上升4.2%，石油焦燃烧排放同比上升1.9%，燃料油燃烧排放同比下降48.1%，焦炉煤气燃烧排放同比上升1.6%。此外，建筑玻璃工业的电力消耗可间接折算约合8932万tCO_2e。

3. 建筑材料工业碳减排成效

建筑材料工业碳排放，2014年以后基本维系在14.8亿t以下波动，这是国家和行业积极推进节能减排的成果，特别是建筑材料工业技术进步、产业结构调整和能源结构优化的效果显现。

（1）技术进步

以水泥行业为例，2014年水泥产量达到24.9亿t的历史最高点，之后未曾超过24.2亿t。随着新型干法水泥技术工艺的普及，落后生产能力已基本淘汰，行业持续推进技术创新研发，生产技术装备水平不断提升，单位生产能耗持续下降。从2005年到2014年水泥产量增长133%，煤炭消耗仅上升46%，年均减少CO_2排放量近2000万t。技术进步成为碳减排的重要途径。

（2）产业结构调整

以墙体材料行业为例，墙体材料行业曾经是建筑材料工业中仅次于水泥的第二耗能行业和碳排放源。2015年以后墙体材料行业产业结构调整步伐加快，砖瓦企业锐减到目前的2.1万家，砖产量只有高峰时期的60%，使碳排放明显下降。目前墙材行业能耗、煤耗、CO_2排放只是高峰时期的21%、8%、9%，通过产业结构调整，使墙材行业CO_2排放量从最高峰的1.5亿t已减少到目前的1322万t，其主要原因正是由于产品产量减少、免烧结墙体材料发展等因素对产业结构的影响结果。

（3）能源结构优化

建筑材料工业第一大燃料是煤炭。全行业煤炭消耗高峰时期达到年3.4亿t，占建筑材料工业能耗总量70%以上。目前全行业年煤炭消耗在建筑材料工业能耗结构中的比重已下降到56%，实现CO_2减排近1亿t。

天然气作为建筑材料工业第二大燃料，年用量已超过120亿m^3，占建筑材料工业能源结构的5%。天然气已成为玻璃、玻纤行业的第一燃料，陶瓷行业的主要燃料，以上三个行业天然气消耗占建筑材料工业天然气消耗总量的80%。

伴随砂石、石材、混凝土等行业的工业化、规模化进程，以及建筑材料深加工制品和窑炉工业环保用电的增加，全行业目前年用电量已经接近3500亿kWh，占建筑材料工业能源结构29.9%。

（4）为社会作贡献

目前建筑材料工业余热余压利用折标煤已经达到年1500万t，在全行业能源结构中位于煤、电、天然气之后居第四，占建筑材料工业能耗总量4.8%。全行业年余热发电量超过400亿kWh。按各年火电发电标准煤耗计算，相当于每年为全社会减少CO_2排放3000万t以上。

水泥工业年消纳电石渣等工业废渣4500万t，替代石灰石消耗减少CO_2排放1800万t。

（5）支撑清洁能源发展

2020年我国建筑材料工业提供了13亿m^2超白光伏玻璃原片，用于生产太阳能电池，占当年全国平板玻璃产量近四分之一，并为风力发电机组提供复合材料组件。此外，为建筑节能提供低辐射节能玻璃、绿色节能建筑材料。

3.2.2 建筑材料碳排放核算

建筑材料生产阶段的碳排放主要是指主体结构、围护结构和填充体使用的材料、构件、部品、设备的获取、生产过程中由于消耗能源而产生的碳排放。

建筑材料生产阶段碳排放按下式计算：

$$C_{sc}=\sum_{i=1}^{n} M_i F_i \tag{3-1}$$

式中 C_{sc}——建筑材料生产阶段的碳排放（$kgCO_2e$）；

M_i——第i种主要建筑材料的消耗量；

F_i——第i种主要建筑材料的碳排放因子（$kgCO_2e$/单位建筑材料数量）。

注：

1. 建筑的主要建筑材料消耗量（M_i）通过查询设计图纸、采购清单等工程建设相关技术资料确定。

2. 建筑材料生产阶段的碳排放因子（F_i）包括下列内容：

（1）建筑材料生产涉及原材料的开采、生产过程的碳排放；

（2）建筑材料生产涉及能源的开采、生产过程的碳排放；

（3）建筑材料生产涉及原材料、能源的运输过程的碳排放；

（4）建筑材料生产过程的直接碳排放。

3. 建筑材料生产阶段的碳排放因子按附录A执行。

4. 建筑材料生产时，当使用低价值废料作为原料时，可忽略其上游过程的碳排放。当使用其他再生原料时，按其所替代的初生原料的碳排放的50%计算；建筑建造和拆除阶段产生的可再生建筑废料，可按其可替代的初生原料的碳排放的50%计算，并从建筑碳排放中扣除。

3.2.3 典型建筑材料产品碳排放核算

1. 水泥

（1）水泥生产工艺和方法

水泥是一类加水能在空气中硬化的胶凝材料，成品主要由钙质、硅酸盐、铝酸盐和铁酸盐组成。在水泥生产中，二氧化碳（CO_2）是在生产熟料的过程中产生的，熟料是一种球状中间产品，与少量硫酸钙石膏（$CaSO_4 \cdot 2H_2O$）或硬石膏（$CaSO_4$）、工业废渣等混合材及外加剂混合均匀磨细后产出水泥成品。生产熟料时，主要成分为碳酸钙（$CaCO_3$）的石灰石被加热或煅烧成石灰（CaO），同时放出CO_2作为其副产品。然后CaO与原材料中的二氧化硅（SiO_2）、氧化铝（AlO）和氧化铁（Fe_2O）进行反应产生熟料（主要是水硬硅酸钙）。在熟料制造过程中常有少量氧化镁（MgO）（通常为1%～2%）用作熔剂。

水泥的主要生产工艺单元为“两磨一烧”，即生料制备、熟料煅烧和水泥粉磨。生料制备将石灰质原料、黏土质原料和校正原料破碎磨细和调匀，熟料煅烧将生料在窑炉内煅烧至熔融得到以硅酸钙为主要成分的熟料，水泥粉磨将熟料、石膏和工业废渣等混合材及外加剂混合均匀磨细，产出水泥成品。

水泥工业是最典型的窑炉工业之一，窑和磨是水泥工艺的两类核心生产单元。熟料制备可分为干法和湿法两大类工艺，湿法生料中含35%的水分，料浆均匀成分稳定，有利于生成高质量的熟料，但蒸发水分需要更多的能量消耗。干法工艺将生料粉在预热器和预分解窑中预煅烧，节省了蒸发水分的热量，通过额外增加的预处理工艺能够保证产品质量的稳定，干法工艺的排放量和能源消耗水平更低。随着水泥工艺水平的发展和国内淘汰产能力度的加强，2012年新型干法工艺生产的水泥占国内水泥产量的77%以上。典型新型干法水泥生产工艺流程图如图3-7所示。

（2）碳排放核算边界

水泥的CO_2排放核算，是以水泥生产为主营业务的独立法人企业或视同法人单位为边界。

报告主体以企业为边界，核算和报告边界内所有生产设施产生的CO_2排放。生产设施范围包括直接生产系统、辅助生产系统，以及直接为生产服务的附属生产系统，其中辅助生产系统包括动力、供电、供水、检验、机修、库房、运输等，附属生产系统包括生产指挥系统（厂部）和厂区内为生产服务的部门和单位（如职工食堂、车间浴室、保健站等）。

如果水泥生产企业还生产其他产品，且生产活动存在CO_2排放，则按照相关行业的企业CO_2排放核算和报告指南，一并核算和报告。如果没有相关的核算方法，就只核算这些产品生产活动中化石燃料燃烧引起的排放。

具体而言，水泥生产企业核算边界内的关键排放源包括：

1）化石燃料的燃烧

水泥窑中使用的实物煤、热处理和运输等设备使用的燃油等产生的排放。

2）替代燃料和协同处置的废弃物中非生物质碳的燃烧

废轮胎、废油和废塑料等替代燃料、污水污泥等废弃物里所含有的非生物质碳的燃烧产生的排放。

3）原料碳酸盐分解

水泥生产过程中，原材料碳酸盐分解产生的CO_2排放，包括熟料对应的碳酸盐分解排放、窑炉排气筒（窑头）粉尘对应的排放和旁路放风粉尘对应的排放。

4）生料中非燃料碳煅烧

生料中采用的配料，如钢渣、煤矸石、高碳粉煤灰等，含有可燃的非燃料碳，这些碳在生料高温煅烧过程中都转化为CO_2。

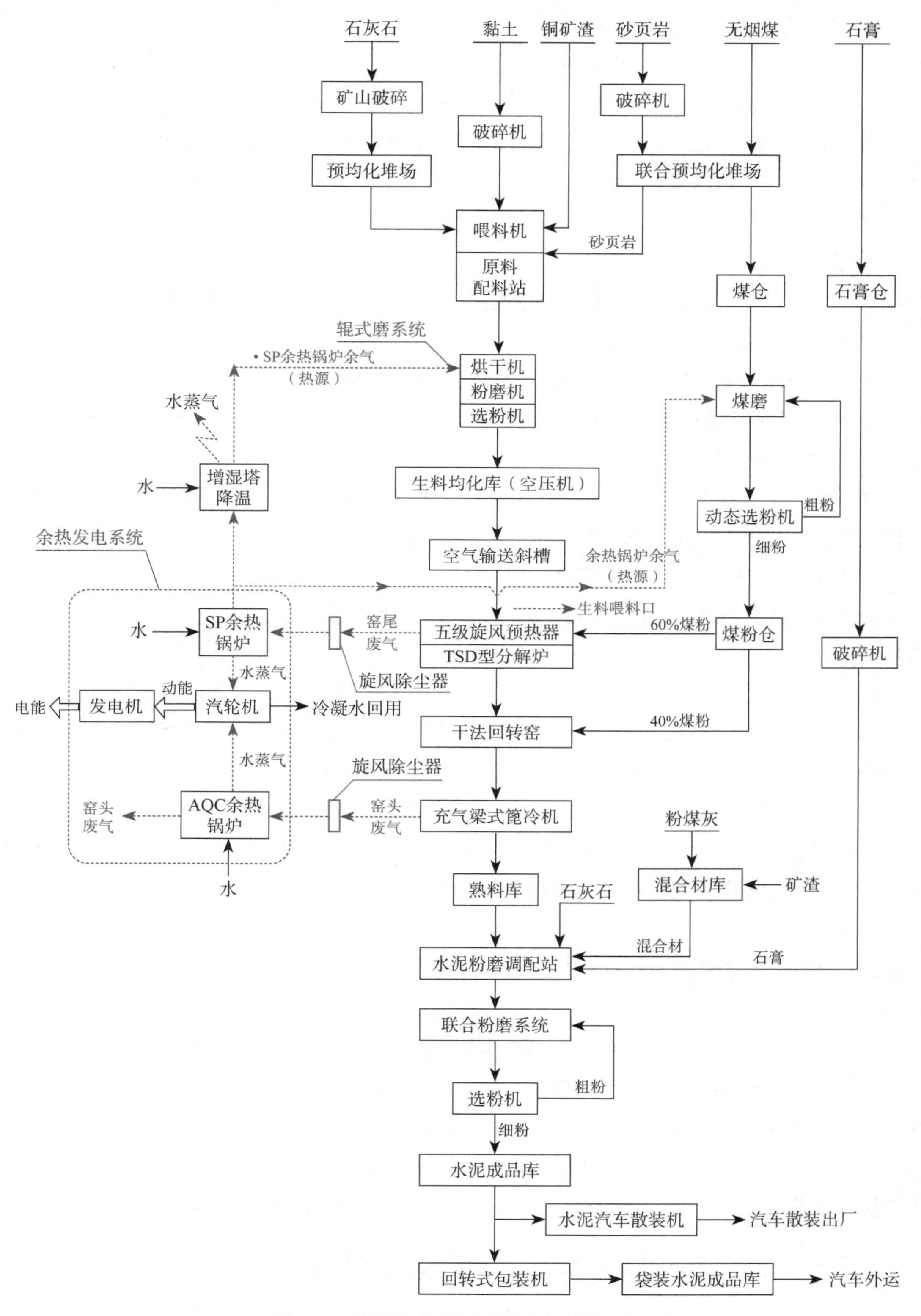

图 3-7 典型新型干法水泥生产工艺流程图

5）净购入使用的电力和热力

水泥企业净购入使用的电力和热力（如蒸汽）对应的电力和热力生产活动的CO_2排放。

6）其他产品生产的排放

如果水泥生产企业还生产其他产品，且生产活动存在CO_2排放，则这些产品的生产活动应纳入企业CO_2排放核算。

（3）术语和定义

1）报告主体

具有CO_2排放行为并应定期核算和报告的法人企业或视同法人的独立单位。

2）燃料燃烧排放

企业生产过程中燃料与O_2进行充分燃烧产生的CO_2排放，包括实物煤、燃油等化石燃料的燃烧、替代燃料和协同处置的废弃物中所含的非生物质碳的燃烧等产生的排放。

3）工业生产过程排放

原材料在生产过程中发生的除燃料燃烧之外的物理或化学变化产生的CO_2排放，包括原料碳酸盐分解产生的排放和生料中非燃料碳煅烧产生的排放等。

4）净购入使用的电力和热力对应的排放

企业净购入使用的电力和热力（蒸汽、热水）所对应的电力或热力生产活动产生的CO_2排放。

5）活动水平

产生CO_2排放或清除的生产或消费活动的活动数据，包括水泥生产过程中各种化石燃料的消耗量、原材料的使用量、购入或外销的电量或蒸汽量等。

6）排放因子

量化单位活动水平所产生的CO_2排放量的系数。如生产每吨水泥熟料所产生的CO_2排放量、每千瓦时发电上网所产生的CO_2排放量等。

7）碳氧化率

燃料中的碳在燃烧过程中被氧化的百分比。

（4）核算方法

报告主体进行企业CO_2排放核算和报告的完整工作流程包括以下步骤：

核算边界；排放源；活动水平数据；排放因子数据；计算燃料燃烧排放、工业生产过程排放、净购入使用的电力和热力对应的排放；企业CO_2排放量。

水泥生产企业的CO_2排放总量等于企业边界内所有的燃料燃烧排放量、工业生产过程排放量及企业净购入电力和热力对应的CO_2排放量之和，按下列公式计算：

$$E_{CO_2} = E_{燃烧} + E_{过程} + E_{电和热} = E_{燃烧1} + E_{燃烧2} + E_{过程1} + E_{过程2} + E_{电和热} \quad (3\text{-}2)$$

式中 E_{CO_2}——企业CO_2排放总量，单位为吨二氧化碳（tCO_2）；

$E_{燃烧}$——企业所消耗的燃料燃烧活动产生的CO_2排放量，单位为吨二氧化碳（tCO_2）；

$E_{燃烧1}$——企业所消耗的化石燃料燃烧活动产生的CO_2排放量， 单位为吨二氧化碳（tCO_2）；

$E_{燃烧2}$——企业所消耗的替代燃料或废弃物燃烧产生的CO_2排放量，单位为吨二氧化碳（tCO_2）；

$E_{过程}$——企业在工业生产过程中产生的CO_2排放量，单位为吨二氧化碳（tCO_2）；

$E_{过程1}$——企业在生产过程中原料碳酸盐分解产生的CO_2排放量，单位为吨二氧化碳（tCO_2）；

$E_{过程2}$——企业在生产过程中生料中的非燃料碳煅烧产生的CO_2排放量，单位为吨二氧化碳（tCO_2）；

$E_{电和热}$——企业净购入的电力和热力所对应的CO_2排放量，单位为吨二氧化碳（tCO_2）。

1）化石燃料燃烧排放

①计算公式

在水泥生产中，使用化石燃料，如实物煤、燃油等。化石燃料燃烧产生的CO_2排放，按照以下公式计算：

$$E_{燃烧1}=\sum_{i=1}^{n}\left(AD_i\times EF_i\right) \tag{3-3}$$

式中 $E_{燃烧1}$——核算和报告期内消耗的化石燃料燃烧产生的CO_2排放，单位为吨二氧化碳（tCO_2）；

AD_i——核算和报告期内消耗的第i种化石燃料的活动水平，单位为百万千焦（GJ）；

EF_i——第i种化石燃料的CO_2排放因子，单位：tCO_2/GJ；

i——净消耗的化石燃料的类型。

核算和报告期内消耗的第i种化石燃料的活动水平按下列公式计算。

$$AD_i=NCV_i\times FC_i \tag{3-4}$$

式中 NCV_i——核算和报告期内第i种化石燃料的平均低位发热量，对固体或液体燃料，单位为百万千焦/吨（GJ/t）；对气体燃料，单位为百万千焦/万立方米（GJ/万Nm^3）；

FC_i——核算和报告期内第i种化石燃料的净消耗量，对固体或液体燃料，单位为吨（t）；对气体燃料，单位为万立方米（万Nm^3）。

化石燃料的CO_2排放因子按下式计算：

$$EF_i=CC_i\times OF_i\times\frac{44}{12} \tag{3-5}$$

式中 CC_i——第i种化石燃料的单位热值含碳量，单位为吨碳/百万千焦（tC/GJ）；

OF_i——第i种化石燃料的碳氧化率，单位为%。

②活动水平数据获取

根据核算和报告期内各种化石燃料消耗的计量数据来确定各种化石燃料的净消耗量。

企业可选择采用指南提供的化石燃料平均低位发热量数据。具备条件的企业可开展实测，或委托有资质的专业机构进行检测，也可采用与相关方结算凭证中提供的检测值。如选择实测，化石燃料低位发热量检测应遵循《煤的发热量测定方法》GB/T 213—2008、《石油产品热值测定法》GB 384—1981、《天然气能量的测定》GB/T 22723—2008等相关标准。

③排放因子数据获取

采用《中国水泥生产企业温室气体排放核算方法与报告指南（试行）》提供的单位热值含碳量和碳氧化率数据。

2）替代燃料或废弃物中非生物质碳的燃烧排放

有的水泥企业在生产活动中，采用替代燃料或协同处理废弃物。这些替代燃料或废弃物中非生物质碳燃烧产生的CO_2排放量按下列公式计算：

$$E_{燃烧2} = \sum_i Q_i \times HV_i \times EF_i \times \alpha_i \tag{3-6}$$

式中 $E_{燃烧2}$——核算和报告期内替代燃料或废弃物中非生物质碳燃烧所产生的CO_2排放量，单位为吨二氧化碳（tCO_2）；

Q_i——各种替代燃料或废弃物的用量，单位为吨（t）；

HV_i——各种替代燃料或废弃物的加权平均低位发热量，单位为百万千焦/吨（GJ/t）；

EF_i——各种替代燃料或废弃物燃烧的CO_2排放因子，单位为吨二氧化碳/百万千焦（tCO_2/GJ）；

α_i——各种替代燃料或废弃物中非生物质碳的含量，单位为%；

i——表示替代燃料或废弃物的种类。

各种替代燃料或废弃物的用量，采用核算和报告期内企业的生产记录数据，或者替代燃料或废弃物运进企业时的计量数据。

各种替代燃料或废弃物的平均低位发热量、CO_2排放因子、非生物质碳的含量，可选择采用指南提供的数据。

3）原料分解产生的排放

原料碳酸盐分解产生的CO_2排放量，包括三部分：熟料对应的CO_2排放量；窑炉排气筒（窑头）粉尘对应的CO_2排放量；旁路放风粉尘对应的CO_2排放量。原料碳酸盐分解产生的CO_2排放量，可按下列公式计算：

$$E_{工艺1} = \left(\sum_i Q_i + Q_{ckd} + Q_{bpd}\right) \times \left[\left(FR_1 - FR_{10}\right) \times \frac{44}{56} + \left(FR_2 - FR_{20}\right) \times \frac{44}{40}\right] \tag{3-7}$$

式中 $E_{工艺1}$——核算和报告期内，原料碳酸盐分解产生的二氧化碳（CO_2）排放量，单位为吨二氧化碳（tCO_2）；

Q_i——生产的水泥熟料产量，单位为吨（t）；

Q_{ckd}——窑炉排气筒（窑头）粉尘的重量，单位为吨（t）；

Q_{bpd}——窑炉旁路放风粉尘的重量，单位为吨（t）；

FR_1——熟料中氧化钙（CaO）的含量，单位为%；

FR_{10}——熟料中不是来源于碳酸盐分解的氧化钙（CaO）的含量，单位为%；

FR_2——熟料中氧化镁（MgO）的含量，单位为%；

FR_{20}——熟料中不是来源于碳酸盐分解的氧化镁（MgO）的含量，单位为%；

$\frac{44}{56}$——CO_2与CaO之间的分子量换算；

$\frac{44}{40}$——CO_2与MgO之间的分子量换算。

水泥企业生产的水泥熟料产量，采用核算和报告期内企业的生产记录数据。窑炉排气筒（窑头）粉尘的重量、窑炉旁路放风粉尘的重量，可采用企业的生产记录，根据物料衡算的方法获取；也可以采用企业测量的数据。

熟料中CaO和MgO的含量、熟料中不是来源于碳酸盐分解的CaO和MgO的含量，采用企业测量的数据。

4）生料中非燃料碳煅烧的排放

水泥生产的生料中非燃料碳煅烧产生的CO_2排放量，采用下列公式计算：

$$E_{工艺2} = Q \times FR_0 \times \frac{44}{12} \tag{3-8}$$

式中 $E_{工艺2}$——核算和报告期内生料中非燃料碳煅烧产生的CO_2排放量，单位为吨二氧化碳（tCO_2）；

Q——生料的数量，单位为吨（t），可采用核算和报告期内企业的生产记录数据；

FR_0——生料中非燃料碳含量，单位为%；如缺少测量数据，可取0.1%～0.3%（干基），生料采用煤矸石、高碳粉煤灰等配料时取高值，否则取低值；

$\frac{44}{12}$——CO_2与C的数量换算。

5）净购入使用的电力和热力对应的排放

①计算公式

净购入使用的电力、热力（如蒸汽）所对应的生产活动的CO_2排放量按下列公式计算：

$$E_{电和热} = AD_{电力} \times EF_{电力} + AD_{热力} \times EF_{热力} \tag{3-9}$$

式中 $E_{电和热}$——净购入使用的电力、热力所对应的生产活动的CO_2排放量，单位为吨二氧化碳（tCO_2）；

$AD_{电力}$、$AD_{热力}$——分别为核算和报告期内净购入的电量和热力量（如蒸汽量），单位分别为兆瓦时（MWh）和百万千焦（GJ）；

$EF_{电力}$、$EF_{热力}$——分别为电力和热力（如蒸汽）的CO_2排放因子，单位分别为吨二氧化碳/兆瓦时（tCO_2/MWh）和吨二氧化碳/百万千焦（tCO_2/GJ）。

②活动水平数据获取

根据核算和报告期内电力（或热力）供应商、水泥生产企业存档的购售结算凭证以及企业能源平衡表，采用下列公式计算：

$$净购入电量（热力量）=购入量-水泥之外的其他产品生产的用电量（热力量）-外销量 \tag{3-10}$$

③排放因子数据获取

电力排放因子可根据企业生产所在地及目前的东北、华北、华东、华中、西北、南方电网划分，选用国家主管部门最近年份公布的相应区域电网排放因子。供热排放因子暂按0.11tCO_2/GJ计，并根据政府主管部门发布的官方数据保持更新。

（5）相关参数缺省值

相关参数缺省值来源于《中国水泥生产企业温室气体排放核算方法与报告指南（试行）》，具体见表3-11～表3-15。

中国水泥行业燃料热值　表3-11

燃料名称	平均低位热值	单位
原煤	20908	兆焦/吨（MJ/t）
洗精煤	26344	兆焦/吨（MJ/t）
洗中煤	8363	兆焦/吨（MJ/t）
煤泥	10454	兆焦/吨（MJ/t）
焦炭	28435	兆焦/吨（MJ/t）
原油	41816	兆焦/吨（MJ/t）
燃料油	41816	兆焦/吨（MJ/t）
汽油	43070	兆焦/吨（MJ/t）
煤油	43070	兆焦/吨（MJ/t）
柴油	42652	兆焦/吨（MJ/t）
液化石油气	50179	兆焦/吨（MJ/t）
炼厂干气	45998	兆焦/吨（MJ/t）
天然气	38.931	兆焦/立方米（MJ/m^3）
焦炉煤气	17.354	兆焦/立方米（MJ/m^3）
发生炉煤气	5.227	兆焦/立方米（MJ/m^3）
重油催化裂解煤气	19.235	兆焦/立方米（MJ/m^3）

续表

燃料名称	平均低位热值	单位
重油热裂解煤气	35.544	兆焦/立方米（MJ/m^3）
焦炭制气	16.308	兆焦/立方米（MJ/m^3）
压力气化煤气	15.054	兆焦/立方米（MJ/m^3）
水煤气	10.454	兆焦/立方米（MJ/m^3）
煤焦油	33453	兆焦/吨（MJ/t）

中国水泥行业燃料含碳量　　表3-12

燃料名称	含碳量（tC/TJ）
原煤	26.37
无烟煤	27.49
一般烟煤	26.18
褐煤	27.97
洗煤	25.41
型煤	33.56
焦炭	29.42
原油	20.08
燃料油	21.10
汽油	18.90
柴油	20.20
煤油	19.41
LPG	16.96
炼厂干气	18.20
其他石油制品	20.00
天然气	15.32
焦炉煤气	13.58
其他	11.96

数据来源：1.《省级二氧化碳清单编制指南》（试行）；2. 行业调研数据。

中国水泥行业燃料燃烧氧化率　　表3-13

燃料名称	氧化率（%）
煤（窑炉）	98
煤（工业锅炉）	95
煤（其他燃烧设备）	91
焦炭	98

续表

燃料名称	氧化率（%）
原油	99
燃料油	99
汽油	99
煤油	99
柴油	99
液化石油气	99.5
炼厂干气	99.5
天然气	99.5
焦炉煤气	99.5
发生炉煤气	99.5
重油催化裂解煤气	99.5
重油热裂解煤气	99.5
焦炭制气	99.5
压力气化煤气	99.5
水煤气	99.5
煤焦油	99

数据来源：1.《省级二氧化碳清单编制指南》(试行)；2．典型企业调研数据。

中国水泥行业部分替代燃料CO_2排放因子　　表3-14

替代燃料种类	低位发热量（GJ/t）	排放因子（tCO_2/GJ）	化石碳的质量分数（%）	生物碳的质量分数（%）
废油	40.2	0.074	100	0
废轮胎	31.4	0.085	20	80
塑料	50.8	0.075	100	0
废溶剂	51.5	0.074	80	20
废皮革	29.0	0.11	20	80
废玻璃钢	32.6	0.083	100	0

数据来源：1.《水泥行业二氧化碳减排议定书》，WBCSD，2005；2．典型企业调研。

其他排放因子推荐值　　表3-15

参数名称	单位	CO_2排放因子
电力消费的排放因子	tCO_2/MWh	采用国家最新发布值
热力消费的排放因子	tCO_2/GJ	0.11

2. 钢铁

（1）钢铁工艺流程

钢铁生产的主要工艺流程包括混矿、烧结、球团、炼钢、炼铁、轧钢等，钢铁行业主要工艺流程简图如图3-8所示。

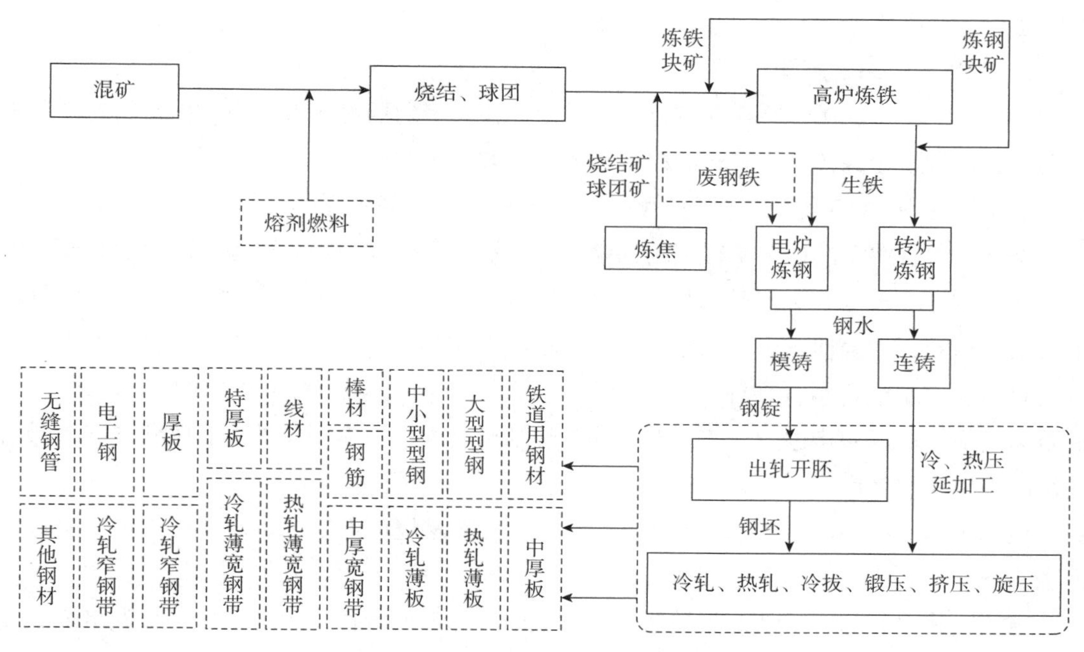

图3-8 钢铁行业主要生产工艺流程简图

（2）钢铁生产的主要原材料

钢铁生产的主要原材料包括铁矿石、锰矿石、铬矿石、石灰石、耐火黏土、白云石、菱铁矿等矿物的原矿及其成品矿、人造块矿、铁合金、洗煤、焦炭、煤气及煤化工产品、耐火材料制品、碳素制品等。

从原料开始，经过选矿、焦化、炼铁、炼钢、轧钢等工艺过程，生产出各类满足要求的钢铁产品的过程称为钢铁生产流程。每一个生产工艺过程称为生产工序，如炼焦工序、炼铁工序、炼钢工序等。

1）炼焦

炼焦煤在隔绝空气条件下加热到1000℃左右（高温干馏），通过热分解和结焦产生焦炭、焦炉煤气和炼焦化学产品的工艺过程。现代焦炭生产过程分为洗煤、配煤、炼焦和产品处理等工序。

焦炭的生产过程为：将备煤车间送来的配合煤装入煤塔，通过摇动给料器将煤装入煤箱内，由设在煤塔上的捣固机将煤制成煤饼，再由捣固装煤车按作业计划从机侧送入炭化室内，煤饼在炭化室内经过一个结焦周期的高温干馏炼制成焦炭和焦炉煤气。

炭化室内的焦炭成熟后，用推焦机推出，经拦焦机导入熄焦车内，熄焦车由电机车牵引至熄焦塔内进行熄焦。在炼焦过程中产生焦炉煤气及多种化学产品，焦炉煤气是烧结、炼焦、炼铁、炼钢和轧钢生产的主要燃料。

炼焦过程的CO_2排放主要是由炼焦过程燃料燃烧产生，部分CO_2排放来自于焦炉煤气及气态化工产品在生产过程的逸出。

2）混矿、烧结与球团

混矿：钢铁厂的矿石原料在进行冶炼之前，在一定的场地或者设施上用专门的设备对矿石原料进行预先混合，使矿石的粒度和成分均匀的过程称为混矿。

混矿过程中的CO_2排放主要是外购电力的消耗以及设备消耗的燃料燃烧等引起的。

烧结：将贫铁矿经过选矿得到的铁精矿，富铁矿在破碎和筛分过程中产生的粉矿，生产中回收的含铁粉料（如高炉和转炉炉尘、轧钢铁皮等）加入熔剂（如石灰石、生石灰、消石灰、白云石和菱镁石等）和燃料（如焦粉和无烟煤）等，按比例进行配合，加水混合制成颗粒状烧结混合料，平铺在烧结台车上，经点火抽风烧结成块的工序称为烧结工序。矿石通过烧结可以初步进行煤气还原，同时烧结矿进入高炉内可使炉内通风性良好，保证高炉的高温高效生产。

烧结过程中CO_2的排放主要是由烧结原料中燃料燃烧产生以及熔剂在烧结过程中释放产生。

球团：将水和球团粘结剂与铁精矿或磨细的天然矿配合做成生球，再经加温焙烧制成的烧结矿称为球团矿。球团矿具有含铁品位高、粒度均匀、还原性能好、机械强度高、耐贮存等特性。

其生产过程是将经过准备处理的原料，在配料皮带上进行配料；将配料后的混合料与经过磨碎的返矿一起，装入圆筒混合机内加水混合；混合好的料再加到圆盘造球机上造球；制成的生球用给料机加到焙烧设备上进行焙烧。焙烧好的球团要进行冷却，冷却后的球团矿经筛分分成成品矿、垫底料、返矿，垫底料直接添加到焙烧机上，返矿经过磨碎后再重新进入混料和造球过程。

球团生产过程排放的CO_2主要是球团焙烧过程中燃料燃烧产生的燃料燃烧排放及熔剂石灰石在焙烧过程中产生的过程排放。

3）炼铁

炼铁指将金属铁从含铁矿物（主要为铁的氧化物）中提炼出来的工艺过程，主要有高炉法、直接还原法、熔融还原法。由于高炉炼铁法工艺相对简单、产量大、劳动生产率高、能耗低，是目前主要采用的炼铁法。此处仅以高炉炼铁为例进行说明。

高炉生产时，从炉顶不断地装入铁矿石、焦炭、熔剂，从高炉下部的风口吹进热风（1000～1300℃），喷入油、煤或天然气等燃料。在高温下，焦炭和喷吹物中的碳及碳燃烧生成的CO将铁矿石中的氧还原出来，熔融的铁水从出铁口放出，铁矿石中的脉石、焦炭及喷吹物中的灰分与加入炉内的石灰石等熔剂结合生成炉渣，从出渣口排出。煤气从炉顶导出，经除尘后，作为工业用煤气。炉顶的余压和煤气可以用来发电。

高炉炼铁过程的CO_2排放主要包括由焦炭或其他燃料燃烧产生的排放，外购生铁、铁合金等其他含碳原料消耗产生的排放，使用的熔剂中碳酸盐分解产生的排放。

4）炼钢

炼钢是指将生铁、废钢等原材料炼制成钢的冶金方法和过程。在钢铁冶金生产流程中，炼钢是核心环节。钢的化学成分和冶金质量，主要是靠炼钢来达到要求的。

炼钢的主要原料是含碳较高的铁水或生铁以及废钢铁。含碳较高的铁水或生铁等加入炼钢炉以后，经过供氧吹炼、加矿石、脱碳等工序，将铁水中的杂质氧化除去，最后加入合金，进行合金化，便得到钢水。

炼钢过程产生的CO_2主要是燃烧产生的排放、铁水中碳氧化产生的排放，电炉炼钢过程主要是使用的外购电力和热力产生的排放。

5）连续铸钢

连续铸钢是使钢水不断地通过水冷结晶器，凝成硬壳后从结晶器下方出口连续拉出，经喷水冷却，全部凝固后切成坯料的铸造工艺。是炼钢和轧钢之间的一道工序，连铸生产出来的钢坯是热轧厂生产各种产品的原料。

同模铸相比，连续铸钢具有增加金属收得率，节约能源，提高铸坯质量，改善劳动条件，便于实现机械化、自动化等优点。连铸镇静钢的钢材综合收得率比模铸的约高10%。由于连铸简化了炼钢铸锭及轧钢开坯加工工序，每吨钢可减少部分能源消耗，如进一步解决铸坯和成材轧机的合理配合问题，热送直接成材，还可进一步节约能源。

连铸过程CO_2排放主要是外购电力等能源动力介质在生产过程中的CO_2排放，以及钢包、中间包等盛钢水容器在盛装钢水前干燥烘烤过程燃料燃烧过程的CO_2排放。

6）轧钢

轧钢是指在旋转的轧辊间改变钢锭、钢坯形状的压力加工过程叫轧钢。轧钢的目的与其他压力加工一样，一方面是为了得到需要的形状，例如：钢板、带钢、线材以及各种型钢等；另一方面是为了改善钢的内部质量。我们常见的汽车板、桥梁钢、锅炉钢、管线钢、螺纹钢、钢筋、电工硅钢、镀锌板、镀锡板，包括火车轮都是通过轧钢工艺加工出来的。

轧钢方法按轧制温度不同可分为热轧与冷轧：

热轧：将从炼钢厂送过来的钢坯，先送入加热炉，然后经过初轧机反复轧制之后，进入精轧机。在热轧生产线上，轧坯加热变软，被辊道送入轧机，最后轧成用户要求的尺寸。轧钢是连续的不间断的作业，钢带在辊道上运行速度快，设备自动化程度高，效率也高。热轧成品分为钢卷和锭式板两种，经过热轧后的钢轨厚度一般在几个毫米，如果用户要求钢板更薄的话，还要经过冷轧。

冷轧：与热轧相比，冷轧的加工线比较分散，冷轧产品主要有普通冷轧板、涂镀层板，涂镀层板包括镀锡板、镀锌板和彩涂板等。经过热轧厂送来的钢卷，先要经过连续三次技术处理，先要用盐酸除去氧化膜，然后才能送到冷轧机组。在冷轧机上，开卷机将钢卷打开，然后将钢带引入连轧机轧成薄带卷。从连轧机架上出来的还有不同规格的普通钢带卷，冷轧是根据用户多种多样的要求来加工的。

轧钢过程的CO_2排放主要是热轧钢坯轧制前的加热炉和轧制后的热处理炉中燃料燃烧产生的排放及轧制过程中使用外购电力产生的CO_2排放。

（3）术语和定义

1）报告主体

报告主体是指具有CO_2排放行为并应核算的法人企业或视同法人的独立核算单位。

2）钢铁生产企业

钢铁生产企业主要是针对从事黑色金属冶炼、压延加工及制品生产的企业。按产品生产可分为钢铁产品生产企业、钢铁制品生产企业；按生产流程又可分为钢铁生产联合企业、电炉短流程企业、炼铁企业、炼钢企业和钢材加工企业。

3）燃料燃烧排放

燃料燃烧排放是指化石燃料与O_2进行充分燃烧产生的CO_2排放。

4）工业生产过程排放

工业生产过程排放是指原材料在工业生产过程中除燃料燃烧之外的物理或化学变化造成的CO_2排放。

5）净购入使用的电力、热力产生的排放

净购入使用的电力、热力产生的排放是指企业消费的净购入电力和净购入热力（如蒸汽）所对应的电力或热力生产环节产生的CO_2排放。

6）固碳产品隐含的排放

固碳产品隐含的排放是指固化在粗钢、甲醇等外销产品中的碳所对应的CO_2排放。

7）活动水平

活动水平是指量化导致CO_2排放或清除生产或消费活动的活动量，例如每种燃料的消耗量、电极消耗量、购入的电量、购入的蒸汽量等。

8）排放因子

排放因子是指与活动水平数据相对应的系数，用于量化单位活动水平的CO_2排放量。

9）碳氧化率

燃料中的碳在燃烧过程中被氧化的百分比。

（4）核算边界

报告主体是核算其所有设施和业务产生的CO_2排放。设施和业务范围包括直接生产系统、辅助生产系统以及直接为生产服务的附属生产系统，其中辅助生产系统又包括动力、供电、供水、化验、机修、库房、运输等，附属生产系统包括生产指挥系统（厂部）和厂区内为生产服务的部门和单位（如职工食堂、车间浴室、保健站等）。钢铁生产企业碳排放及核算边界如图3-9所示。

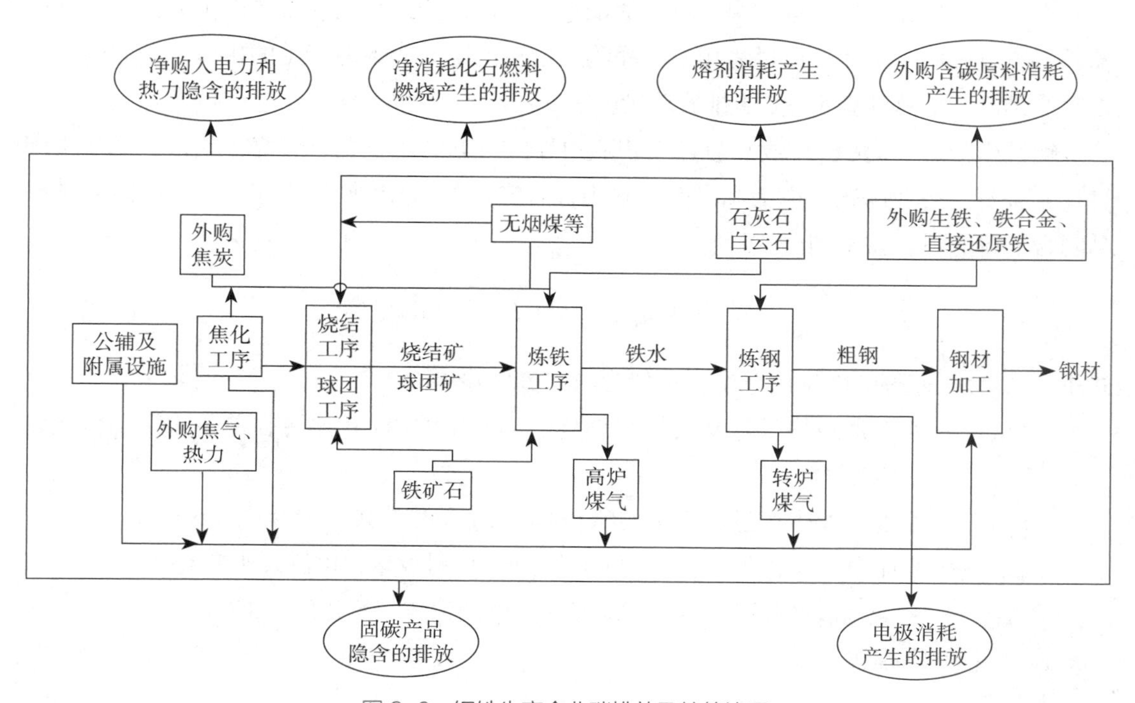

图3-9 钢铁生产企业碳排放及核算边界

具体而言，钢铁生产企业的二氧化碳排放核算和报告范围包括：

1）燃料燃烧排放

净消耗的化石燃料燃烧产生的CO_2排放，包括钢铁生产企业内固定源排放（如焦炉、烧结机、高炉、工业锅炉等固定燃烧设备），以及用于生产的移动源排放（如运输用车辆及厂内搬运设备等）。

2）工业生产过程排放

钢铁生产企业在烧结、炼铁、炼钢等工序中由于其他外购含碳原料（如电极、生铁、铁合金、直接还原铁等）和熔剂的分解和氧化产生的CO_2排放。

3）净购入使用的电力、热力产生的排放

企业净购入电力和净购入热力（如蒸汽）隐含产生的CO_2排放。该部分排放实际发生在电力、热力生产企业。

4）固碳产品隐含的排放

钢铁生产过程中有少部分碳固化在企业生产的生铁、粗钢等外销产品中，还有小部分碳固化在以副产煤气为原料生产的甲醇等固碳产品中。这部分固化在产品中的碳所对应的CO_2排放应予扣除。

（5）核算方法

进行钢铁生产企业CO_2排放核算和报告的完整工作流程基本包括：

确定核算边界；识别排放源；收集活动水平数据；选择和获取排放因子数据；分别计算燃料燃烧排放、工业生产过程排放、净购入使用的电力、热力产生的排放以及固碳产品隐含的排放；汇总计算企业CO_2排放总量。

钢铁生产企业的CO_2排放总量等于企业边界内所有的化石燃料燃烧排放量、工业生产过程排放量及企业净购入电力和净购入热力隐含产生的CO_2排放量之和，还应扣除固碳产品隐含的排放量，按下列公式计算：

$$E_{CO_2} = E_{燃烧} + E_{过程} + E_{电和热} - R_{固碳} \tag{3-11}$$

式中 E_{CO_2}——企业CO_2排放总量，单位为吨二氧化碳（tCO_2）；

$E_{燃烧}$——企业所有净消耗化石燃料燃烧活动产生的CO_2排放量，单位为吨二氧化碳（tCO_2）；

$E_{过程}$——企业工业生产过程产生的CO_2排放量，单位为吨二氧化碳（tCO_2）；

$E_{电和热}$——企业净购入电力和净购入热力产生的CO_2排放量，单位为吨二氧化碳（tCO_2）；

$R_{固碳}$——企业固碳产品隐含的CO_2排放量，单位为吨二氧化碳（tCO_2）。

1）燃料燃烧排放

①计算公式

燃料燃烧活动产生的CO_2排放量是企业核算和报告期内各种燃料燃烧产生的CO_2排放量的加总，按下列公式计算：

$$E_{燃烧} = \sum_{i=1}^{n} (AD_i \times EF_i) \tag{3-12}$$

式中 $E_{燃烧}$——核算和报告期内净消耗化石燃料燃烧产生的CO_2排放量，单位为吨二氧化碳（tCO_2）；

AD_i——核算和报告期内第i种化石燃料的活动水平，单位为百万千焦（GJ）；

EF_i——第i种化石燃料的二氧化碳排放因子，单位：tCO_2/GJ；

i——净消耗的化石燃料的类型。

核算和报告期内第i种化石燃料的活动水平AD_i按下列公式计算：

$$AD_i = NCV_i \times FC_i \tag{3-13}$$

式中 NCV_i——核算和报告期内第i种化石燃料的平均低位发热量，对固体或液体燃料，单位为百万千焦/吨（GJ/t）；对气体燃料，单位为百万千焦/万立方米（GJ/万Nm^3）；

FC_i——核算和报告期内第i种化石燃料的净消耗量，对固体或液体燃料，单位为吨（t）；对气体燃料，单位为万立方米（万Nm^3）。

化石燃料的CO_2排放因子按下列公式计算：

$$EF_i = CC_i \times OF_i \times \frac{44}{12} \tag{3-14}$$

式中　CC_i——第i种化石燃料的单位热值含碳量，单位为吨碳/百万千焦（tC/GJ）；

OF_i——第i种化石燃料的碳氧化率，单位为%。

②活动水平数据获取

根据核算和报告期内各种化石燃料购入量、外销量、库存变化量以及除钢铁生产之外的其他消耗量来确定各自的净消耗量。化石燃料购入量、外销量采用采购单或销售单等结算凭证上的数据，库存变化量采用计量工具读数或其他符合要求的方法来确定，钢铁生产之外的其他消耗量依据企业能源平衡表获取，采用下列公式计算：

净消耗量 = 购入量 +（期初库存量 − 期末库存量）− 钢铁生产之外的其他消耗量 − 外销量（3-15）

企业可选择采用《中国钢铁生产企业温室气体排放核算方法与报告指南（试行）》提供的化石燃料平均低位发热量缺省值。具备条件的企业可开展实测，或委托有资质的专业机构进行检测，也可采用与相关方结算凭证中提供的检测值。如采用实测，化石燃料低位发热量检测应遵循《煤的发热量测定方法》GB/T 213—2008、《石油产品热值测定法》GB 384—1981、《天然气能量的测定》GB/T 22723—2008等相关标准。

③排放因子数据获取

企业采用《中国钢铁生产企业温室气体排放核算方法与报告指南（试行）》提供的单位热值含碳量和碳氧化率缺省值。

2）工业生产过程排放

①计算公式

工业生产过程中产生的CO_2排放量$E_{过程}$按以下公式计算：

$$E_{过程} = E_{熔剂} + E_{电极} + E_{原料} \tag{3-16}$$

熔剂消耗产生的CO_2排放：

$$E_{熔剂} = \sum_{i=1}^{n} P_i \times EF_i \tag{3-17}$$

式中　$E_{熔剂}$——熔剂消耗产生的CO_2排放量，单位为吨二氧化碳（tCO_2）；

P_i——核算和报告期内第i种熔剂的净消耗量，单位为吨（t）；

EF_i——第i种熔剂的CO_2排放因子，单位为tCO_2/t熔剂；

i——消耗熔剂的种类（白云石、石灰石等）。

电极消耗产生的CO_2排放：

$$E_{电极}=P_{电极}\times EF_{电极} \tag{3-18}$$

式中 $E_{电极}$——电极消耗产生的CO_2排放量，单位为吨二氧化碳（tCO_2）；

$P_{电极}$——核算和报告期内电炉炼钢及精炼炉等消耗的电极量，单位为吨（t）；

$EF_{电极}$——电炉炼钢及精炼炉等所消耗电极的CO_2排放因子，单位为tCO_2/t电极。

外购生铁等含碳原料消耗而产生的CO_2排放：

$$E_{原料}=\sum_{i=1}^{n}M_i\times EF_i \tag{3-19}$$

式中 $E_{原料}$——外购生铁、铁合金、直接还原铁等其他含碳原料消耗而产生的CO_2排放量，单位为吨二氧化碳（tCO_2）；

M_i——核算和报告期内第i种含碳原料的购入量，单位为吨（t）；

EF_i——第i种购入含碳原料的CO_2排放因子，单位为tCO_2/t原料；

i——外购含碳原料类型（如生铁、铁合金、直接还原铁等）。

②活动水平数据获取

熔剂和电极的净消耗量采用下列公式计算，含碳原料的购入量采用采购单等结算凭证上的数据。

净消耗量＝购入量＋（期初库存量－期末库存量）－钢铁生产之外的其他消耗量－外销量 （3-20）

③排放因子数据获取

采用《国际钢铁协会二氧化碳排放数据收集指南（第六版）》中的相关缺省值作为熔剂、电极、生铁、直接还原铁和部分铁合金的CO_2排放因子。具备条件的企业也可委托有资质的专业机构进行检测或采用与相关方结算凭证中提供的检测值。石灰石、白云石排放因子检测应遵循《石灰石、白云石化学分析方法二氧化碳量的测定》标准进行；含铁物质排放因子可由相对应的含碳量换算而得，含铁物质含碳量检测应遵循《钢铁及合金 碳含量的测定 管式炉内燃烧后气体容量法》GB/T 223.69—2008、《钢铁及合金 总碳含量的测定 感应炉燃烧后红外吸收法》GB/T 223.86—2009、《铬铁和硅铬合金 碳含量的测定 红外线吸收法和重量法》GB/T 4699.4—2008等相关标准。

3）净购入使用的电力和热力对应的排放

①计算公式

净购入的生产用电力、热力（如蒸汽）隐含产生的CO_2排放量按下列公式计算：

$$E_{电和热}=AD_{电力}\times EF_{电力}+AD_{热力}\times EF_{热力} \tag{3-21}$$

式中 $E_{电和热}$——净购入生产用电力、热力隐含产生的CO_2排放量，单位为吨二氧化碳（tCO_2）；

$AD_{电力}$、$AD_{热力}$——分别为核算和报告期内净购入的电量和热力量（如蒸汽量），单位分别为兆瓦时（MWh）和百万千焦（GJ）；

$EF_{电力}$、$EF_{热力}$——分别为电力和热力（如蒸汽）的CO_2排放因子，单位分别为吨二氧化碳/兆瓦时（tCO_2/MWh）和吨CO_2/百万千焦（tCO_2/GJ）。

②活动水平数据获取

根据核算和报告期内电力（或热力）供应商、钢铁生产企业存档的购售结算凭证以及企业能源平衡表，采用下列公式计算：

净购入电量（热力量）= 购入量 − 钢铁生产之外的其他用电量（热力量）− 外销量（3-22）

③排放因子数据获取

电力排放因子根据企业生产所在地及目前的东北、华北、华东、华中、西北、南方电网划分，选用国家主管部门最近年份公布的相应区域电网排放因子。供热排放因子暂按0.11tCO_2/GJ计，并根据政府主管部门发布的官方数据保持更新。

4）固碳产品隐含的排放

①计算公式

固碳产品所隐含的CO_2排放量按下列公式计算：

$$R_{固碳} = \sum_{i=1}^{n} AD_{i固碳} \times EF_{i固碳} \qquad (3\text{-}23)$$

式中 $R_{固碳}$——固碳产品所隐含的CO_2排放量，单位为吨二氧化碳（tCO_2）；

$AD_{i固碳}$——第i种固碳产品的产量，单位为吨（t）；

$EF_{i固碳}$——第i种固碳产品的CO_2排放因子，单位为tCO_2/t；

i——固碳产品的种类（如粗钢、甲醇等）。

②活动水平数据获取

根据核算和报告期内固碳产品外销量、库存变化量来确定各自的产量。外销量采用销售单等结算凭证上的数据，库存变化量采用计量工具读数或其他符合要求的方法来确定，采用下列公式计算获得：

产量 = 销售量 +（期末库存量 − 期初库存量）（3-24）

③排放因子数据获取

企业采用《国际钢铁协会二氧化碳排放数据收集指南（第六版）》中的缺省值作为生铁的CO_2排放因子。粗钢的CO_2排放因子参考相关参数缺省值。固碳产品的排放因子采用理论摩尔质量比计算得出，如甲醇的CO_2排放因子为1.375tCO_2/t甲醇。

（6）相关参数缺省值

相关参数缺省值来源于《国际钢铁协会二氧化碳排放数据收集指南（第六版）》与《中国水泥生产企业温室气体排放核算方法与报告指南（试行）》，具体如表3-16～表3-18所示。

常用化石燃料相关参数缺省值 表3-16

燃料品种		计量单位	低位发热量（GJ/t，GJ/万Nm^3）	单位热值含碳量（tC/TJ）	燃料碳氧化率
固体燃料	无烟煤	t	20.304	27.49	94%
	烟煤	t	19.570	26.18	93%
	褐煤	t	14.080	28.00	96%
	洗精煤	t	26.344	25.40	90%
	其他洗煤	t	8.363	25.40	90%
	其他煤制品	t	17.460	33.60	90%
	焦炭	t	28.447	29.50	93%
液体燃料	原油	t	41.816	20.10	98%
	燃料油	t	41.816	21.10	98%
	汽油	t	43.070	18.90	98%
	柴油	t	42.652	20.20	98%
	一般煤油	t	44.750	19.60	98%
	液化天然气	t	41.868	17.20	98%
	液化石油气	t	50.179	17.20	98%
	焦油	t	33.453	22.00	98%
	粗苯	t	41.816	22.70	98%
气体燃料	焦炉煤气	万m^3	173.540	12.10	99%
	高炉煤气	万m^3	33.000	70.80	99%
	转炉煤气	万m^3	84.000	49.60	99%
	其他煤气	万m^3	52.270	12.20	99%
	天然气	万m^3	389.31	15.30	99%
	炼厂干气	万m^3	45.998	18.20	99%

工业生产过程排放因子缺省值 表3-17

名称	计量单位	CO_2排放因子
石灰石	t	0.440
白云石	t	0.471

续表

名称	计量单位	CO_2排放因子
电极	t	3.663
生铁	t	0.172
直接还原铁	t	0.073
镍铁合金	t	0.037
铬铁合金	t	0.275
钼铁合金	t	0.018

数据来源：《国际钢铁协会二氧化碳排放数据收集指南（第六版）》。

其他排放因子和参数缺省值　　表3-18

名称	计量单位	CO_2排放因子
电力	tCO_2/MWh	采用国家最新发布值
热力	tCO_2/GJ	0.11
粗钢	tCO_2/t	0.0154
甲醇	tCO_2/t	1.375

3.3 建筑材料运输阶段碳排放核算

3.3.1 不同运输工具碳排放因子

建筑材料的运输工具主要有：货运火车、货运汽车、货运轮船和飞机四种，其中在土木工程行业较少使用飞机运输建筑材料，可以不考虑。在运输过程中，主要因为化石能源的消耗而产生碳排放。其中，货运火车、货运轮船动力来源主要是柴油发电机，货运汽车的动力来源主要是汽油或柴油为燃烧物质的发动机。虽然在不同运输工具下能源的消耗数量不尽相同导致使用不同的运输工具的单位碳排放量也就不相同，但使用的化石燃料类型主要以汽油、柴油为主，这极大地方便了运输过程中的碳排放核算，相关碳排放因子详见附录B。

3.3.2 确定建筑材料运输距离

根据不同的施工地点、建筑物的结构类型以及结构各施工运输单位的能力，材料的运输距离是不一样的。一般该项工作要通过实地考察来完成。各种材料的运输距离的计算是根据不同的运量、运距，采用平均法或加权平均法来计算。计算运距时，材料运距的起点即为各种建筑材料的供应地点；材料运距的终点应为工地的堆料场或仓库。

3.3.3 建筑材料运输阶段碳排放核算方法

建筑材料运输阶段的碳排放是指建筑材料从生产地到施工现场的运输过程的直接碳排放和运输过程所耗能源的生产过程的碳排放。

建筑材料运输阶段碳排放按下式计算：

$$C_{ys}=\sum_{i=1}^{n}M_iD_iT_i \tag{3-25}$$

式中 C_{ys}——建筑材料运输过程的碳排放（$kgCO_2e$）；

M_i——第i种主要建筑材料的消耗量（t）；

D_i——第i种建筑材料平均运输距离（km）；

T_i——第i种建筑材料的运输方式下，单位重量运输距离的碳排放因子［$kgCO_2e$/（t·km）］。

注：1. 主要建筑材料的运输距离优先采用实际的建筑材料运输距离。当建筑材料实际运输距离未知时，可按附录B中的默认值取值。

2. 建筑材料运输阶段的碳排放因子（T_i）包含建筑材料从生产地到施工现场的运输过程的直接碳排放和运输过程所耗能源的生产过程的碳排放。建筑材料运输阶段的碳排放因子（T_i）按附录B的缺省值取值。

3.4 施工建造阶段碳排放核算

3.4.1 施工建造活动内容

通常，施工建造包括以下分项工程：地基与基础；主体结构；建筑装饰装修；建筑屋面；建筑给水排水及采暖；建筑电气；智能建筑；通风与空调；电梯。

施工建造阶段包括的内容有：工程范围；建设工期；中间交工工程的开工和竣工时

间；工程质量；工程造价；技术资料交付时间；材料和设备供应责任；拨款和结算；竣工验收；质量保修范围和质量保证期；双方相互协作。

建设工程项目管理的主要内容有：对施工进度、质量、安全、成本、合同、信息的管理以及与施工相关的组织与协调等。

3.4.2 施工建造的流程

1. 工程前期

首先建设单位预先做好市场调查，此开发会有什么样的前景，随后编制可行性研究报告、规划蓝图、办理土地使用证、城市规划许可证。地质勘探单位进行勘探，设计单位招标，确立设计单位，设计单位根据地质勘探报告及甲方的规划蓝图开始设计施工图纸，设计图纸审批，消防部门备案，所在地建委备案，当地建筑工程质量监督站备案，办理施工许可证，施工单位及监理单位招标，确立施工单位及监理单位，然后进入施工阶段的工作。

2. 施工阶段

首先由规划部门给出该建筑的施工红线范围、坐标、高程，施工单位首先做好场地的平整，再根据规划给出的坐标点及高程进行工程定位测量放线，报监理单位验收，验收合格后由监理单位报甲方，甲方报规划审批。

审批合格后通知施工单位进行下道工序即基槽开挖—基槽验收（甲方、设计、勘探、施工、质检站、监理六方验收）—基槽放线—基础垫层—基础结构施工—基础验收—基础回填（地基与基础分部工程验收）—主体结构施工—主体结构分部验收—建筑装饰装修—水暖系统、电气系统、通风与空调、消防报警系统安装与调试—单位工程竣工验收—施工资料移交—甲方备案、消防验收—投入使用。

3.4.3 施工建造阶段碳排放核算方法

施工建造阶段的碳排放应包括完成各分部分项工程施工产生的碳排放和各项措施项目实施过程中产生的碳排放。

施工建造阶段的碳排放量按下式计算：

$$C_{\mathrm{jz}} = \sum_{i=1}^{n} E_{\mathrm{jz},i} EF_i \tag{3-26}$$

式中 C_{jz}——施工建造阶段的碳排放（$\mathrm{kgCO_2e}$）；

$E_{\mathrm{jz},i}$——施工建造阶段第 i 种能源总用量（kWh或kg）；

EF_i——第i类能源的碳排放因子（$\mathrm{kgCO_2e/kWh}$或$\mathrm{kgCO_2e/kg}$），按附录C确定。

施工建造阶段的能源总用量E_{jz}采用施工工序能耗估算法计算。施工工序能耗估算法的能源用量按下式计算：

$$E_{jz} = E_{fx} + E_{cs} \tag{3-27}$$

式中 E_{jz}——施工建造阶段总能源用量（kWh或kg）；

E_{fx}——分部分项工程总能源用量（kWh或kg）；

E_{cs}——措施项目总能源用量（kWh或kg）。

分部分项工程能源用量E_{fx}按下列公式计算：

$$E_{fx} = \sum_{i=1}^{n} Q_{fx,i} f_{fx,i} \tag{3-28}$$

$$f_{fx,i} = \sum_{j=1}^{m} T_{i,j} R_j + E_{jj,i} \tag{3-29}$$

式中 $Q_{fx,i}$——分部分项工程中第i个项目的工程量；

$f_{fx,i}$——分部分项工程中第i个项目的能耗系数（kWh/工程量计量单位）；

$T_{i,j}$——第i个项目单位工程量第j种施工机械台班消耗量（台班）；

R_j——第i个项目第j种施工机械单位台班的能源用量（kWh/台班），按附录C确定；

$E_{jj,i}$——第i个项目中，小型施工机具不列入机械台班消耗量，但其消耗的能源列入材料的部分能源用量（kWh）；

i——分部分项工程中项目序号；

j——施工机械序号。

脚手架、模板及支架、垂直运输、建筑物超高等可计算工程量的措施项目，其措施项目的能耗E_{cs}按下列公式计算：

$$E_{cs} = \sum_{i=1}^{n} Q_{cs,i} f_{cs,i} \tag{3-30}$$

$$f_{cs,i} = \sum_{j=1}^{m} T_{A-i,j} R_j \tag{3-31}$$

式中 $Q_{cs,i}$——措施项目中第i个项目的工程量；

$f_{cs,i}$——措施项目中第i个项目的能耗系数（kWh/工程量计量单位）；

$T_{A-i,j}$——第i个措施项目单位工程量第j种施工机械台班消耗量（台班）；

R_j——第i个项目第j种施工机械单位台班的能源用量（kWh/台班），按附录C对应的机械类别确定；

i——措施项目序号；

j——施工机械序号。

注：1. 施工降排水包括成井和使用两个阶段，其能源消耗根据项目降排水专项方案计算。

2. 施工临时设施消耗的能源根据施工企业编制的临时设施布置方案和工期计算确定。

3.5 拆除回收阶段碳排放核算

3.5.1 建筑拆除方式

1. 建筑拆解

建筑拆解概念第一次出现在1996年在加拿大召开的第一届建筑全会上，传统的建筑拆除，建筑材料只能当垃圾填埋，建筑拆解是以手工或机械的方式回收旧材料的过程。拆解，是将建筑分解为不同部分，促使废旧材料的再利用或回收利用。目前主流思想认为，建筑拆解是以回收建筑材料为目的，将建筑中不同类型的构件逐一拆除使之分离的过程。拆解包括两层含义，第一层是拆卸，是指将建筑构件由建造连接时形成的结合处分离开来，可以看作是施工操作的逆向操作，第二层是支解，是构件在难以拆卸（技术困难或成本太高）或无法拆卸的情况下，将部分或所有构件破坏分离。

2. 机械拆除

机械拆除是利用专用或通用的机械设备，将建筑物解体或破碎的一种拆除方法。机械拆除是以机械为主、人工为辅相配合的拆除施工方法。

3. 控制爆破

控制爆破是通过一定的技术措施，严格控制爆炸能力和爆破规模，将爆破的声响、振动、破坏区域及破碎物的坍塌范围控制在规定的限度以内。具有成本低、工期短、效果好等特点，对现浇钢筋混凝土结构效果尤为显著。

3.5.2 建筑材料回收利用和建筑废弃物处理

拆除完毕后，工作人员对在施工现场的建筑废弃物进行收集、分类、预处理等作业活动和管理措施。一般而言，建筑废弃物主要包含预制构件、混凝土、砌块、金属、砂浆、木材、玻璃和塑料等，由于种类和成分复杂，项目管理者都会按照废弃物材料的类型对其进行分类和分拣。

在建筑拆除过程中，针对材料受损程度不同，一般有两种处理方式：直接回收处理和再生利用。较为完整的材料和构件，一般采用直接回收处理方式，某些样貌完好的门窗，可以应用至下一个建筑生命周期。受损程度较严重的材料和构件，采取再生利用方式回收处理。将这些受损材料和构件运送至处理厂，经过工厂加工后，制成新材料达到再利用目的。例如破碎的砌块和混凝土，经加工后可以用作其他材料生产所用骨料。

3.5.3 拆除回收阶段碳排放核算方法

拆除阶段的碳排放主要包括建筑物拆除时人工拆除和使用小型机具机械拆除使用的机械设备消耗的各种能源动力产生的碳排放，以及废弃物在处理过程中，由于运输所产生的碳排放。其中运输所产生的碳排放计算方法与建材运输阶段碳排放计算方法一致。

建筑拆除阶段的碳排放量按下式计算：

$$C_{cc}=\sum_{i=1}^{n}E_{cc,i}EF_i \tag{3-32}$$

式中 C_{cc}——建筑拆除阶段的碳排放（$kgCO_2e$）；

$E_{cc,i}$——建筑拆除阶段第 i 种能源总用量（kWh或kg）；

EF_i——第 i 类能源的碳排放因子（$kgCO_2e/kWh$），按附录D确定。

建筑物人工拆除和机械拆除阶段的能源用量按下列公式计算：

$$E_{cc}=\sum_{i=1}^{n}Q_{cc,i}f_{cc,i} \tag{3-33}$$

$$f_{cc,i}=\sum_{j=1}^{m}T_{B-i,j}R_j+E_{jj,i} \tag{3-34}$$

式中 E_{cc}——建筑拆除阶段能源用量（kWh或kg）；

$Q_{cc,i}$——第i个拆除项目的工程量；

$f_{cc,i}$——第i个拆除项目每计量单位的能耗系数（kWh/工程量计量单位或kg/工程量计量单位）；

$T_{B-i,j}$——第i个拆除项目单位工程量第j种施工机械台班消耗量；

R_j——第i个项目第j种施工机械单位台班的能源用量；

$E_{jj,i}$——第i个项目中，小型施工机具不列入机械台班消耗量，但其消耗的能源列入材料的部分能源用量（kWh）；

i——拆除工程中项目序号；

j——施工机械序号。

注：1. 建筑物爆破拆除、静力破损拆除及机械整体性拆除的能源用量根据拆除专项方案确定。

2. 建筑物拆除后的垃圾外运产生的能源用量按建材运输阶段的方法计算。

在整个建筑中，会使用钢筋、电缆、木材、幕墙龙骨、石膏板、玻璃等可循环材料。虽然这些材料在生产过程中产生了碳排放，但在回收进行循环再利用后，这部分碳排放又进入了新的建筑生命周期中，没有对环境造成实质影响，应予以核减。

回收阶段碳排放计算方法如下式所示：

$$C_{hs}=\sum_{i=1}^{n} M_i \eta_{hs,i} F_i \quad (3\text{-}35)$$

式中 C_{hs}——回收阶段的碳排放（$kgCO_2e$）；

M_i——第i种主要建材的消耗量；

F_i——第i种主要建材的碳排放因子（$kgCO_2e$/单位建材数量）；

$\eta_{hs,i}$——第i种主要建材的回收比例。

3.6 碳排放核算软件工具与信息化建设

3.6.1 国内碳排放核算软件工具

1. 东禾碳排放计算分析软件

该软件是东南大学和江苏东印智慧工程技术研究院研发，并于2021年8月推出的，是第一款具有完全自主知识产权、轻量化的建筑碳排放计算分析软件，即“东禾建筑碳排放计算分析软件1.0版”，并通过中国质量认证中心（CQC）认证。之后，东南大学-中建生态环境低碳建造先进技术联合研发中心共同推出东南大学-中建集团“东禾建筑碳排放计算分析软件2.0版”。2.0版除了将碳排放因子库的容量提升一个数量级外，还对软件架构和建筑碳排放计算分析功能进行了重大升级：

（1）引入区块链技术，保证碳排放计算分析的真实可靠与不可篡改，并通过区块链技术特有的智能合约、精准溯源等功能创新碳排放计算分析的业务流程；

（2）采用准稳态模拟思路计算建筑运行能耗和相应的碳排放，提升计算结果的精细度；

（3）引入Web-BIM技术，在网页端进行可视化的建筑碳排放计算分析，构建BIM模型解析一步到位、结果可循可视的碳排放计算分析新模式；

（4）可自动生成建筑碳排放计算分析报告，明晰展示建筑全生命周期各阶段活动数据及碳排放量，数据客观完整，分析功能强，图表展示直观；

（5）推出《民用建筑碳排放计算导则》，精准支撑《建筑碳排放计算标准》GB/T 51366—2019和《建筑节能与可再生能源利用通用规范》GB 55015—2021，提供可适应建筑全生命周期不同阶段的碳排放预测、估算、精算和核算等功能，满足不同类型用户的差异化碳排放计算分析需求。

2. 绿建斯维尔碳排放计算软件CEEB

该软件运行于CAD平台，依据《建筑碳排放计算标准》GB/T 51366—2019和《建筑节能与可再生能源利用通用规范》GB 55015—2021，由北京绿建软件股份有限公司开发，可直接使用绿建、节能设计成果，快速计算项目碳排放量与减排量，同时也可作为碳排放、节能国标测算工具。该软件采用三维建模，并可以直接利用主流建筑设计软件或节能设计成果，避免重复录入，大大提高碳排放计算分析的工作效率并有利于国家“双碳”目标的推动。CEEB适用于建筑全生命周期的碳排放计算分析，涵盖建材生产运输、建造拆除、运维等不同阶段。计算模型可承接绿建斯维尔能耗、光伏发电等模拟成果。软件可用于建筑节能、绿色建筑评价的碳排放计算，作为建筑碳排放相关标准实施的配套工具。该软件具有以下几个特点：

（1）创建典型建筑类型的主要建筑用量指标，帮助用户在项目前期缺少详细资料的情况下用指标法自动估算建筑主要建材量。资料充足情况下可用导入法获取详细建材概预算量。

（2）搜索整理建筑工程常用建材和设备对应的碳排放因子。建立基于行业实际用量数据的建筑碳排放数据库。

（3）针对建筑运行能耗计算专业化程度过高的问题，支持快速计算和专业计算，快速计算也可适合项目前期估算。

（4）常见暖通空调系统设备的选型和运行参数设置，支持自动设定集中冷源的运行策略。

（5）支持导入或输入施工机具的种类、台班数，程序内置能源参数和能源碳排放因子，自动计算建造拆除碳排放量。

（6）利用公司的绿建系列软件可实现碳排放计算、节能计算、暖通负荷计算协同计算，建筑模型数据可以在软件之间相互传递，保证了模拟分析的快速性和准确性，大大提高了效率。

3. PKPM碳排放计算软件CES

PKPM-CES由北京构力科技有限公司（PKPM）联合中国建筑科学研究院有限公司建筑环境与能源研究院研发而成。该软件适用于建筑全生命周期碳排放计算以及可再生能源、绿色植被（碳汇）等节碳、减碳、碳中和等控制措施的优化计算。软件可支持多建筑类型、多气候区域，提供估算、精算等颗粒度模型的碳排放计算，可支撑工程咨询、设计、施工、房地产开发与经营等不同类型用户的建筑碳排放动态核算与碳减排智能决策。同时该软件可提供满足《建筑碳排放计算标准》GB/T 51366—2019、《建筑节能与可再生能源利用通用规范》GB 55015—2021等标准要求的审查或评价资料。该软件具有以下优势：

（1）跨平台，支持BIMBase、AutoCAD、中望CAD、浩辰CAD等多平台，并开放碳排放核心的计算接口。

（2）接力设计，与PKPM结构软件、钢结构设计软件、装配式设计软件等通过标准数据接口实现数据联动，在设计阶段即可精确预测主要建材的碳排放。

（3）支持导入其他软件数据，通过绿建云空间建立大数据服务圈，打通设计、厂商部品、审查、标准、监测等角色的数据一体化。

（4）具有一键计算功能，独家提供一键计算功能，读取节能绿建模型后只需点击鼠标，即可生成满足施工图审查要求的《建筑运行阶段碳排放计算分析报告》。

（5）一模多用，碳排放软件可与节能、绿建系列软件共用模型，无需重复建模。

（6）支持减碳设计，支持碳汇、可再生能源、建材使用寿命及建材回收等减碳措施。

（7）支持真实能源形式碳排分析，软件支持计算真实能源形式的碳排放量，包含电力、燃气、燃煤、燃油、可再生能源等，避免纯粹“以电折碳”带来的数据误差。

（8）支持建筑全生命周期碳分析，支持全生命周期计算，涵盖建材生产运输、建造、运行、拆解全过程。

（9）自动生成报告书，可自动生成符合标准要求、审查要求的碳排放计算标准的报告书。

3.6.2 国外碳排放核算软件工具

1. GaBi软件

GaBi软件是由德国PE International公司开发的一款LCA评价软件，可以从生命周期角度建立详细的产品模型，同时可支持用户自定义环境影响评价方法。使用者可以建立产品生产模型、进行输入输出流平衡、计算评价结果以及生成相关图形等。GaBi软件集成了自身开发的数据库系统GaBi Data-Bases，同时可兼容企业数据库，包含欧盟委员会的ELCD数据库、Eco-Invent数据库等。GaBi作为世界领先的生命周期评价计算软件，其设计满足了较广领域的需求，广泛应用于LCA研究和工业决策支持，为很多LCA研究机构所采用。

GaBi主要支持生命周期评价项目、碳足迹计算、生命周期建设工程（技术、经济和生态分析）、生命周期成本研究、原始材料和能量流分析、环境应用功能设计、二氧化碳计算、基准研究、环境管理系统支持（EMAS Ⅱ）等项目。

GaBi软件可自上而下分层建模，能够完成复杂流程链的建模：计划—子计划—工艺流程—物质流（Plan—Subplan—Process—Flow），并构成流程链。通过建立模型反映现实情况，帮助企业通过建立流程图了解生态系统、工艺流程和物质流。GaBi数据主要来源于 PE近20多年的全球工业LCA项目合作以及ELCD、BUWAL和Plastics Europe等数据库。

2. SimaPro软件

SimaPro软件是荷兰莱顿大学和Pre Consultants B. V. 于1990年开发，是目前世界上应用广泛的生命周期评价软件。SimaPro具有强大的功能、极高的柔性、多样的评价方法和直观的结果表达方式，并且包含丰富的数据量和完善的数据管理能力。该软件主要用于计算碳足迹、产品生态设计、产品或服务的环境影响、关键性能指标的决策等。

SimaPro集成了世界上最先进的生命周期评价方法，如Eco-indicator99、CML1992 v2.1、Eeopoints97（CH）v2.1、EPS2000v2.1等。该软件由DataArchive、BUWAL250、DutchInput OutputDatabase95、ETH-ESU96Unitprocess、IDEMAT2001、EcoInvent等15个数据库联合组成，包括能源与物料的投入产出原料的各项数据、包装材料数据、油品与电力等各种产业数据及环境冲击、全球变暖、温室效应等数据，可用于分析农业生产、化学品使用、能源化工、交通运输、建筑材料及服务业等多个领域的环境影响。

3. 在线碳足迹计算器

美国环保署所研发的碳足迹计算器，可以供民众检验自身交通运输、能源使用、废弃物、家庭活动等导致的碳排放量，但是其不足之处是未导入LCA（生命周期评估）概念，覆盖面缺乏消费类产品。

2007年，英国环境–食品–农村事务部（Defra）在其官方网站发布个人碳足迹计算软件，可根据个人（或家庭）使用的耗能设备、家电、交通工具等计算温室气体排放，公众可以随时利用网络在线计算日常生活排放的CO_2量，并获取节能降耗的建议。

在线碳足迹计算器目前涵盖层面较为完整，涉及住、行、废弃物、实物、消费性产品等，其中实物与消费性类产品的碳排放因子则是以美国卡内基梅隆大学所建立的环境投入产出生命周期评估数据库为推导依据。

在线碳足迹计算软件往往操作简单、易于理解，对于提高公众碳足迹意识和低碳行为具有重要作用。不过在线碳足迹计算软件类型多样，不同在线软件的复杂程度和包含的计算内容不同，因此结果往往差别很大。

3.6.3 碳排放核算信息化能力建设

为贯彻落实《中共中央 国务院关于完整准确全面贯彻新发展理念做好碳达峰碳中和工作的意见》和《2030年前碳达峰行动方案》部署要求，加快建立统一规范的碳排放统计核算体系，国家制定了《关于加快建立统一规范的碳排放统计核算体系实施方案》。该方案对碳排放核算信息化能力提出了要求：

一是加强碳排放统计核算基层机构和队伍建设，提高核算能力和水平。强化能源、工业等领域相关统计信息的收集和处理能力，逐步建立完善与全国及省级碳排放统计核算要求相适应的活动水平数据统计体系。加强行业碳排放统计监测能力建设，健全电力、钢铁、有色、建材、石化、化工等重点行业能耗统计监测和计量体系。二是建立排放因子库。由生态环境部、国家统计局牵头建立国家温室气体排放因子数据库，统筹推进排放因子测算，提高精准度，扩大覆盖范围，建立数据库常态化、规范化更新机制，逐步建立覆盖面广、适用性强、可信度高的排放因子编制和更新体系，为碳排放核算提供基础数据支撑。三是应用先进技术。加强碳排放统计核算信息化能力建设，加快推进5G、大数据、云计算、区块链等现代信息技术的应用，优化数据采集、处理、存储方式。探索卫星遥感高精度连续测量技术等监测技术的应用。支持有关研究机构开展大气级、场地级和设备级温室气体排放监测、校验、模拟等基础研究。

思考题

（1）国内外温室气体核算体系框架有哪些?

（2）请简述一下建设工程碳排放核算工作流程。

（3）建设工程碳排放核算的边界与范围是什么?

（4）建设工程全生命周期碳排放核算包括哪几个阶段?

（5）建设工程全生命周期碳排放核算数据获取方法有哪些?

（6）国内外碳排放核算软件工具有哪些?

4

建设工程碳管理体系设计

■ 本章要点

本章主要介绍了建设工程碳管理体系设计，包括建设工程碳管理体系概述、必要性、价值链、体系及流程等内容。本章旨在向读者介绍碳管理体系及其建设的必要性、碳管理体系的价值链与主要内容、碳管理体系与传统管理体系的差异性以及建设工程低碳管理体系与具体设计流程，使读者能够了解建设工程碳管理体系设计的全过程，引导读者在实践中设计建设工程的碳管理体系。

■ 学习目标

（1）了解建设工程碳管理与碳管理体系建设及其必要性；
（2）掌握建设工程碳管理价值链的来源、特征及关键因素；
（3）理解建设工程碳管理体系与传统管理体系的差异；
（4）熟悉建设工程低碳管理体系的主要内容与设计流程。

4.1 碳管理体系概述

4.1.1 碳管理与碳管理体系

碳达峰、碳中和工作是中国未来绿色低碳工作的重要主线。贯彻落实低碳发展政策、推动建设工程碳管理的是实现“双碳”目标不可或缺的部分。建设工程活动是人类最主要的生存活动之一，与其他人工产品相比，建设工程项目产品应对自然资源和能源消耗、环境污染负更多的责任。传统工程项目建设过程中资源消耗大、污染排放高、建造方式粗放的形势迫使人们不得不认真考虑建设工程与环境的适应问题，因此研究建设工程项目的碳管理显得尤为重要。

建设工程碳管理要求在建设项目所需材料与设备制造、施工建造和建造实体的整个生命周期内，减少化石能源的使用，提高能效，降低CO_2排放量。作为碳排放大户，建设工程项目的碳排放在经济总的碳排放量中占有重要比例，实现全球低碳发展迫切要求在建设工程项目领域实现碳管理的大力推广。

在工程项目管理中引入低碳思想，使项目碳管理和项目开发建设相结合，通过建立碳管理体系，建设工程项目在全生命周期的碳排放行为更加规范化，从而最大程度地合理配置有限的资源。重视建设工程项目的碳管理体系，建立能够在获取经济效益和社会效益的同时兼顾环境效益。

碳管理的模式与最终目的如图4-1所示。

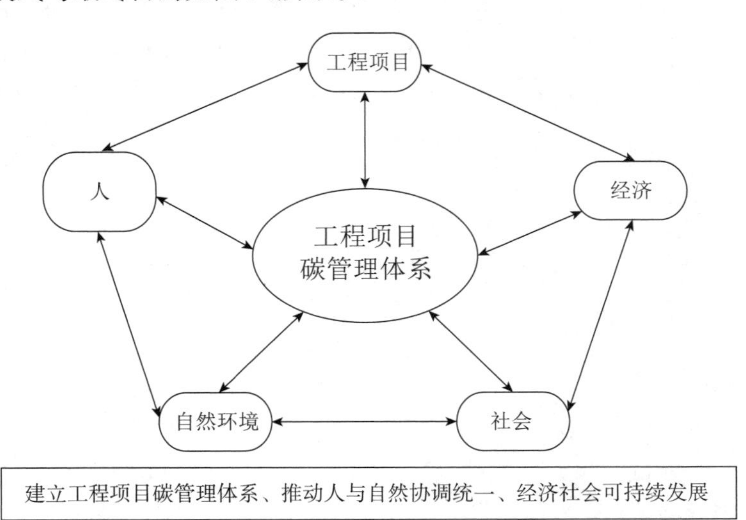

图 4-1　碳管理的模式与最终目的

建设工程碳管理体系建立，需要通过分析项目本身碳排放目标、行为以及形成对碳管理结果的评价来实现。首先，需要以低碳管理为重要目标，通过在项目建设过程中发现高碳排放行为和环境事故发生的根源，从而探索减少碳排放的有效管理措施。其次，评判项目碳管理行为对项目绩效的影响。项目管理者要深入了解由于采纳实施项目低碳管理形成的对提升工程项目绩效的影响，为改进工程项目企业经营管理提供思路。最后，碳管理的评价结果可以用来指导工程项目经理部有针对性地强化项目管理中的碳排放行为，减少管理过程中碳排放及能源消耗，从而提升项目绩效。

坚持低碳管理，厘清施工企业项目低碳管理的行为及低碳管理手段和方法，围绕降低工程项目建设过程中碳排放量的管理目标，形成以“低碳”为关键词的建设工程碳管理体系，能够有效提高工作效率、资源合理配置、降低资源内耗。

4.1.2 碳管理体系建立的必要性

碳管理体系的建立，有利于推进国家碳排放方面法律法规、政策、标准和其他要求的实施，对建设工程项目节能减排、循环经济提供指导，以促进工程项目在全生命周期提高能源利用率、降低能耗、减少温室气体与污染物的排放，实现保护环境与气候稳定的目标。

碳管理体系的建立，有利于建设工程项目做好能耗介质平衡、应急措施、能耗控制等工作。通过系统地建立一套科学合理且具有可操作的能源管理体系，可以大大减少工作中的随意性，进而提高节能工作整体效果和效率。

碳管理体系的建立，有利于进一步梳理碳排放行为管理工作中的职责和接口，为建立和完善相互联系、相互制约和相互促进的碳管理组织结构提供保障，通过识别施工上游阶段的低碳排放潜力以及低碳管理工作中存在的问题，并且坚持持续改进，不断降低化石能源消耗，减少温室气体的排放，从而实现建设工程碳管理制定的减排目标。

4.2 碳管理体系要点

4.2.1 建设工程碳管理的价值链

1. 价值链与建设工程低碳价值链

（1）价值链的来源

价值链概念是由迈克尔·波特首先提出的。他认为，企业所从事的物质上和技术上界限分明的活动都是价值活动；可以把企业创造价值的过程分解为一系列互不相同又互相关联的活动，其总和构成了企业的“价值链”；每家企业都进行设计、生产、营销、交货以及对产品起辅助作用的各种活动，所有这些活动都可以用价值链表现出来。

价值活动根据重要程度的不同可分为两大类：基本活动和辅助活动。其中，基本活动主要包括产品由原材料的投入、生产、销售及售后服务等一系列活动。辅助活动也是创造价值的重要活动，但相比基本活动，辅助活动对产品价值的贡献没有那么直接。辅助活动可划分为4种，主要为企业基础设施、人力资源管理、技术开发及采购。

（2）建设工程低碳价值链

建设工程碳管理的价值链的形成是基于建设工程碳管理的最终诉求，即低碳发展。其中，建设工程低碳价值链是指从工程项目设计、材料设备采购、建设工程施工、建设工程运营直至回收再生的动态闭环流程。此流程兼顾传统工程项目管理目标和道德目标，满足思想进步与和谐社会的发展，同时将低碳产品价值和低碳社会价值二者纳入价值评价范畴，以最大化价值为目标（图4-2）。

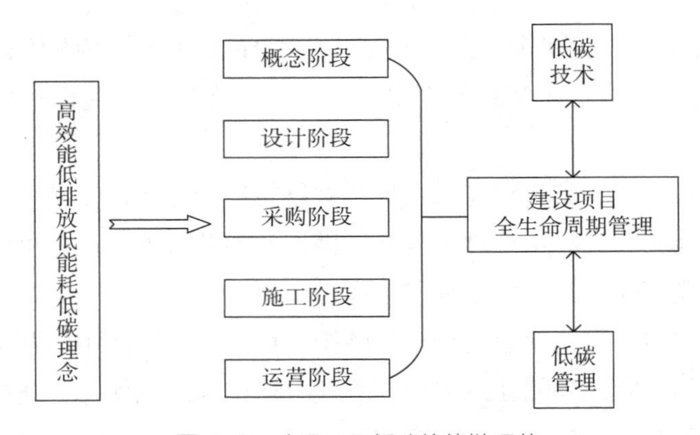

图4-2 建设工程低碳价值链环节

就建设工程项目的低碳价值链而言，工程施工阶段是工程项目价值形成过程中最重要的环节，也是碳排放活动最复杂、碳管理难度最大的环节。运用价值链与价值系统理论来分析工程项目管理过程行为，将传统项目管理的“任务导向”转换为“价值导向”。通过分析工程项目价值链上的各个环节的价值活动，识别出关键的增值过程并进行优化，可降低施工成本，能够在实现合同目标的同时降低工程管理过程中的碳排放，创造更多的经济效益、社会效益和环境效益。

2. 价值链管理的特征

（1）整体性

价值链可从整体视角分析该项目创造价值的整个过程，具有统领全局的功能。

（2）要素性

价值链对项目创造价值过程中处于不同环节的要素独立进行分析，这样可清晰了解项目现状，全面梳理项目的活动状况。

（3）逻辑性

价值链的表达方式前后联系紧密、主次分明，用一个简单的体系即可将项目的整体状况纳入其中，具有很强的逻辑性。

（4）开放性

价值链内容设置可根据项目具体情况进行丰富和发展，具有开放性。

3. 低碳价值链管理的关键因素

（1）低碳价值链的战略意义

高效能、低能耗、低排放的低碳理念深入人心，节能减排已成为一种必然趋势，基于低碳价值链的建设工程碳管理具有重要战略意义。探索如何将工程项目发展并入低碳经济发展的轨道，解决工程项目实际建设过程中造成的污染问题，必须将低碳管理价值链并入传统工程项目管理的价值链体系，使建设工程碳管理与环境保护、节能减排、“双碳”目标相适应。

（2）确立低碳管理理念

低碳管理理念作为实现工程项目目标的指导原则和行动指针，具有统一思想、行动，整合工程项目内外部资源等重要功能。所谓低碳管理理念，是指项目管理者在项目全生命周期内，顺应可持续发展的战略要求，注重地球生态环境保护，降低CO_2的排放量，早日实现碳达峰碳中和，促进经济与生态的协调发展，实现经济利益、社会利益与生态环境保护的大统一。

（3）组织与制度保障

建设工程碳管理是对工程项目从设计到使用全生命周期进行碳排放控制，而不是仅注重于对某一个阶段、某一环节的控制。因此，项目的碳管理要实现低碳目标，不仅需要配备专业人力、物力资源，还需要建立有利的组织和制度保障。通过建立和完善低碳采购制度、节能规划制度、合同能源管理制度、低碳核算制度，提升低碳价值链的运作效率。

4.2.2 与传统管理体系的差异

在“双碳”背景下，新的建设工程管理体系应运而生。与传统的管理体系相比，新的管理体系融入了碳管理这一具有重大战略意义的部分，不仅具有时代趋势性，而且代表了前沿的低碳管理理念，符合可持续发展的规律。我们将从管理观念、管理目标、管理重难点、管理范围四方面来分析、比较建设工程碳管理体系与传统管理体系的差异。

1. 管理观念

项目碳管理是一种融合了低碳管理、精益管理及人本管理思想的工程项目管理方法；它从节能减排、保护环境和注重和谐统一的角度去审视工程项目计划、控制、协调与实施过程中的各项活动。在碳管理体系中，建设工程的管理观念已从“以建设按期完成、保证质量、成本最低”为导向发展到“以人类社会的可持续发展”为导向，并在此基础上融合了低碳管理观念。与传统的工程项目管理观念相比较，其差异主要表现在项目碳管理是以可持续发展为导向，关注地球的环境保护和气候的适应性变化，对可再生资源进行开发利用，减少资源浪费，从而降低CO_2等温室气体的排放量，促进经济与生态协调发展。

2. 管理范围

管理范围是指为了顺利实现项目的目标，完成项目可交付成果而必须完成的工作，即项目行为系统的范围。对一个建设工程而言，它的范围就是完成一个确定规模的工程建设任务的所有活动的范围，它构成了工程项目的实施过程。

按照建设工程项目实施过程划分，项目范围通常由如下阶段构成：项目建议书阶段、可行性研究阶段、设计阶段、施工阶段和竣工验收阶段，但从建设工程项目的广义作用和要求来看，现行建设程序缺少了碳管理的主要环节和内容。按照建设工程项目的活动内容划分，项目范围通常由如下构成：

（1）专业工作

专业工作指各种专业设计、施工和供应工作等。

（2）管理工作

管理工作指为实现项目目标所必需的预测、决策、计划和控制工作。这些管理工作还可以分为各种职能管理工作，如进度管理、质量管理、成本管理、合同管理、资源管理和信息管理等。行政工作，指在项目实施过程中的一些行政事务，如行政审批工作等。除了传统项目管理中涉及的所有活动外，项目碳管理活动还应包括项目全生命周期各阶段环保活动、碳排放控制活动、精益建设活动和人本管理活动的相关内容。通过确定项目的范围，能够确定项目的系统界限、明确项目管理的对象。

3. 管理目标

建设工程低碳管理除了满足传统项目管理的质量、成本、进度目标外，还要重视工程项目活动对资源及环境的影响作用，及与利益相关者关系的协调。传统的工程项目不注重资源的稀缺性，甚至少数项目不惜以破坏生态环境利益来实现项目利润的最大化。建设工程碳管理就是在传统项目管理基础上提出一系列生态友好、节能减排的管理措施，通过这些行之有效的管理措施使工程项目在建设过程中不仅能减少能源消耗、降低污染排放，甚至能产生良好的生态环境效益及经济效益，促进自然、经济、社会协调可持续发展。

4. 管理重难点

工程项目的各个环节在管理过程中相互联系、相互作用、相互制约。与之相比，建设工程碳管理则更需要做好分工合作、协调配合，使建设项目上各个环节紧密衔接、统一协调，有效把握和控制实施中的不确定因素，从而使项目的价值得到更好的认定、创造和传递，减少建设项目资源的浪费，降低碳排放量。

就传统工程管理而言，对工期、质量、成本、安全和风险的控制是管理过程中必须面对的重难点。而建设工程碳管理集中于施工的上游阶段，因此施工现场的碳管理是建设工程低碳管理中的重难点。施工现场的温室气体排放是工程项目在全生命周期碳排放的最主要来源，且组成要素最为复杂。施工现场管理是工程项目提供最终产品的场所，是材料、设备管理的关键环节。施工现场管理水平的高低在很大程度上直接制约整个项目整体管理体系的运转。因此，实现碳排放控制目标需要高度重视施工现场的碳排放项目，一般会通过"四节一环保""6S管理"等专项管理措施，制订一系列低碳排放工程。

其中，"四节一环保"是指节能、节地、节水、节材和环境保护。其内容包括在工程施工过程中实施封闭施工、减少或避免扬尘污染、避免噪声污染、保持工地整洁、清洁运输、减少对当地的干扰、尊重基地环境、结合气候施工、节约资源和能源、环保健康的施工工艺、减少填埋废弃物的数量，以及实施科学管理、保证施工质量等。"6S管理"是指整理、清扫、整顿、标准化、安全、素养。"整理"的要求是将现场施工过程中产生的废料、余料以及闲置不用的设备工具等与现阶段需用的部分区分开来，并将其妥善处理，及时清除出现场。"清扫"的要求是清扫施工现场直至没有脏污的干净状态，注重细微之处。"整顿"的要求是将施工现场的工具、器材、文件等的位置固定下来，在需要时能立即找到。"标准化"的要求是维持施工现场"整理""整顿""清扫""安全"后没有脏污的干净、整洁的状态并进行标准化。"安全"要求清除事故隐患，排除险情，保障员工的人身安全和生产的正常进行。"素养"的要求是培养员工遵守规章制度、积极向上的工作习惯，养成良好的文明习惯及团队精神。

建设工程传统管理与低碳管理比较见表4-1。

建设工程传统管理与低碳管理比较　　表4-1

内容	建设工程传统管理	建设工程低碳管理
项目目标	经济效益	经济效益、社会效益与环境效益的统一
资源消耗	浪费严重	高效循环利用
污染防治	治理性技术，且与建造过程相分离	预防性技术，且与建造过程相结合
建造费用	较低	较高，但具有降本潜力
运行费用	较高	较低
项目组织文化	涣散、和谐度差	团结、和谐、制度创新

总之，虽然项目碳管理在社会环境效益、资源消耗、建造过程中的污染防治、建筑产品的运行费用等方面存在一定的优势，但是与传统项目管理方式相比，在某些方面还存在弱点，需要进一步论证、研究和完善。

首先，由于目前项目碳管理的措施具有试验性，其结果也不确定。因此，项目碳管理仅处于探索阶段，尚未形成系统的理论。而相比之下，传统的项目管理则要科学、成熟得多。其次，由于项目碳管理需要考虑项目全生命周期中对环境的影响及对生态系统更长远的可能影响，研究时间跨度较长、内容复杂，实现起来存在一定困难。而传统的项目管理往往只涉及一个项目的生命周期，实现起来较为容易。另外，项目碳管理的实施需要基于低碳管理行为的具体分析，项目各参与方只有合理地识别项目管理过程中的各种低碳行为，并进行甄别、分析与判断，才能提高低碳管理的效率。项目低碳管理行为的识别不仅要借助于国内外同行业低碳管理的实施经验，也要密切结合建筑业自身的行为特征，识别难度颇大。

4.2.3 碳管理体系的主要内容

碳管理主要是围绕建设工程项目在全生命周期如何实施低碳管理而展开，它的内容相当丰富，主要有低碳设计、低碳技术、低碳制造、低碳运营等。其中，建设工程碳管理体系建立的主要内容包括以下几个方面：

1. 建立项目碳管理文化与组织

无论在何种类型的项目中，成功的项目管理都与环境密切相关。这意味着组织自身的一些原因，如项目管理组织的战略、文化、制度建设等一起组成了项目成功或失败的环境。项目与组织、文化整体紧密相关，它为项目的目标奠定了基础。组织的文化既能支持促进项目管理，也可能妨碍有效的管理项目。因此，建设工程碳管理的成功需要通过推动低碳管理的理念融入建设工程碳管理的全过程，在组织内部形成低碳管理的文化。

在碳管理组织架构方面，以低碳管理为目标的项目应构建相对扁平且网络化的项目组织结构。这是因为采用扁平网络化项目组织结构可以优化管理层次、减少中间环节、减少职能重叠、优化项目管理流程。通过坚持“纵向流程扁平化，横向流程网络化”的宗旨，实现节约成本、提高生产效率、减少能耗与污染，均为项目低碳管理的重要体现。此外，能够顺利完成碳管理目标的工程项目组织需要成立专业且具体的职能部门来履行碳管理的职能，如设置相应的计划制定部门、执行部门、监督部门等，使项目的组织结构形成一个碳管理的网络。

2. 实现项目全过程管理低碳化

成功实现建设工程的碳管理，离不开碳管理负责人按工程项目全生命周期，对项目实施的各阶段提出具体碳减排管理要求，并采取相应低碳管理措施。如对项目前期、施工、竣工验收、运营监管、报废拆除资源化及综合效益评价等阶段提出具体的碳减排管理要求，实现全过程低碳管理。从而确保建设项目在全生命期内实现资源节约和环境友好，提高投资效益，节约运行成本。

在设计方面，要满足低碳设计的要求：包括材料选购、生产工艺设计、使用乃至废弃后的回收、重用及处理等内容，均需要在设计过程中考虑到项目整体及所采取的技术工艺对环境产生的副作用，并将其控制在最小的范围之内或最终消除。在工程采购方面，则要求产品原材料的选择应尽可能地不破坏生态环境，选用可再生原料和利用废弃的材料，并且在采购过程中减少对环境的破坏，例如采用合理的运输方式，减少不必要的包装物等。在项目工程的施工过程中，要注重施工工艺的选择，要将低碳技术贯穿于低碳生产的始终，是低碳施工的关键所在。通过不断改善管理和技术进步，提高资源综合利用率、减少污染物的排放。此外，对排放的少量污染物进行高效、无二次污染的处理和处置，做到变废为宝，可以最大限度地节约资源和能源、减少环境污染，有利于人类生存。

3. 建立项目碳、能评价和奖惩机制

项目全生命周期温室气体排放较多且能耗巨大，碳排放量控制与能源消耗控制对于建设工程碳管理而言至关重要。

碳排放量是工程项目在与其有关的建材生产及运输、建造及拆除、运行阶段产生的温室气体排放的总和，以CO_2e表示。通过分析建设项目碳排放是否满足相关政策要求，明确建设项目CO_2产生节点，开展节能减排及CO_2与污染物协同控制措施可行性论证，核算CO_2产生和排放量，分析建设项目CO_2排放水平，提出建设项目碳排放环境影响评价结论。开展碳评价，对了解建设项目碳排放现状与控制有重要意义。

能源消耗定额通常是指项目在一定的生产技术和生产条件下，为生产一定数量的产品或完成一定量的作业，所规定的能源消耗的数量标准。对于一个项目来说，能源消耗定额就是对完成项目建设所消耗的能源数量的规定标准。而能源定额考核是考核项目能源指标的完成情况，是判断能耗状况是否正常的重要依据，是项目能耗不断降低的有力保证。

项目碳评、能评应由项目组织中的节能减排管理部门制定、完成。因此，项目组织设置专业的节能减排管理岗位是项目保质保量按时进行碳评、能评的前提。此外，节能减排管理部门还应对碳排放量与能源消耗定额执行情况进行实时监督，并加强考核，将制定的考核标准与其实际执行情况相比对，找出偏差原因，及时纠正。同时制定奖惩制度，对于碳排放较低、能耗较少、执行定额较好、节能减排的业绩突出的项目，予以奖励；对于定额执行偏差过大、资源浪费严重者，予以处罚，以调动项目组成员节能减排的积极性。

4. 认真对待外部碳排放需求

低碳发展对工程项目与组织外部的和谐关系构建有重要作用。如果外部关系与项目组织之间关系协调不好，满足不了外部关系对低碳发展的诉求，工程项目实施也可能受到影响。比如常见的施工噪声扰民问题等，如果和周边居民协调不好，矛盾激化，就会严重影响项目的正常实施。由于外部需求与组织之间不存在合同关系这种刚性约束，因此这种关系的协调更加困难、更加松散、更加有弹性。

总体而言，项目外部的低碳需求主要有使用者的需求、供应商的共识、政府的压力、未来的发展、相关组织的要求五大来源：

（1）使用者的需求

工程项目设立之初，就要了解使用者对低碳议题的关心程度及对低碳产品的需求程度。使用者的低碳诉求直接影响建设工程碳管理的目标与管理措施。

（2）供应商的共识

项目采购是指为工程项目采集、采购项目需要的建筑材料、工程设施、建筑工程所需设备。建设工程碳管理要求原材料和设备的低排放、低能耗，这与供应商对低碳主张关心程度如何关系密切。此外，供应商对低碳原材料的供应状况直接关系到工程碳管理的顺利进行。

（3）政府的压力

政府可通过行政方式对建设工程的碳管理施加压力，甚至可以通过立法形式制约工程项目的高碳发展，促使其向低碳发展转型。

（4）未来的需求

建设工程碳管理与未来环境保护的发展趋势相契合，需要对工程低碳管理的要求和产生的影响进行全方位的分析。

（5）相关组织的要求

应加强企业与对环境具有重大影响的组织的联系，改善同这些组织的关系是满足项目外部低碳要求的重要途径之一。

4.3 低碳管理体系

4.3.1 建设工程低碳管理体系

在建设工程碳管理中，由于树立低碳管理文化、管理低碳化、运用低碳材料等概念的提出年限较短，尚未形成较为成熟的低碳管理体系。因此，项目管理者须厘清建设工程碳管理过程，形成科学、系统化的体系。将低碳理念作为项目管理过程中的核心价值观，充分认识到工程项目是由“经济–社会–环境”构成的复杂系统，而不仅仅是一个关注项目经济效益的单一系统。

1. 项目低碳文化

项目低碳文化的关键取决于项目人员，尤其是项目管理者是否具有低碳意识。项目低碳文化的累积需要将工程项目与自然、社会和谐发展相联系，明确低碳发展方向，结合外部环境的变化和项目建设过程中的实际情况，将持续发展观念融入工程项目的管理之中。

项目组织中项目文化建设应该与施工生产活动同步部署。

（1）树立低碳文化的要点

1）树立项目“经济–社会–环境”系统的价值观

工程项目的价值观是工程项目管理活动的指导思想。项目价值观是项目组织文化管理的核心，在低碳文明时代来临之际，树立低碳价值观，将节能减排作为项目管理文化的基础之一，是工程项目推行低碳管理的关键。当然，不能片面强调低碳文化的生态效益，而忽视或放弃低碳文化产品的经济效益。低碳时代下，项目管理者应该更加重视项目的生态环境系统，教育、引导、鼓励项目人员将项目的发展与生态保护及全社会的共同发展相协调。

2）强调生态环境责任

从本质来看，低碳文化是崇尚生态价值、绿色环保、秉持可持续发展理念的文化。项目管理要正视环境问题，关注周边居民对环境质量的需求，将其贯彻到全生命周期的管理中。管理“设计—施工—运营”各个过程对环境造成的不良影响。只有把短期利益和长远利益、局部利益和全局利益统一起来，满足经济效益和环境保护的双重制约，将环境污染、温室气体排放及能源消耗问题进行控制，承担工程项目的生态环境责任。

3）重建生态竞争观念

地球的整体性、自然资源的有限性和相互依存性与全球人类命运联系紧密。从工程项目的采购活动角度看，经济的全球化使得一些项目在全球范围内建立供应链，供应链的某一环节出现问题，整个供应链就会出现问题，从而影响项目的正常生产活动。有些环境问题是跨越国界的，要求项目管理者从全球视角进行低碳管理。生态系统的整体性和相互依存性，将各个项目的命运连在一起。不能为了达成超越竞争性项目的经济目标，以破坏生态环境为代价，而采用一些低成本、高能耗的技术工艺。

（2）低碳文化的功能

1）凝聚功能

低碳文化是为低碳管理服务的，项目部的低碳文化有助于统一思想，使行动步调一致。

2）导向功能

项目部成员的思维需要通过正确的方式引导才能使之转变固有的观念。因此，低碳文化第二项作用是价值导向与行为导向功能。

3）约束功能

通过在项目内部形成低碳发展的共识，能够约束个别成员高碳发展的错误意识。

（3）低碳文化的结构层次

一般而言，低碳文化的结构分为物质层、行为层、制度层和精神层。其主要内容见表4-2。

低碳项目文化结构的4个层次 表4-2

项目文化结构层次	主要内容
物质层	项目劳动生产而得到的产品和提供的服务是项目生产经营的成果，它是项目物质文化的首要内容。其次是项目创造的生产环境、项目建筑、项目广告、产品包装与设计等，是项目物质文化的主要内容，也是贯彻低碳文化的主要载体
行为层	行为层包括项目运营、教育宣传、人际关系活动、文娱体育活动中产生的文化现象。它是项目管理作风、精神面貌、人际关系的动态体现，也是项目精神、项目价值观的折射，亦是低碳文化的表现形式
制度层	项目文化的制度层又叫项目制度文化，主要包括项目领导体制、项目组织机构和项目管理制度三个方面。低碳文化融入制度的各个方面
精神层	相对于项目物质文化和行为文化来说，项目精神文化是一种更深层次的文化现象，在整个项目文化系统中，它处于核心的地位。项目部成员均具备低碳意识，倡导低碳生产、低碳办公

就建设工程低碳文化的建设而言，则主要从精神层、物质层和制度层三大结构出发：

1）精神层

低碳文化的核心和灵魂，是形成物质层和制度层的基础和原因。项目的低碳文化中有无精神层是衡量该项目是否形成了低碳文化的标志和标准。一般来说，可通过以下途径促进低碳精神层建设：提高项目部成员低碳意识、进行低碳教育；项目经理观念意识的“低碳化”；培训、宣传低碳知识，培育员工低碳生产意识和保护人类生存环境的意识及其敬业、奉献精神。

2）物质层

低碳物质层建设是项目低碳文化的表层部分，它是项目创造的低碳物质文化，是形成项目低碳文化精神层和制度层的条件。从物质层中能折射出低碳项目的管理思想、管理哲学、工作作风和审美意识。如在项目信息公开方面，除传统工程项目管理所要求的“九牌一图”外，可根据项目的低碳文化，建立低碳信息公告栏。

3）制度层

项目部的规章制度是项目成功管理的重要手段，是调节项目内部人际关系、利益关系的基本准则，是组织项目生产活动、规范项目行为的基本程序，也是项目各部门、各部分相互连接的纽带。工程项目要建立低碳文化，必须从建立严格的规章制度开始。低碳管理制度的形成和落实过程也是工程项目低碳文化的形成过程。

2. 项目低碳人力

建设工程碳管理的顺利实现与项目人力资源的管理模式是否低碳关系紧密。在“双碳”目标的背景下，工程建设领域的研发、设计、建设、施工等单位对低碳人才的需求将逐步提升。通过储备“双碳”人才、构建低碳人力资源管理体系，合理组织、配置、优化劳动力资源配置，使项目劳动力生产要素达到动态平衡，最终达到降低资源浪费、动态控制成本、节能减排的低碳目标。

（1）低碳人力管理的含义与主要内容

1）含义

低碳人力管理是通过落实低碳理念，将低碳理念应用到人力资源管理领域所形成的新的管理理念和管理模式。项目实行低碳人力资源管理，不仅能够促进项目部成员的心态和谐、人态和谐和生态和谐，还能增进项目本身的经济效益、社会效益和生态效益相统一的综合效益，从而实现项目和项目部成员之间的共同、可持续发展。

2）低碳人力资源管理的目标

通过推行项目低碳人力资源管理，健全低碳人才成长体系，形成良性、互助的低碳环境，建立完善的低碳激励机制，使项目部成员保持工作热情，树立低碳理想，营造项目部成员愿意做好低碳生产活动、能做好低碳生产活动的氛围。

传统人力资源管理体系强调以项目利益为核心的KPI指标考核，忽视了环境和精神激励的作用。同时，由于传统考核方式、评估手段的单一性，极大地约束了人力资源的深度提升，并伴随诸如“唯KPI论”“思想惰性”“压力过度”等不同形式的“环境污染”，阻碍了生产力的发展。

低碳人力资源体系管理，要求以正面激励、全方位评价为核心，消除因考核不客观、工作冲突带来的隐形污染，激发人力资源的活性。高碳人力资源管理的考核不够全面，只注重容易量化的硬指标，忽略了人性因素。低碳意味着和谐与成本最低，要缓解这些制度不健全、流程不顺畅的现象，不能过分强调一切以结果为导向、一切以利润为核心、一切以过程监控为原则，要强调以人为本。人是人力资源体系中的主体，客观评测考核主体，提升效能、消除污染是低碳人力资源管理体系的核心。

（2）扁平网络化组织结构

确定建设工程碳管理目标后，组织保障紧随其后。成立项目碳管理组织，是实现低碳发展目标所必需。相应的组织要有领导力，要配合“双碳”行动，协调工程项目各参与方的力量，明确规定的职责。

工程项目人力资源管理的骨架是项目的组织结构。组织结构反映了组织的各个组成部分之间的相互关系和相互作用，它是实现组织目标的框架或体制。随着低碳时代的到来，项目的组织结构越来越对其实现低碳管理产生一定的影响。组织结构会影响组织内部各个成员之间的关系，例如合作、竞争和冲突等。

低碳人力资源管理的基础是构建扁平网络化的组织结构。扁平网络化的组织架构和管理机制，能减少低碳管理部门和管理层次、缩短管理流程。在扁平网络化的组织建设上，项目管理者可以优化管理层级、减少中间环节，并实现重复职能的合并，优化项目推行流程。

（3）碳管理人才培养

人才是助力项目可持续发展的核心要素，做好人才的培养是工程低碳人力建设成功与否的重要因素。如今工程建设项目的人力资源管理系统根据项目自身的发展需求，建立了一套成熟的培养体系。

然而，在“双碳”目标背景下，工程建设领域将逐步由高速增长阶段转向高质量发展阶段，“双碳”人才储备作为工程项目节能降碳发展的关键要素，其培养体系则尚未成熟。因此，工程项目各利益相关方亟需发现、培养和选拔低碳建造的技术型人才，让这些人才在建设工程的低碳发展中快速发挥作用，以形成建设工程碳管理的低碳人力建设体系。

1）“双碳”人才培养现状

国内已经初步搭建了“双碳”专业人才培养方面政策框架雏形，包括政府、高校、企业在内的多方均积极参与。根据《关于完整准确全面贯彻新发展理念做好碳达峰碳中和工作的意见》和《2030年前碳达峰行动方案》，我国将建设碳达峰、碳中和人才体系，创新和加强相关人才培养，鼓励高等学校加快新能源、储能、氢能、碳减排、碳汇、碳排放权交易等学科建设。2022年，教育部印发了《加强碳达峰碳中和高等教育人才培养体系建设工作方案》的通知，对高校有序开展“双碳”相关学科建设提出了明确的指导和要求，以加强绿色低碳教育、打造高水平科技攻关平台为重点任务的工作方案，使其为社会批量输出合格的科班出身的“双碳”人才指日可待。

2）工程管理领域“双碳”人才培养

就工程建设领域而言，建筑行业是我国碳排放市场中主要耗能产业。与此同时，建筑从业者的“双碳”专业人才培养模式尚处于探索阶段，亟须构建“因地制宜”的工程管理领域专业人才培养模式和体系。

相关领域从业者如地产企业绿色运营岗、设计岗、项目发展岗、市场推广岗；建筑节能服务、建材、设备、检测机构等绿色节能行业、企业相关从业人员；建筑行业涉及节能减排、环保、资源综合利用等方面的相关从业人员和高等院校师生；从事碳排放、碳核查的咨询服务机构、第三方核查机构、节能服务公司相关技术人员等则更需要对碳市场的机制和逻辑有更清晰的认知，形成碳资产管理的体系和能力。

3）知识储备与能力培养

工程建设的各个参与方需要顺应时代趋势，启动“双碳”人才培养战略，对项目部成员进行“双碳”相关知识储备与能力培养，才能够更好地应对“双碳”时代下建筑业的巨大变革的人才培养体系转变。

①知识储备

工程项目管理所有相关人员需要了解碳管理的基本概念，以及如何对碳排放进行初步计量和核算、如何对碳资产进行数字化组合管理，并理解绿色建筑及“双碳”管理政策、标准及关键技术。强化低碳培训和宣传是提升低碳人力管理的要点。鼓励多种培训形式，提升项目经理、碳管理部门负责人、作业人员等相关人员的低碳意识和技能，提升员工低碳知识储备，有利于低碳管理工作的层层落实，提升工程项目绿色低碳的软实力。

②能力培养

工程项目应设置碳管理部门，对部门内的“双碳”人才进行能力的培养。碳管理部门成员需要具有提供碳排放监测、核算、核查服务的能力，对工程项目的碳排放情况进行量化的监测、核算、核查，帮助上级施工企业掌握各个项目碳排放情况，以此制定碳排放配额的分配方案，对企业的碳排放进行有效监管管理。此外，企业的碳管理部门还需具有提供咨询和碳排放交易服务的能力。一方面，根据工程项目的要求，对其碳排放情况进行量化，对照政府部门分配的排放指标。另一方面，如果有剩余排放指标可以帮助施工企业进行排放指标交易。如果排放超标，碳排放管理师可以帮助施工企业计算需要购买的排放指标数据，在碳交易市场购买交易指标，也可以帮助企业制订碳中和实施方案 ，通过节能减排实施绿色碳汇，中和超标排放的温室气体。

3. 项目低碳供应链

（1）低碳供应链含义

低碳供应链管理（Low Carbon Supply Chain Management，LCSCM），是指引入全新的管理设计理念，对项目开发与设计、建筑、原材料采购、生产组织直至最终生产、垃圾回收再利用的整个低碳供应链过程进行生态设计，通过低碳供应链中各供应商之间以及项目内部各部门之间的紧密协作，使得整个低碳供应链系统在内外部环境管理方面实现最优化的协调统一。

就建设工程而言，工程项目的供应链条长、管理环节多、参与主体覆盖面广，在“双碳”目标下，涉及的建筑设计、施工及运营全过程供应链都将面临重大转变。因此，建设工程的低碳供应链管理是指在工程项目全生命周期内综合运用供应链管理技术和精益思想、低碳思想，通过控制资金流、物流和信息流，从采购原材料开始，经过生产完成分部分项工程直至项目最终的竣工交付，连接设备租赁企业、劳务分包商、工程分包商以及材料供应商等各利益相关方，使其成为一个整体功能链的结构模式。工程项目建设依托于低碳供应链管理模式，强调精益思想和低碳思想，通过面向低碳工程项目全生命周期，最大限度地为顾客创造价值，尽量地减少和消除浪费及对环境的污染，将碳排放量控制在最小，最终实现项目按时保质的成功交付。

（2）低碳供应链管理的特点

低碳供应链是通向未来的供应链管理模式。未来的发展趋势就是要坚持低碳发展、可持续发展、满足环保要求，以社会生态市场营销为管理理念。

低碳供应链管理是全过程的低碳化管理，包括工程项目设计—采购—施工—运营全生命周期的各个参与方都需要进行低碳管理。

低碳供应链管理的核心是生态管理视角下的协调与合作。

（3）低碳供应链管理内容

低碳供应链管理是以系统论和可持续发展观作为指导思想，目的是整个供应链实现低碳环保、节能高效。低碳供应链管理包括如下内容：

1）低碳战略

低碳供应链管理并不在乎工程项目某个单独流程的低碳管理，主要是要达到整个供应链的全过程低碳化管理。因此，要有效地实现低碳供应链管理，工程项目各参与方必须联合起来，共同使确定低碳发展战略，并在项目内部关系、外部关系上均确立低碳供应链管理的战略地位。

2）低碳设计

低碳设计，又称面向环境的设计或生态设计，是指在项目可行性研究及其生命周期的全过程设计中，充分考虑工程项目的建设对资源和环境的影响，优化与生态环境相关的各种设计因素，从而使该项目在施工和运营过程中对环境的总体影响和对资源的消耗量降到最低限度。

低碳设计是低碳供应链管理的关键环节，这是因为要想从根本上防止污染、节能减排，关键是要把握工程项目的设计关键。在设计时要充分考虑到该项目在投资、设计、采购、施工、运营、维修、拆除后可能对环境产生的各种影响，设计出最优化方案。

3）低碳材料的选择

低碳材料是指具有良好使用性能，并在工程项目建设过程中使用，乃至报废后回收处理的全生命周期过程中能耗少、资源利用率高、对环境无污染且容易回收处理的材料。建筑垃圾产量呈逐年增长的趋势，其产生量约为城市垃圾总量的30%～40%，与生活垃圾产量不在同一数量级，已成为我国城市单一品种排放数量最大、最集中的固体废弃物。使用低碳材料，原材料供应端的革新是实现建设工程碳管理的根本所在。

低碳供应链管理必须重视对供应端的低碳管理，因为供应端低碳化的努力比末端处理的效率更高，所以供应端的低碳化是低碳供应链管理的核心内容。这势必要求项目部在施工前事先评估、选择好材料供应商。

4）低碳采购

工程项目的低碳采购是构建低碳供应链的基础。首先，项目采购管理活动是为了保证项目的进展，从项目外部获取各种原材料及机械设备资源所做的一系列工作及其过程。低碳采购以源头控制的方式，通过减少项目后期治理成本、减少责任风险、保护自然环境、提升项目形象等方面来提高建设方绩效。在工程采购时，不仅要控制所需材料的运输距离，同时还要考察供应商的低碳意识和行为，以及其产品和服务的低碳含金量。

因此，低碳采购可以被看作是减少环境问题产生的起点和根源，通过形成以低碳建材为主的建筑新格局，减少水泥钢筋、玻璃等高碳建材的使用能够降低采购低碳化的程度。而采购低碳化程度的提高将直接影响到项目环境绩效的提高。工程项目建设方能够通过实施低碳供应链管理提升自身的竞争优势，积累和构建核心竞争力。

5）低碳施工

低碳施工是指在保证质量、安全等基本要求的前提下，通过科技进步，实现预制造、模块化和工业化的施工，可以加快项目进度、规范施工建设并减少项目生命周期的浪费，最大限度地节约资源，减少对环境的负面影响是实现建设工程碳管理目标的必然要求。

“双碳”背景下，低碳施工能够解决建设工程施工面临着能源利用率低、环境污染大的问题。碳的排放量包括实际运输、施工过程中的排放以及废弃物的排放。因此，在实际施工中需要对相关材料以及施工设备进行有效的管理。施工过程中如果使用质量较差、能耗高的设备或造成污染的技术，稍有不慎，就会出现资源浪费、设备闲置以及环境污染的问题。

6）回收处理

完善的低碳供应链管理应包括低碳回收活动，在消费者和全球相关法规的推动下，很多企业已经开始考虑产品的回收和处置。在工程建设领域，作为我国城市单一品种排放数量最大的固体废物，建筑垃圾资源化处理程度并不高，利用率极其有限。因此，建筑物垃圾是工程项目中涉及回收处理的重要部分。建筑垃圾是在对建筑物实施新建、改建、扩建或者是拆除过程中产生的固体废弃物。根据建筑垃圾产生源的不同，可以分为施工建筑垃圾和拆毁建筑垃圾。建筑垃圾对我们的生态环境具有广泛的侵蚀作用，对于建筑垃圾如果实行长期不管的态度，那么对于城市环境卫生、居住生活条件、土地质量评估等都有恶劣影响。

建筑垃圾资源化是项目低碳供应链管理的最终环节。当建筑垃圾产生后，要求对建筑垃圾进行回收处理，提高建筑垃圾的资源化与无害化处理数量以及资源化率。以达到减少对环境的破坏、对资源的索取，实现工程项目低碳化的目的。

(4) 低碳供应链管理实施策略

低碳供应链的重要作用在于对供应链上的各个参与方之间的信息流、材料流、技术流、资金流以及知识流五个主要流程上的协同合作。低碳供应链管理以系统论、可持续发展观为指导思想，追求的是整个供应链达到低碳环保、节能高效的目的。因此，应对整个供应链的各环节进行统一规划、统筹安排，按照五个主要流程，其实施策略如图4-3所示。

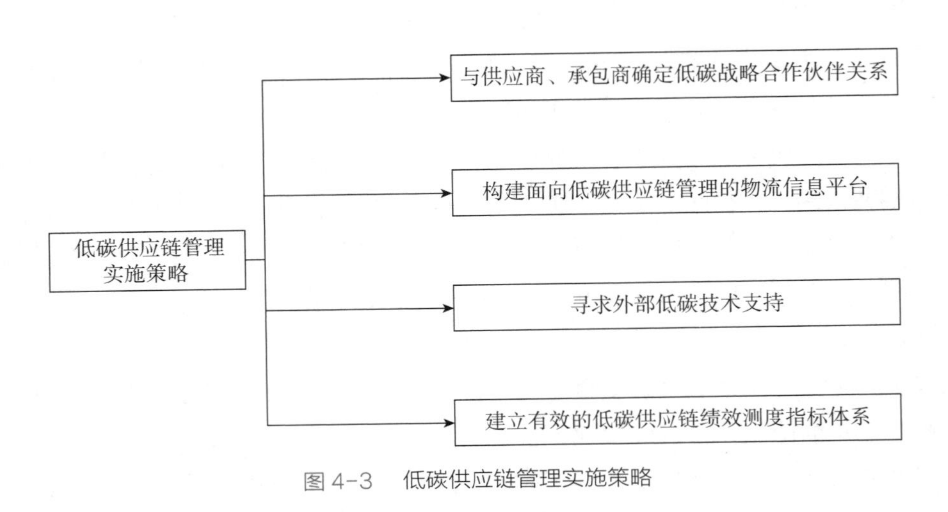

图4-3　低碳供应链管理实施策略

4.3.2　建设工程低碳管理流程

节约流程、提升效率是建设工程碳管理的体现。在工程项目执行过程中，如果缺乏有效的项目流程和审批管理制度，很容易造成项目的资源浪费和项目管理者以及项目部成员的行为缺乏约束。严谨的项目管理流程制度，是规范项目管理和监督项目实施的有效手段，通过对关键业务设置适合的审批流程，能够让项目的各个执行过程更加标准化，任何项目变更及项目操作都能够有理有据，确保项目执行始终处于信息透明公开、多方协调一致的基础上。

针对建设工程低碳管理体系，其最基本的低碳管理流程包括团队组建、项目规划设计、风险评估、评价指标制定、工程实施五个步骤。除此之外，项目低碳管理的顺利进行也离不开职能部门对低碳管理的监督。

1. 团队组建

组建工程项目的碳管理团队，是项目顺利进行碳管理的基础。碳管理团队建设是影响工程项目低碳管理成败的关键因素。碳管理部门的建设以项目低碳排、低能耗的目标为主导，通过制订项目低碳实施计划，协调项目的各个利益相关方，监督工程项目施工的具体实施过程，并及时向项目经理反馈项目碳排放相关信息，以确保低碳管理能够取得成效。这个环节需要完成四个任务：建立团队、识别利益相关者、内部沟通与协调和制订项目计划。

（1）建立团队

这一任务的目的是在项目上设立一个低碳管理部门，从而形成一个低碳管理团队，其核心人员包括：

1）部门主管

部门主管也就是项目低碳管理的总负责人，负责项目中各利益相关方的沟通与协调，落实项目的资金、政策及技术支持。其职责可以归纳为：统筹规划，落实团队成员的分工，制订项目计划；外部协调，协调与项目有关的相关利益方的关系，争取资金、政策、技术甚至社会舆论的支持；沟通交流，在管理策略、技术方案等方面与团队成员进行有效沟通交流；识别管理风险和问题，提前识别由于低碳管理导致风险并确保有专业人员管理风险，实施缓解风险的计划；监督实施，监督项目计划的实施，确保在项目进行的过程中遇到困难或出现变化时，能够及时调整策略，达到预期目标。

2）部门成员

部门成员一般情况下是由专业管理人员，如能效管理、减排工程等和利益相关方组成。核心成员也是低碳管理的具体技术方案和金融支持的策划、设计和落实者。其职责可以归纳为：确保团队领导者在政策和技术方面有足够的信息去履行他们的职责；协助部门主管定义项目的低碳诉求的核心指标及确定影响因素；协助部门主管从利益相关方争取包括技术、资金等方面的支持；帮助减排主体组建工程项目低碳管理小组，并对其进行专业指导。

3）低碳实施小组

低碳实施小组由技术人员、外方技术支持人员、金融支持方等相关人员组成，是具体低碳过程的操作者、实施者。其主要职责包括：协助第三方机构，如能源审计机构等进行能源审计和清洁生产调查，收集数据、设定排放基准等；协助第三方机构进行节能减排项目的工程设计、技术改造的方案选择等；按设计的减排方案进行技术改造或调整施工流程，并把减排或能效改造的成效及问题及时反馈给低碳管理的部门主管。

（2）识别利益相关者

识别利益相关者这一任务的目的是识别和分析项目在低碳管理过程中的主要利益相关者，并估计他们之间的相关度。低碳管理团队需要列出一份低碳项目的潜在利益相关者清单，如政府部门、减排主体、专业机构、技术人员、金融机构等。在减排活动开展的初级阶段，从上述名单中识别出利益相关者，并测算他们的利益相关度，从而考虑要在多大程度上来考虑他们的观点、知识和经验。

在实践中，在减排活动的存续期内，可能会反复地修正并重新建立对利益相关者的重要性和影响力的判断与认识，因此，定期根据最新得到的信息修正最初的判断是十分必要的。

（3）内部沟通与协调

内部沟通与协调这一任务的目的是汇总已确认利益相关方以及他们之间的相关度，低碳管理部门需要基于项目低碳管理目标，确定与利益相关方的沟通策略和计划。这不是一次性的、静态的过程，要定期对沟通策略进行分析和审查，及时更新调整。沟通过程包括以下几个方面：

第一，将项目计划的简介分发给利益相关方，作为沟通和讨论的基础，明确项目的范围和目标。第二，集中开展专题研讨会，这是在项目过程中更有效地沟通和得到反馈的方法。专题研讨会可以聚集更多的减排主体、利益相关方及专业机构、政府部门，使得在未来项目实施过程中会遇到的问题，提前得到暴露。第三，低碳管理部门也可以采取一对一的访谈形式，准确了解减排主体、其他利益相关方对包括政策、技术方案、成本效益分析等问题的认识和意见，可以设计相应的调查问卷，以便沟通更加有效。

（4）制订项目计划

制订项目计划这一任务的目的是为项目的实施制订一个项目计划和时间表，明确目标、责任主体和所需资源以及影响因素和潜在风险等，具体包括：

1）成本收益

成本收益是指减排主体、利益相关方将从低碳管理项目中付出的成本和得到的收益，以及对此进行跟踪的结果。

2）计划持续期

减排是一个持续的过程，定义一个碳减排方案的时间期限，并与地方当局的减排规划和预算周期相协调，这是对低碳管理团队的一个挑战。

3）界定范围

低碳项目涉及的减排项目界限对未来设置排放基准、减排量衡量等都是非常重要的影响因素，必须严格界定。

2. 项目规划设计

（1）前期调研

项目可行性研究是工程项目确定前具有决定性意义的工作，是在投资决策之前，对拟建项目建设的必要性、财务的盈利性、经济上的合理性、技术上的先进性以及建设条件的可行性进行的综合论证，从而为投资决策提供科学依据。

工程项目需要进行可行性研究，在此过程中必须对该领域的能源消耗和温室气体排放情况进行调研。调研可以由专业的第三方机构承担，由其出具能源审计和清洁生产审核报告，通过这两份报告，对整个项目的碳排放情况有初步的了解和认识。最后，根据评估报告的结果，设计减排方案。

（2）低碳设计

低碳设计注重与可持续发展的联系，充分利用可再生能源，并在工程中投入大量的智能化设备，利用先进的科学技术去提升工程的低碳化程度。

在工程环境设计方面，低碳设计注重工程项目和周围的环境是否相互协调。工程项目所处的环境和工程本身的相辅相成，是决定工程项目施工质量的重点影响因素。就低碳设计而言，对工程环境的整体规划设计以及项目与环境的融合应该引起足够的重视。在设计的过程中，要充分考虑两者之间的关系。把周边的环境纳入工程项目的设计理念中去，最终保障周边环境的最大效益化。要以不污染破坏周围环境为设计依据，做好工程项目的选址工作，在适应环境的基础上保证工程项目施工进度能够平稳推进，完成时间节点目标。同时，要重视人为因素的影响，做好交通线路、现场绿化、节能减排的规划设计工作，营造良好绿色、环境友好的施工条件。

在材料选择方面，设计人员应当根据低碳原则，选择绿色、环保的施工材料，从而实现建设工程领域可持续发展。在确保工程质量的基础上，所选的施工材料尽量具有循环使用特性，选择耗能较低、但性能较好的材料，作为施工材料。

在控制工程的空间利用率方面，设计人员应根据现实情况适当减少无意义的空间使用，这是工程低碳设计的重要体现。建设工程的碳排放量与工程占地面积关系密切。提高空间利用率，能够通过减少建筑工程占地面积，降低碳排放量，实现工程可持续发展。同时，在保证空间利用率尽量高的情况下，也能够为居住人员提供充沛的居住空间，提高居住人员的认可度及满意度。

在工程项目智能系统利用方面，由于信息技术在社会各个领域发展迅速，随着工程项目发展规模逐渐扩大，相关人员可以利用信息技术，构建智能系统，从而完善建筑物整体结构和功能。比如利用信息技术完善建筑物内部电气系统，能够在很大程度上提高建筑电气系统运行效率，从而有效减少电气系统运行成本，并实现节能减排。利用信息技术构建智能系统，能够有效完善建筑工程内部结构、性能，优化建筑工程环境建设，提高建筑工程使用性能。

3. 风险评估

针对工程项目的财务状况，执行减排计划或多或少会对其造成一定影响。风险评估环节主要是针对工程项目的具体减排过程而言的，更多的是从财务管理的角度考虑，包括减排任务对工程项目的生产、生活产生的负面影响（减产、停产等），以及带来的积极影响（节能、增效等）。低碳项目在注重生态效益的同时，不能忽视经济效益。在减排任务带来的各种影响中，其中最关键的仍是项目的财务成本与效益，当然也要适当考虑能源价格和碳价格波动的影响。

对项目进行风险评估，首先，需要针对项目自身条件出发，以一定的准确度为标准，从成本、碳减排潜力、实施成本三个方面进行量化。应用这些标准来对项目进行风险评估不失为一种有效的方法，与此同时，也要满足一些其他的目标以及当地政府的优先发展规划。这些判定标准包括：最小的总成本、最短的回收期、碳减排的最小成本和最大的碳减排量。

一般来说，项目的风险评估关注微观层面和基于技术投入的长期减排成本，采用绘制边际减排成本曲线（Marginal Abatement Cost Curve，MACC），反映增加单位减排量所需的成本随总减排量变化的情况，对低碳技术的成本—收益进行评估。

绘制边际减排成本曲线，就是建立一条由增加单位减排量所对应的成本增加量而形成的曲线。实际应用中，根据每项减排技术，项目对应的单位减排成本和减排效率（单位减排量），通过递增加总而形成边际减排成本曲线。MACC的作用是：所有可以衡量的、潜在的减排技术项目所能达到的最大单位减排量；计算达到某一单位减排量所需的最小单位减排成本；在一些约束条件下，某些减排技术项目的组合可以达到的最大单位减排量，以及相应的单位最小减排成本。

增加一单位的减排量随即而产生的成本增加量即称为边际减排成本。边际减排成本的计算公式为：

$$MAC=\frac{\Delta TC}{\Delta Q} \tag{4-1}$$

式中 MAC——边际减排成本；

ΔTC——总减排成本的变化量；

ΔQ——减排量的变化量。

4. 评价指标确定

建设工程低碳评价，既要关注低碳行为的过程，也要评价低碳行为的结果。低碳管理流程的重点是通过对建设工程低碳管理各行为要素的评价、建设工程低碳程度的评价，得出每个指标对项目低碳管理的整体低碳实施水平的影响程度。了解加大哪些行为要素会提升项目低碳管理行为的整体实施能力，从而进一步影响建设工程的低碳程度。

（1）低碳行为评价

一般来说，对项目低碳管理行为的评价，从工程项目的进度控制精益行为、成本控制精益行为、质量控制精益行为、碳排放控制行为、安全管理行为、人本管理行为、文化与组织结构管理行为、采购管理行为、信息管理行为9个不同方面进行（图4-4）。

具体来说，对项目的低碳管理行为评价应遵循以下原则：

1）目的性与一致性的原则

低碳管理评价指标体系中的指标既然是目标的具体化、行为化和操作化，它就要充分反映目标，与评价的总目标相一致。指标与目标的一致性要求不能将相互冲突的指标放在

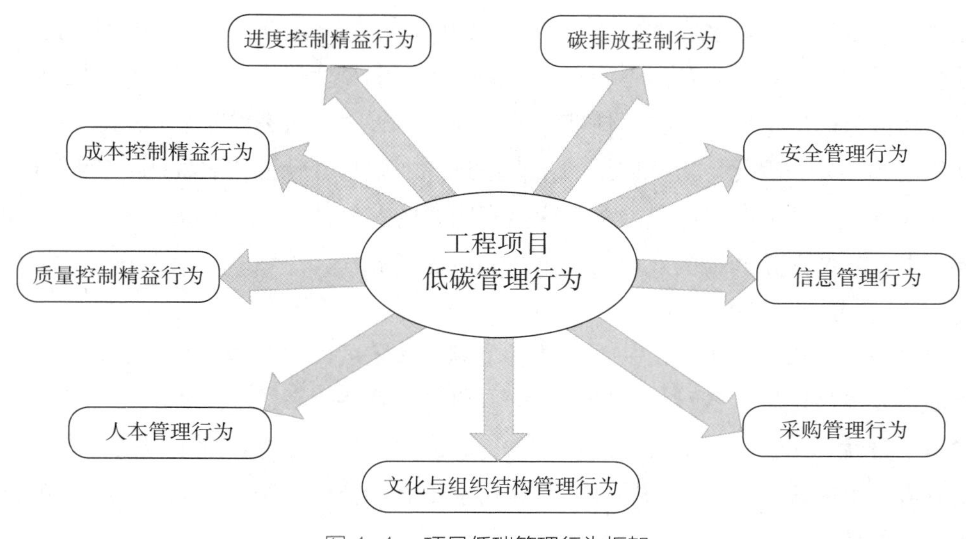

图 4-4　项目低碳管理行为框架

同一评价体系中。

2）科学性与简明性的原则

项目低碳管理评价指标体系，应该是能够真实客观地反映施工企业实施项目低碳管理行为的现实表现。因此，建立的指标体系要尽量减少评价人员的主观性，以客观科学的方法解决问题，此外还要广泛征求专家的意见。无论采用何种评价方法和建立何种数学模型，指标体系都必须符合客观实际的要求。另外，对指标设计要尽可能做到简明准确。在模型建立时，设计的指标既不能过多过细、重复叠加，也不能过少过简、遗漏信息。

3）可行性与通用性的原则

所设计的项目低碳管理行为评价指标要符合客观实际水平，有稳定的数据来源，易于操作，即具有可测性。另外，指标体系应能描绘出项目低碳管理行为的总体特征，能适用于绝大部分建设工程，而不是只能针对某一具体特殊的主体。构建的评价体系应具有普遍意义，指标含义要明确，数据要规范，口径要一致，资料收集要简便易行。

4）系统性与全面性的原则

工程项目可以看作是一个系统，在对项目低碳管理行为进行评价时，应从项目系统工程的整体特点来设计指标体系。评价指标体系，应能全面、准确地反映施工企业项目管理各个方面的情况；应涵盖为达到评价目的所需的基本内容；能反映对象的全部信息；并且应将各个评价指标与系统的总体评价目标紧密联系，组成一个层次分明的有机整体，以便全面反映评价对象的优劣。

5）独立性与代表性的原则

评价指标体系在保证系统性和全面性的基础上，还要考虑整体指标的独立性与代表性。项目低碳管理行为评价指标较为复杂，指标彼此之间可能存在着非常密切的关系，构建指标体系时要注意指标之间的相关性和独立性问题。同一层次的指标界限明确、相对独立，尽量不要相互重叠，相互间不应存在因果关系；整个评价指标体系的构成必须紧紧围绕着综合评价目的层层展开，要抓住能够反映项目低碳管理行为的主要指标，不必面面俱到，以免主次不分。因此，指标体系的设立应选择那些具有较强代表性的、能充分反映项目低碳管理行为特征的指标，且指标间应具有明显的差异性。精炼的指标可以减少评价的时间和成本，降低误差和提高效率，评价活动也易于展开。

（2）低碳项目评价

低碳建设工程指标体系是由一系列从各个侧面和角度反映工程项目发展状况和发展水平的数量、质量规定性的各种指标所形成的有机、综合评价系统。工程项目指标体系的筛选和构建本身就是工程项目研究中的一部分，它的定量化和可操作性可以使政府确定工程项目发展进程中应优先考虑的问题，同时还给决策者和公众一个了解和认识工程项目发展进程的有效信息工具。

建立适合的建设工程低碳考核指标体系，一方面要将低碳环保的理念融入工程项目规划与建设之中；另一方面要让低碳行动具有较强的可操作性，使居民在生活中能“看得见、摸得着”；更重要的是能够从多方面、多角度不断衡量工程项目逐步走向低碳工程项目的实现进程。

低碳经济的实质为“低能耗、低排放、低污染”，因此基于低碳工程项目的评价内容应围绕这几点进行，从这些内容中科学地选取绩效评价指标。低能耗即降低能源消耗，衡量能源消耗主要从两个方面入手：

1）能源强度

能源强度是指单位GDP所耗费的能源用量，降低能源强度不能单纯地通过降低GDP来现实，必须通过提高技术水平、运用技术创新，使尽可能少的能源消耗产出尽可能多的GDP。

2）碳强度

碳强度是指单位能源用量所排放的碳量，不同能源种类的碳强度差异很大，其中煤炭、石油等化石能源最高，而可再生能源如风能、水能、太阳能等均是零碳能源，大力发展可再生能源是实现低碳经济的重要手段。因此对公共工程项目进行评价时，不但要注重考察项目中能源技术的创新与应用、项目贡献GDP的单位能耗、节能技术利用（如节能照明用具、节能设备等）的情况，还应该注重评价可再生能源、零碳能源等的利用。

针对这些行为要素影响建设工程低碳水平的不同，有重点、分层次地提出具体的措施，从而形成科学全面、系统配套的建设工程碳管理方案。这样形成的碳管理方案能成为适应低碳发展竞争中的一种有效途径，将为项目带来经济利益的同时，满足环境保护、节约资源、降低碳排放和社会可持续发展的要求，实现生态环境保护与经济社会发展共赢的发展模式。要促使项目碳管理目标的实现，建立一套完整、科学及规范化的低碳管理评价指标体系很有必要。

5. 工程低碳实施

工程低碳实施建立在前面低碳管理流程的基础上。因此，为保证未来碳减排目标的实现，应按照一个全面、完整、实际的施工计划进行，该计划必须包含：减排的直接行动；政府或项目建设方等其他相关的减排政策及活动；对相关项目各参与方的影响等。依赖这些行动可在相应的时间段内实现碳减排战略中的可行性目标。因此，该计划必须明确如何开展节能减排行动，正确估计实现的减排量、减排目标的时间期限，低碳管理部门牵头落实权利与义务到各个部门，强调低碳管理行为的重要绩效指标。其中，重要的低碳管理行为指标的设置和确立，对于今后衡量项目成功与否，以及为政府、上级碳管理机构在各个时期用作减排项目监督及审查的依据，为与利益相关者沟通协调项目进程，提供了主要的判断依据。同时，计划也可以随着项目建设过程的推进作同步的修改，以便为项目的各个参与方提供具有时效性的计划。最后，计划还必须总结各个时期的碳减排的期望值，以及这些期望值如何帮助碳减排目标的实现。

（1）实施过程中的行动

实施计划中的行动应该包括：

1）直接减排项目

将项目放入实施计划是技术方案评估的最后一个步骤，也是最重要的内容。大量的工具及程序应当被用作优先次序和一些有用行动的选择依据，这些行动可能在短期和中期内带来可衡量的排放量，并且可能在许多部门及区域内被广泛推广。

2）被采纳的行动

被采纳的行动应当包括先前方案的步骤中已经制定的一些个别行动，尽管这些行动可能没有带来直接或可衡量的减排量，但它们可能已经被纳入当地政府碳减排战略的一部分，或者是可能在未来导致排放量的减少。比如，政策文件中包含的碳减排目标、未来创新的减排方法。

3）方案管理的行动

碳减排战略与实施计划是一个时效性的文件，会随着程序的改变而改变。因此，与方案管理保持一致的那些行动也应当包括在实施计划中。比如，与减排项目有关的审议、报告、协调等。

（2）时间期限与甘特图

设置时间期限的意义在于将切实可行的行动计划按照一定的优先顺序合理安排，以有效利用相关的资源、推进项目的顺利执行。计划的时间期限应将重点放在项目的整个生命周期上，并且给出重要的里程碑以及行动的到期日。

通常，对时间期限的安排，最好的表达方式是以甘特图（Gantt Chart）的形式列出来。甘特图又称横道图，它通过图示形象地表示特定项目的活动顺序与持续时间。横轴表示时间，纵轴表示项目，线条表示在整个期间上计划和实际的活动完成情况。甘特图能够直观地表明任务计划进行的状况，及实际进展与计划要求的对比，并可评估项目的工作进度是提前还是滞后，或正常进行。

在制订时间计划的时候必须考虑以下内容：项目和行动的优先性以及选择性；成本及资金要求的计算；达到目的所需要的管理要求等。

（3）财务

对财务和融资的计划，应包含具体的融资方案（这可以保证项目所需的资金，如现有的收入和资本预算、贷款或融资租赁、第三方融资等，并指明确保这笔资金来源的措施），项目的实施成本。

（4）实施过程中的碳管理

1）监督

一旦项目低碳管理设定了战略目标与方向，实施低碳管理计划所需使用的技术方案就确定了，与之相应的材料资源也确定下来。为了避免实施过程中产生不当行为、实施目标贯彻不彻底。其中包括：项目低碳管理部门监督碳减排的成员承担环境与可持续发展的职责；政府相关审查机构承担监督的职责。低碳管理监督环节的具体过程如图4-5所示。

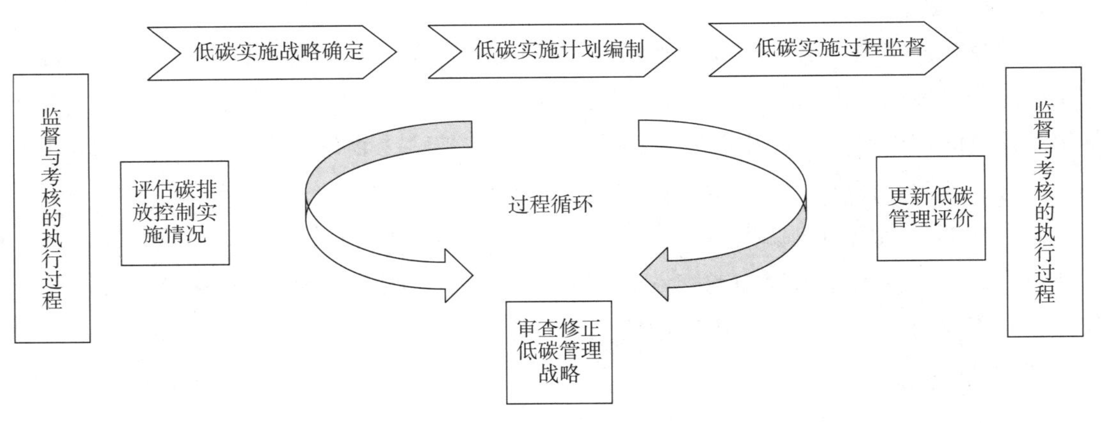

图 4-5　低碳管理的监督环节

2）流程管理与指导

关键的技术人员组成工程项目小组，小组成员应包括能源管理、物业、采购、车队运输、废物管理、财务等相关部门的代表。这可能是由参与方案前的核心团队人员所演变而来的。小组的作用包括：在年度基础上审查和更新实施计划；为负责实施计划的人提供技术与管理支持；监督和报告计划进度；监督和报告议会的排放绩效，在必要时更新排放基准线；为更多的减排项目进行确定，并为实施计划提出建议；为融资准备或支持投标的编制。

3）内部与外部的沟通

与可持续发展部门、环境管理部门沟通，以提高内部低碳管理部门的主动性；进行详细的可行性及成本分析，为该计划采取进一步的行动；在采购、项目管理方面制定与地方当局内部程序相符合的方案；确定必要资源的可获得性，并且寻找必要资源。

思考题

（1）在建设工程碳管理体系建立过程中，如何实现项目管理中的低碳目标和提升工程项目绩效？

（2）建设工程碳管理价值链的特征及关键因素是什么？

（3）请从管理观念、管理目标、管理重难点、管理范围四方面比较建设工程碳管理体系与传统管理体系的差异。

（4）你认为建设工程碳管理体系建立的重点内容是什么？请阐述你的观点。

（5）建设工程低碳管理流程包括哪几个步骤？每个步骤的重点是什么？

5

建设工程碳管理工具

■ 本章要点

本章主要介绍了建设工程碳管理工具，包括节能规划、合同能源管理、能评管理以及碳评管理等内容。本章旨在向读者介绍建设工程节能规划的基本概念、节能量审核、节能规划提纲；合同能源管理基本概念、基础以及管理类型；能评管理的基本概念、程序和内容以及碳评的基本概念、程序及内容，使读者能够了解建设工程碳管理的具体手段与操作流程。

■ 学习目标

（1）了解节能规划相关的基本概念，掌握节能规划的依据与内容；

（2）掌握节能量审核的原则、程序以及节能规划提纲的编制；

（3）理解合同能源管理的基本概念、运作模式及管理类型；

（4）认识能评的基本概念，熟悉能评的内容与编制程序；

（5）明确碳评的基本概念，熟悉碳评的主要内容与程序，理解碳评制度的重要性与意义。

5.1 节能规划

能源是实现我国经济社会可持续、低碳发展的重要因素。就建设工程碳管理而言，实现低碳发展的目标与能源管理关系密切。建设工程可以通过节能规划实现工程绿色低碳节能发展，调整能源结构、增加清洁能源所占的比重，降低既定能源消费总量下的碳排放，或提高能源效率、降低能源强度以减少能源消费量的增长和减少碳排放。

5.1.1 节能规划基本概念

1. 节能规划概念

（1）节能

《中华人民共和国节约能源法》把节能定义为：节能是指加强用能管理，采取技术上可行、经济上合理以及环境和社会可以承受的措施，减少从能源生产到消费各个环节的损失和浪费，更有效、合理地利用能源。中国能源消费特点如图5-1所示。

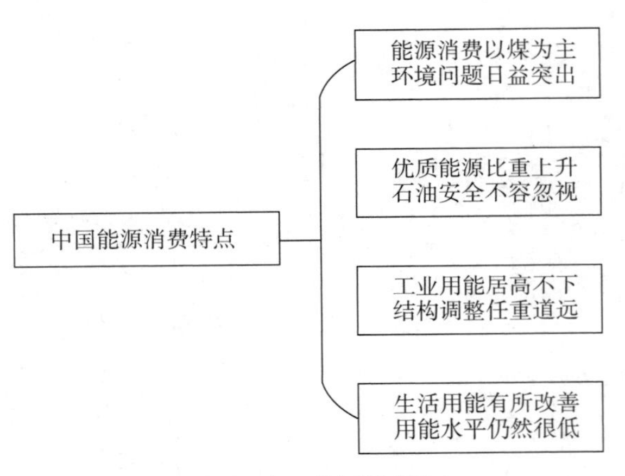

图 5-1　中国能源消费特点

节能就是在满足相同需要的前提下，减少能源消耗量。其所减少的数量就是节能的数量。狭义上的节能是降低能源实物消耗，提高能源利用效率。在生产和生活中，除了直接消耗能源以外，还会占用和消耗各种物资，而节省物资也是节省能源，这是一种间接的节能。因此，节省任何人力、物力、财力和资源，都意味着节能。广义上的节能就是包括了直接节能和间接节能的完全节能，包括合理提高能源系统效率、合理节约各种经常性消耗物资、合理节约不必要的劳务量、合理节约人力和减少人口增长、合理节约资金占用量、合理节约国防军用、土地占用等其他各种需要所引起的能源消耗、合理提高设备的产量、合理提高各种产品的质量、合理降低成本费用以及合理改变经济结构、产品方向和劳务方向等许多方面。

节能旨在降低单位产值能耗上努力，为此要在能源系统的所有环节，从资源的开采、加工、转换、输送、分配到终端利用，采取一切合理的措施，来消除能源的浪费，充分

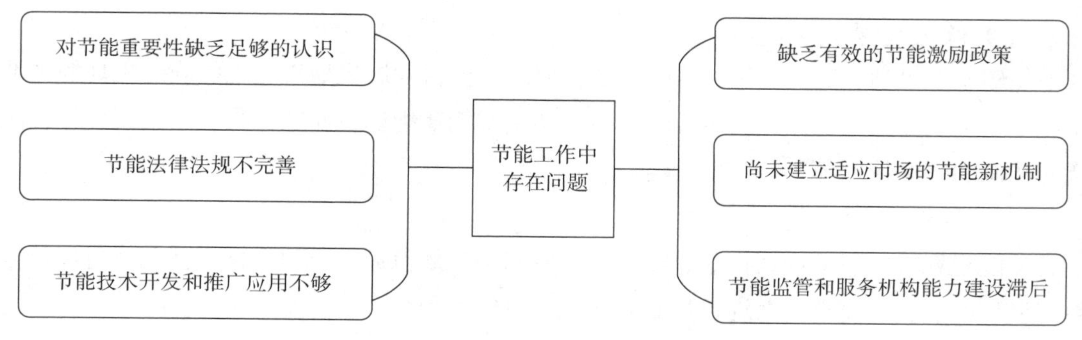

图 5-2 中国节能工作中的主要问题

发挥在自然规律所决定的限度内存在的潜力。目前而言，节能工作尚存在一些问题，如图5-2所示。

（2）节能规划

建设工程节能管理的目的是合理利用能源，以最小能源消耗，获得最大的经济效益和社会效益。对项目的节能管理的规划既是项目低碳管理的重要组成部分，又是国家和地方节能管理系统的终端部分。

项目节能规划是确定项目宗旨、目标以及实现目标的方法、步骤的一项重要生产规划活动。项目节能规划的目的是使节能工作能够深入持久地稳步前进。它必须符合国家产业政策、符合工程项目的实际情况，充分分析和评价现有的管理和技术实力，分步骤分阶段地进行。目标要明确，既要有长期目标，也要有分阶段的短期目标，措施有力，并有年度实施计划，最终达到期望的目标。

我国一直以来将“节能降碳”作为发展转型的重要抓手。节能和减排关系密切，节能规划与“双碳”目标关系密切。由于环境保护与能源使用、温室气体排放有着直接的关系。节能规划已成为实现建设工程低碳管理、保护环境的一项重要管理办法。在工程项目的建设过程中，做好建设工程的低碳管理离不开节能规划。项目低碳管理部门必须在项目按期完工的经济效益和减少导致全球变暖的温室气体排放物之间进行艰难的权衡。

2. 节能规划依据

节约能源是我国一项重要、长远的战略方针。编制节能规划，除了要参照国家、省市级政府提出的强制要求，如国家产业政策提出的明确要求、国家标准规定的具体指标和行业准入条件规定的低碳指标等。还要参照工程项目自身提出的意愿，如建设方对低碳管理部门提出的要求、低碳发展规划要求达到的目标和工程项目承担社会责任、提升形象等要求。

3. 节能规划内容

建设工程低碳发展的节能规划包括以下内容：

（1）低碳发展规划总责

低碳发展规划总责包括编制依据、项目概况、项目发展规划描述，并确定规划的基准年度。其中项目概况的重点是主要经济指标和主要能耗指标，如销售收入、利润、综合能耗、能源利用的特点等。

（2）节能规划目标

节能规划目标包括规划指导思想、基本原则和规划目标。规划目标包括总体目标及分系统分年度目标，要求分系统目标必须与总体目标相吻合。

（3）现状分析和措施制定

现状分析是指用科学的方法分析企业存在的问题和实现目标的难点，掌握企业真实情况，论述目标合理性。措施制定要合理、准确、得当，包括技术保障和现代化管理的支撑。

（4）经济性评估和实施措施

经济性评估要有定性也要有定量，实施措施要分层次、分阶段，体现出有重点、有优先，短期和中长期分开，优先完成国家强制性执行条款。

5.1.2　节能量审核

节能量审核是节能规划工作的基础。为此，建设工程节能规划需高度重视节能统计、审核工作，并要求建立项目部从上到下的统计网络，相关部门设置专人具体负责组织落实节能量统计、审核工作。

1. 节能量与节能量审核定义

（1）节能量

节能量是指由节能项目技术改造所引起的能耗减少量，即节能项目技术改造前后用能系统能源消耗的降低量，比较期一般为一年。《合同能源管理技术通则》GB/T 24915—2020认为，项目节能量（Project Energy Savings）是指在满足同等需求或达到同等目标的前提下，通过合同能源管理项目实施，用能单位或用能设备、环节的能源消耗相对于能耗基准的减少量。

（2）节能量审核

节能量审核能够保证节能改造项目节能量数据的准确性。一般来说，节能量审核是指在企业节能项目正常稳定运行后，对因提高用能系统的能源利用效率而形成的年能源节约量进行核查，从而为政府财政奖励、合同能源管理或节能量交易提供相关服务。节能量审核作为“低碳与能效”的认证服务，为低碳发展提供了基础。

财政部、国家发展改革委联合出台了《节能技术改造财政奖励资金管理办法》，提出采用奖励资金与实际节能量挂钩的方式对企业节能技术改造项目进行奖励，节能量由第三方进行审核，第三方节能量审核是一项政策性、技术性很强的工作。《节能项目节能量审核指南》，对节能量的审核、原则、依据、内容、程序等作出系统而深入的规定。通过对节能项目的节能量审核，总结项目的实际节能情况及项目运行情况，分析类似节能项目在其他工程建设中推广的可行性。

2. 节能量审核依据与原则

（1）依据

1）《节能量确定和监测方法》。

2）有关法律法规、国家及行业标准和规范。

3）节能项目相关材料。

（2）原则

审核机构应当遵循客观独立、公平公正、诚实守信、实事求是的原则开展审核工作。审核机构应当采用文档查阅、现场观察、计量测试、分析计算、随机访问和座谈会等方法进行审核。审核机构应当保守受审核方的商业秘密，不得影响受审核方的正常生产经营活动。

3. 节能量审核内容

审核机构应围绕项目预计的节能量和项目完成后实际节能量进行审查与核实，主要审核内容包括项目基准能耗状况、项目实施后能耗状况、能源管理和计量体系、能耗泄漏四个方面：

（1）项目基准能耗状况

项目基准能耗状况是指在项目实施前规定时间段内，项目范围内所有用能环节的各种能源消耗情况。其主要审核内容包括：项目工艺流程图、项目范围内各产品（工序）的产量统计记录、项目能源消耗平衡表和能流图、项目范围内重点用能设备的运行记录、耗能工质消耗情况、项目能源输入输出和消耗台账、能源统计报表、财务账表以及各种原始凭证。

（2）项目实施后能耗状况

项目实施后能耗状况是指项目完成并稳定运行后规定时间段内，项目范围内所有用能环节的各种能源消耗情况。其主要审核内容包括：项目完成情况以及其他审核内容参照项目基准能耗状况审核内容。

（3）能源管理和计量体系

能源管理和计量体系主要审核内容包括：受审核方能源管理组织结构、人员和制度；项目能源计量设备的配备率、完好率和周检率；能源输入输出的监测检验报告和主要用能设备的运行效率检测报告。

（4）能耗泄漏

能耗泄漏指节能措施对项目范围以外能耗产生的正面或负面影响，必要时还应考虑技术以外影响能耗的因素。其主要审核内容包括：相关工序的基准能耗状况；项目实施后相关工序能耗状况变化。

4. 节能量审核程序

节能量审核机构可以根据项目的实际情况对审核程序进行适当的调整。以重庆节能中心为例，其在工作实践中将节能项目审核程序分为6个阶段：

（1）审核准备

通过召开审核工作准备会，确定审核方案、目标和组织结构，明确工作任务和纪律，并组织相关技术培训。

（2）组成审核组

根据项目类型、所属行业和专业领域等情况组成审核组。审核组长为审核工作第一责任人，负责组织开展文件审核、现场审核、报告编制，并对项目审核结论负责。

（3）现场核查

项目审核严格按相关法律、法规、政策、技术规范及节能项目审核规定执行，在现场充分收集证据，以支持项目的真实性、政策符合性、节能量准确性，进而得出初步审核结论。

（4）审核结论会审

由项目审核负责人组织专家和审核组成员，对现场审核情况和初步结论进行研讨，集体研究决定项目审核的最终结论，并形成会议纪要。通过建立会审制度，有效防止因个人差错而造成的审核偏差，保证审核的公正性和准确性。

（5）报告编制、审核与汇总

各审核组按照《节能项目节能量审核指南》和国家相关要求编制项目审核报告。审核报告依据技术文件审核管理办法，经重庆节能中心审核组长、技术负责人、行政负责人三级审核签字后报委托单位，最后由技术负责人汇总项目审核结论并编制汇总报告。通过建立三级审核制度，有效保证了审核最终成果的准确性和严肃性。

（6）文件归档

各审核组将项目审核报告及相关证据资料按档案管理规定进行归档，方便日后查找，并为后续查验工作提供便利。

5.1.3 节能规划提纲

工程项目应及时编制节能规划，为保证规划的科学、实际、有效，要求负责人在总结过往类似项目内外部环境和节能形式分析预测的基础上，提出该建设工程在建设过程中面临的主要节能形式，并对其进行分析。一般来说，制定节能规划，一般有以下三个步骤：

首先，是确定目标，即工程项目在建设过程中，要根据能源现状以及面临的形势与任务，确定应对各种节能要求变化所要达到的节能目标。其次，就是要确定节能措施，通过对系统分析，找出节能潜力，有针对性地确定节能重点工程，采取节能技术措施达到目标。最后，对节能规划进行评估，如果与目标相距较大，还需要多个迭代的过程，并考虑如何修正。根据确定目标、确定节能重点工程和节能技术、评估这三个做好节能规划必不可少的阶段，可以拟定节能规划提纲，制定建设工程节能规划的具体步骤如图5-3所示。

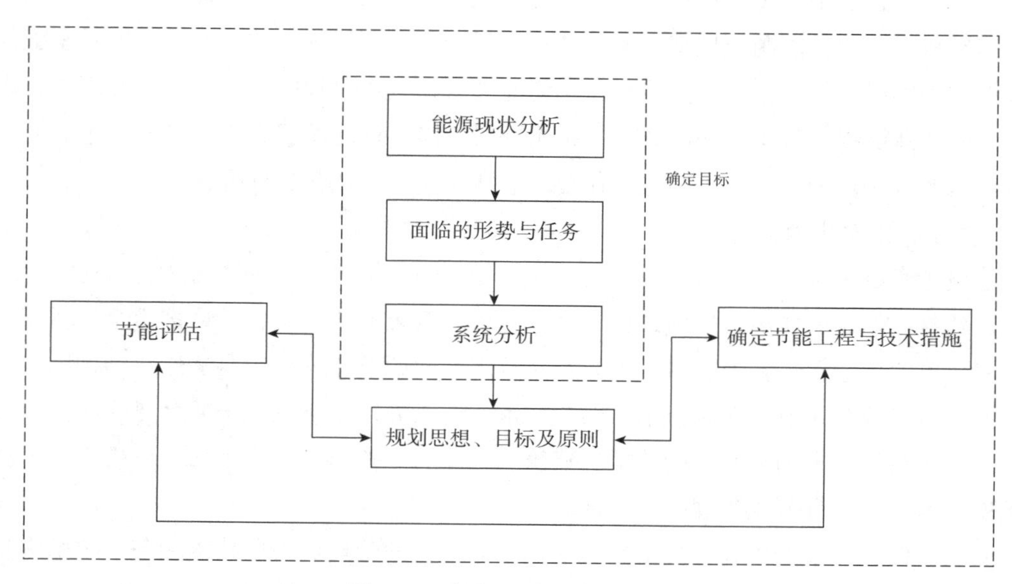

图 5-3　建设工程节能规划制定

1. 现状描述

对工程项目目前能源使用现状进行描述是节能规划制定的基础。项目对于自身使用能源的管理，通常是基于过去收集项目的能源数据，进行分析、整理。根据项目的能源使用情况确定规划的基准年度，制定项目节能工作的长效机制，不断推进节能工作向深层方面发展。随着科学技术的发展，企业自身要不断吸取、引进、消化、创新科技新成果，不断对其进行修正，追求更高层次的节能目标。

节能发展规划需要从源头抓起，重点工作放在项目的减量化用能方面。首先要进行预案制管理，超前管理阶段，建立节能管理的提醒和奖罚制度，采取相关措施、减少损失，以教育帮助为主、以惩罚为辅。

2. 系统分析

对项目能源现状进行系统分析是项目节能规划制定的重点。从管理因素和技术因素两个方面进行分析。

（1）管理因素分析

管理因素包括管理体制、制度、机构是否健全，考核是否到位等。首先，要建立完善的管理体制和制度，设立专责部门对于企业的能源进行管理。

对于能源管理部门要有一个科学的定位，职责要分明，任务要明确，并要有一批掌握专业节能知识、精通业务的高素质人员在工作岗位上。对于主要的能源管理部门的负责人，要有清晰的工作思路、有好的工作方法。

在管理的过程中，项目经理要懂得应当管理什么、怎样去进行管理，对于所运用的工作思路要科学。而且能源管理部门要掌握本部门和整个项目用能的真实情况，对于国外企业用能方面的科技信息，也要熟悉和了解。此外，在管理过程中，对于项目的用能工作中存在的问题能够提出解决问题的方法，指出项目节能工作的发展方向。其次，企业能源管理制度需要进一步健全，对于节能工作要注意法制化、规范化、标准化。

（2）技术因素分析

建设工程的节能是一项综合性技术，它涉及建筑、施工、采暖、通风、空调、照明、电器、建材、热工、能源、环境、检测、计算机应用等专业内容，是许多边缘学科交叉和结合后形成的，包含了多个领域。因此，对技术层面的节能分析，要从建筑围护结构节能技术、建筑能源系统节能控制技术、热泵技术、新风处理及空调系统的余热回收技术、各种辐射型采暖空调末端装置节能技术、建筑热电冷联产技术等技术出发，分析当前项目采取各项技术措施进行节能管理的可能性。

通过分析，可按上述分类找出影响项目节能工作的管理、工艺技术装备、技术进步等方面的主要因素、目前节能工作中存在的主要问题以及该项目所拥有的节能潜力。

3. 规划目标

在节能规划中，要确定并详细描述项目节能目标。项目的节能目标，分为总目标和阶段性目标。

（1）总目标

总目标的内容需要包括编制依据、项目现状、规划和描述，规划的指导思想、基本原则和目标的描述。

要用科学的方法分析项目节能工作中存在的问题和实现目标的难点，掌握企业真实情况，论述目标合理性。措施要合理、准确、得当，包括技术保障和现代化管理的支撑。

（2）阶段性目标

分层次管理是以精细识别管理对象的发展层次，设计相应的层次管理手段、方法，实施层次对应的有效管理、实现优化管理、提高管理效率的管理方式。这一管理思路与方法对纠正和改进“一刀切”管理，具有重要的实践意义。分层次管理能提高管理效率，减少管理手段、方法与管理对象发展层次不对称而导致的管理资源浪费。因此，项目每个层次均要有专职或兼职人员来管理低碳工作。实行定期培训，使人员的低碳知识和工作方法得到不断补充和提高。同时，也要有相应的考核制度，实行奖惩兑现。

4. 管理措施

加强管理措施包括健全优化管理体制、制度、机构，加大考核力度，解决管理上存在的问题等。

针对问题提出技术措施包括工艺结构调整、产品结构调整和提高能源利用效率、降低能源消耗、降低能源成本的技术。管理工作要从源头抓起，工作重点是努力实现企业的减量化用能，体现出节能优先工作步骤。

对于节能管理工作要进行入预案制管理和超前管理。

5. 评估

低碳发展下，建设工程的节能管理评价主要是指依据低碳发展中的以及节能相关的关键目标，对工程项目的投入、过程、产出以及影响环节和过程展开节能技术、节能管理、节能效益以及节能服务的评估过程。

建设工程的节能评估具有多元性的特点，这种特点要求健全的评估机制和机构，让各个评价指标的子系统的功能和作用得以协调，从而减少甚至避免各主体之间的冲突与摩擦。这样各个评价主体可以相互制约、相互配合，最后形成结构合理、和谐统一的工程项目节能绩效评价系统。

5.2 合同能源管理

工程建设过程中会投入大量的砖瓦砂石、水泥、钢材等材料，这些材料的生产过程中又会消耗大量的能源，产生大量的污染物，或者直接破坏环境生态平衡。同时，施工过程又对人类赖以生存的自然环境和水资源、矿产资源造成巨大的损失浪费。这种以资源、能源和劳动力的大量投入、环境生态的巨大破坏为代价的粗放型发展模式将使我国的工程建设的发展受到严重的制约，并给整个国民经济的发展带来负面影响。随着20世纪70年代世界范围能源危机的出现，人们开始意识到自然界的能量和物质不是无限的，一种基于市场的节能专业化和先进管理模式——合同能源管理机制也随之诞生。

5.2.1 合同能源管理基本概念

1. 合同能源管理的形成

20世纪70年代，一种基于市场的节能机制在市场经济国家中逐步发展起来。直至20世纪90年代初，为履行对《联合国气候变化框架公约》的承诺，我国在联合国的支持下引进了国际上最先进的能源管理模式——合同能源管理（Energy Performance Contracting，EPC）。EPC是基于市场的节能新机制，其实质是以节省的能源费用来支付节能项目全部成本的节能投资方式。这种节能投资方式准许用户使用未来的节能效益为工厂和设备升级，以及降低目前的运行成本。

2. 合同能源管理的定义

《合同能源管理技术通则》GB/T 24915—2020对EPC的定义做了清晰的阐述，即节能服务公司与用能单位以契约形式约定节能项目的节能目标，节能服务公司为实现节能目标向用能单位提供必要的服务，用能单位以节能效益支付节能服务公司的投入及其合理利润而构建的节能服务机制。其中，节能服务公司是利用合同能源管理模式作为第三方承包商为组织或企业实施节能减排项目的公司。

合同能源管理机制是发展节能工程项目的有效措施，它为建筑业和与此相关的节能产业提供了新的思路。加速合同能源管理节能机制的推广和应用，促进我国节能机制面向市场转轨，使节能产业化顺利进行，将有力降低未来我国的工程项目能耗。

3. 合同能源管理优势

与传统依托工程项目施工方企业自身投资开展节能工作相比，这类合同能源管理模式具备多种优势。

（1）节能工作专业化

合同能源管理的第三方承包商提供了节能工作的全过程专业化服务，包括设计、施工、融资、采购、运营及维护等。这类专业化的服务效率高、成本低。节能服务公司节能信息广泛，项目运作经验丰富，能充分减少项目前期投入。

（2）节能风险分摊化

有节能需求的工程项目与节能公司签订合同，并用合同保证工程项目能够获得足够的节能量，而且以分享项目获得的部分节能效益收回投资和利润，为其承担了技术风险和经济风险。

（3）节能资金投入降低

有节能需求的工程项目按照合同能源管理模式，即可实现自身不投入或少投入资金就可以完成节能技术改造。

总的来说，合同能源管理模式是一个全方位的活动。参与节能管理的各参与方能够通过合同能源管理项目获取相应的收益，形成多方共赢，提高了整个系统资源综合利用水平和能源利用效率，推动环境友好型社会的建立，为“双碳”目标的实现提供了节能减排的途径。

5.2.2 合同能源管理的基础

通过建立节能服务公司（Energy Service Company，ESCO），合同能源管理能够顺利运转。节能服务公司是一种基于合同能源管理机制运作的、以赢利为直接目的的第三方专业化公司。节能服务公司与愿意进行节能改造的用户签订节能服务合同，为用户的节能项目进行投资或融资，向用户提供能源效率审计、节能项目设计、原材料和设备采购、施工、监测、培训、运行管理等一条龙服务，并通过与用户分享项目实施后产生的节能效益来赢利和滚动发展。

在实施合同能源管理的过程中，用能单位与ESCO需要就节能服务的内容、节能目标、项目资金的提供、节能设施的权属、项目运行期限、移交方式等各项内容以合同的方式予以明确，相应的合同由用能单位和节能服务公司依照合同法的规定并在平等自愿及充分协商的基础上订立。

ESCO不销售产品或技术，而是提供综合性的节能服务。通过为客户提供节能减排项目，从而达到为客户提供节能量的最终目的。

1. ESCO的运转机制

ESCO是以盈利为目的的专业化节能服务企业，按合同能源管理机制为客户实施节能项目，项目的节能效益占项目总效益的一半以上。

ESCO与客户签订节能服务合同，保证实现承诺的节能量，从分享项目的部分节能效益中收回投资并获取利润。

ESCO向客户提供从能源审计、改造方案设计和可行性研究、施工设计、项目融资、设备及材料的采购、项目施工、节能量检测，直至改造设备的运行、维修及人员培训等项目的全过程服务。

在合同期内，改造设备为ESCO所有，ESCO分享的效益足额到账。合同结束后，节能设备和全部节能效益移交给客户。

在合同期内，客户的支付和收益全部来自项目的效益，所以客户的现金流始终是正值。合同能源管理的运作模式如图5-4所示。

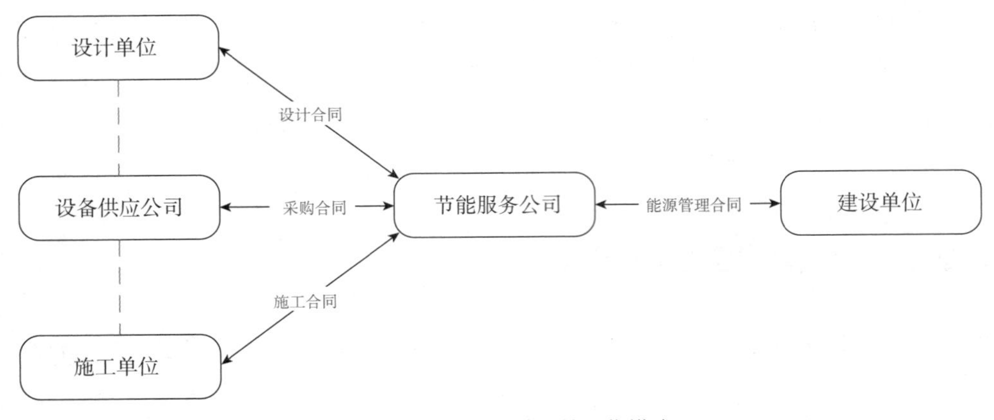

图 5-4　合同能源管理的运作模式

2. ESCO的特点

（1）市场化运作

节能服务公司（ESCO）是商业化运作的公司，以市场化形式运用合同能源管理机制，实施节能项目来实现自身的发展和效益的实体。

（2）综合性服务

合同能源管理项目的内容不是通常意义上的推销产品、设备或技术，而是通过合同能源管理机制为客户提供集成化的节能服务和完整的节能解决方案。

（3）项目效益共赢性

合同能源管理项目的一大特点是，项目的成功实施将使介入项目的各方，如节能服务公司、业主、节能设备制造商和融资机构等都能从中分享到相应的收益，并且从国家和社会的角度实现节能减排，从而形成多方共赢的局面。

（4）风险分担性

在合同能源管理项目中，节能服务公司通常对客户的节能项目进行部分或全部投资，并向客户承诺节能项目的节能效果和费用效益，并且总体上是先投资后见效，因此节能服务公司承担了节能项目的大部分风险。可以说，合同能源管理项目是一项高风险业务。项目的成败关键在于对节能项目的各种风险的分析、掌控和管理。

5.2.3　合同能源管理类型

目前节能服务公司提供的合同能源管理有节能效益分享型、节能量保证型、能源费用托管型、融资租赁型和混合型5种类型。其中，根据投入与收益的商业模式不同，主要利用节能效益分享型、节能量保证型、能源费用托管型和融资租赁型这4类。

1. 节能效益分享型

节能效益是节能项目实施后，报告期（通常为一年/一个能源消耗周期）产生的节能量折合的市场价值，体现在用能单位减少的能源费用支出。节能效益根据实际节能量和能源价格计算。

节能效益分享型的合同能源管理是由用能单位和节能服务公司双方在合同规定的期限内按比例分别享有节能效益。节能项目的设备投资款、安装调试费、技术服务费、合理利润等均以项目节能效益分享的方式由用能单位从节省的能源费用中支付给节能服务公司。

项目合同结束后，先进高效的节能设备无偿移交给用能单位使用，以后所产生的节能收益全归用能单位。

2. 节能量保证型

在项目合同期内，客户向节能服务公司提供全部或部分项目资金，节能服务公司向用户提供节能服务并承诺保证项目节能量。项目实施完毕，经双方确认达到承诺的节能量，用户一次性或分次向节能服务公司支付节能服务费，如果达不到承诺的节能量，差额部分由节能服务公司承担相应的费用。

节能量保证型合同适用于实施周期短，能够快速支付节能效益的节能项目，合同中一般会约定固定的节能量价格。项目合同结束后，先进高效的节能设备无偿移交给用能单位使用，以后所产生的节能收益全归用能单位。

3. 能源费用托管型

能源费用托管型合同能源管理是由节能效益分享型转化而来。在项目合同期内，由用能单位委托节能服务公司进行能源系统的运行、管理、维护或节能改造。用能单位根据能源基准确定的能源系统运行、管理、维护和能源使用的费用，支付给节能服务公司作为托管费用。

4. 融资租赁型

该模式由租赁公司使用资金购买节能服务公司的节能设备和服务，并租赁给用能单位使用。节能服务公司提供能源审计、节能技术及工程服务，为用能单位进行节能改造，并在合同期内对节能量进行测量验证，担保节能效果。用能单位则以节能效益返还租赁公司的投资。该模式引入了第三方即租赁公司，租赁公司会在一定范围内参与合同能源管理，以保证其租金的顺利收取。租赁公司直接参与能源管理项目实施工程，有利于分散节能服务公司的投资风险。

5. 混合型

在合同能源管理项目的实际操作中，可能会将上述几种模式进行结合。因此，由以上4种基本类型的任意组合形成的合同类型为混合型合同能源管理。

具体地，根据资金来源、运营管理、节能量检测等内容，归纳总结了4种基本合同能源管理类型的不同点，见表5-1。

合同能源管理类型比较 表5-1

合同能源管理类型	节能效益分享型	节能量保证型	能源费用托管型	融资租赁型
资金来源	由ESCO提供全部资金	由客户提供全部或部分资金	由客户提供能源管理	由租赁公司为客户提供资金
运营管理	由客户运营管理	由客户运营管理	由ESCO运营管理	由客户运营管理
节能量检测	合同规定节能指标及节能量确认方法	合同规定节能指标及节能量确认方法	合同约定能源服务标准及确认方法，一般不对项目本身进行节能量检测	合同规定节能指标及节能量确认方法
典型领域	公共与商业建筑	工业、建筑	医院、酒店和商业卖场	工业
投资回报周期	中、长	短、中	长	中、长
利润归属	合同期内ESCO与客户按照约定共享节能效益；合同结束后节能效益与设备全部归客户	如果在合同期内没有达到承诺的节能量，ESCO赔付全部未达到的节能量的经济损失	能源费用节约带来的经济效益由ESCO与客户共享；不达标时，ESCO按照合同规定补偿	客户按照合同与ESCO分享节能收益，ESCO按偿还方案支付租金，获取剩余利润

5.3 能评管理

能评能够从源头上避免高能耗、高排放的项目盲目建设，杜绝能源浪费，合理控制能源消耗总量，促进项目能效提高。

5.3.1 能评的基本概念

能评，指节能评估、能源技术评价，是指对能源开发利用所有环节构成的系统或其中某一环节进行技术、经济、环境以及社会影响的全面评价。在能源系统剖析的基础上，将技术经济学分析方法应用于能源部门，是新建、改扩建固定资产投资项目立项报批必需的资料之一。

节能评估需要根据节能法规、标准，以专业性、科学合理、客观公正、实用性、完整性、实操性为原则，对固定资产投资项目的能源利用是否科学合理进行判断，并编制节能评估报告书、节能评估报告表或填写节能登记表。其中，能评的六大原则如图5-5所示。

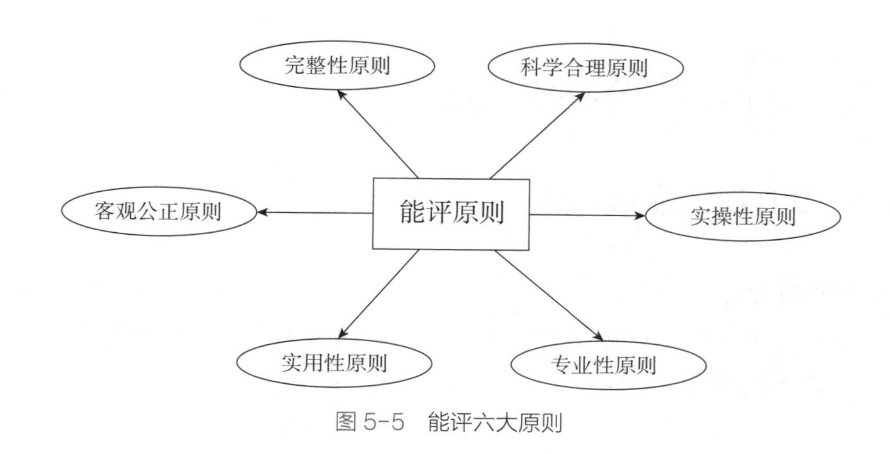

图 5-5 能评六大原则

5.3.2 能评文件的分类

根据《固定资产投资项目节能评估和审查暂行办法》的规定，将节能评估文件进行分类管理，项目建设单位预估出项目建成达产后的实际年能源消费情况，选择编写相应的节能评估文件，能评文件分类表见表5-2。

能评文件分类表 表5-2

文件类型	年能源消费量 E（当量值）			
	实物能源消费量			综合能源消费量（t标准煤）
	电力（万kWh）	石油（t）	天然气（万m^3）	
节能评估报告书	$E \geqslant 500$	$E \geqslant 1000$	$E \geqslant 100$	$E \geqslant 3000$
节能评估报告表	$200 \leqslant E < 500$	$500 \leqslant E < 1000$	$50 \leqslant E < 100$	$1000 \leqslant E < 3000$
节能登记表	$E < 200$	$E < 500$	$E < 50$	$E < 1000$

1. 节能评估报告书

年综合能耗3000t标准煤以上（含3000t标准煤，电力折算系数按当量值，下同），或年电力消费量500万kWh以上，或年石油消费量1000t以上，或天然气消费量100万m^3以上的固定资产投资项目，应单独编制节能评估报告书。

2. 节能评估报告表

年综合能耗1000～3000t标准煤（不含3000t标准煤，电力折算系数按当量值，下同），或年电力消费量200万～500万kWh，或年石油消费量500～1000t，或天然气消费量50万～100万m^3的固定资产投资项目以及余热余压利用项目，应单独编制节能评估报告表。

3. 节能登记表

上述规定以外的项目，应填写节能登记表。

5.3.3 能评的程序和内容

1. 能评的程序

节能评估的工作步骤主要包括搜集相关信息、确定评估依据、资料分析、能源消耗量评估等，具体如图5-6所示。

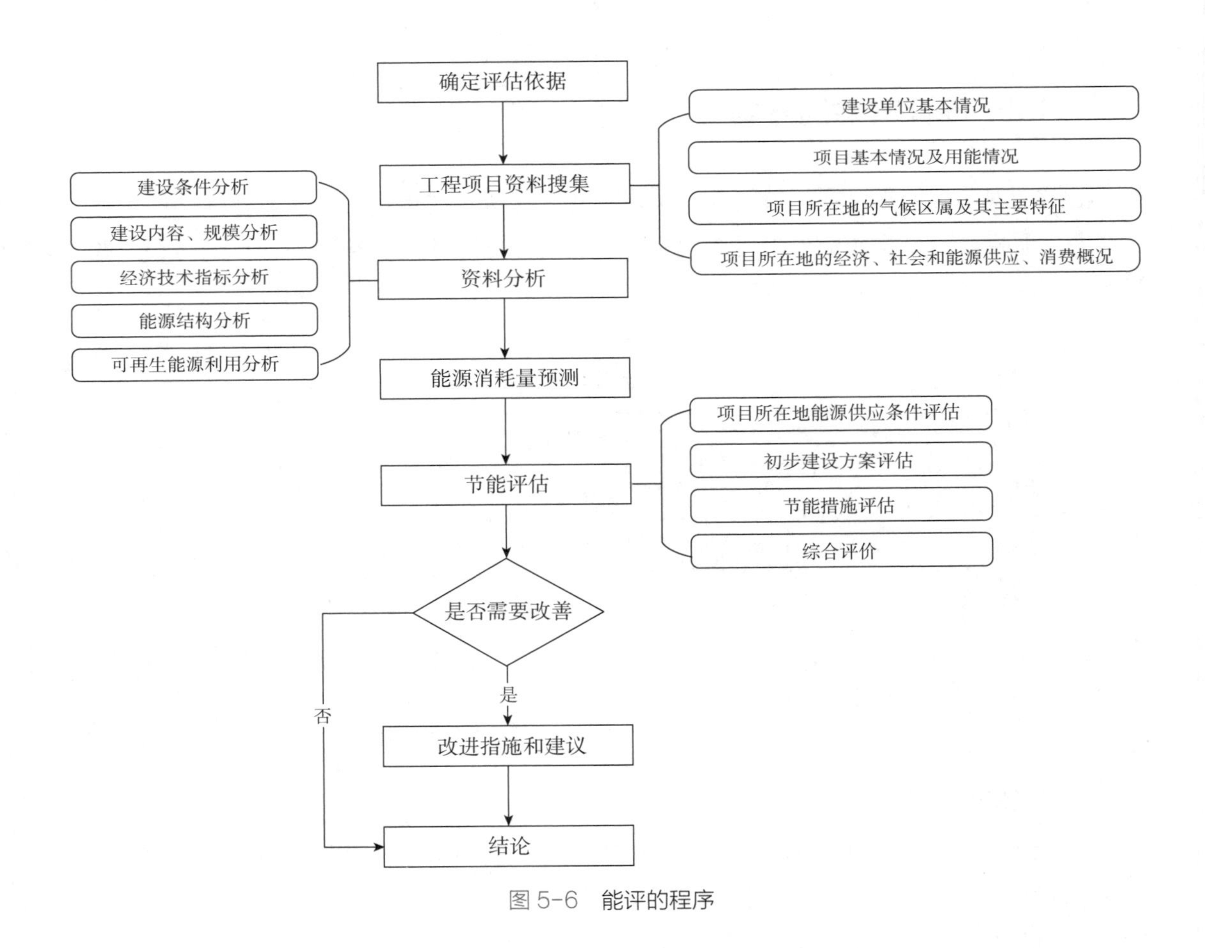

图5-6 能评的程序

2. 能评的内容

能评的内容主要为在收集项目的相关资料及确定相应评估依据的基础上，根据项目的实际情况，对项目建设方案、节能措施、项目能源利用状况以及项目能源消费的能效水平进行节能评估。

（1）项目建设方案节能评估

在对项目的建设方案进行节能评估时，要从项目选址、总平面布置、项目工艺流程、技术方案、主要用能工艺工序和主要耗能设备以及辅助生产和附属生产设施方面进行节能评估。

1）项目选址、总平面布置节能评估

项目选址、总平面布置节能评估包括两方面：对项目选址、所需能源供给、运输和消费的影响进行节能评估，确定项目是否能够充分合理利用相应的能源，如周边的余热、余压等；对影响项目总平面布置的厂区内能源的运送、储存、分配、消费等环节进行分析研究，根据节能设计标准判断项目的平面布置是否方便作业，对提高生产效率、减少工序和产品单耗等是否有所帮助。

2）项目工艺流程、技术方案节能评估

对项目工艺流程、技术方案进行节能评估应从以下几方面考虑：明确项目的基本工艺流程和相应的技术方案；在设备选型方面从生产规模、模式、工序等方面予以考虑，从项目的工艺方案是否能够提高能源利用率的角度进行分析评价工艺，同时需要满足相关行业规划、准入条件以及节能设计标准的有关规定；分析比较与当前同类型、同规模企业的生产工艺，进行节能方面的差异性分析，提出相应的改进工艺方案的建议；对于扩建项目，应尽量利用原有的项目生产设施，避免重复建设。

3）项目主要用能工艺工序节能评估

在项目主要用能工艺工序方面主要从以下几方面进行评估：根据项目的实际情况，确定项目的主要用能工艺和工序；对项目的用能工艺和耗能系统进行合理性分析，合理规划热能的使用，避免重复加热导致的能源浪费；对项目的主要用能工艺工序等能耗指标进行计算，得出项目的能源利用率、工序能耗等相关指标；按照标准对照法进行判断，确定项目用能工艺和工序的能耗指标是否满足相关能耗限额及有关标准、规范的要求；采用类比分析法对比国内外同规模、同类型的企业，对存在问题的问题进行合理化分析，判断项目的能效水平是否达到同行业国内领先水平或国际先进水平，若未达到，则提出相关的改进建议。

4）主要耗能设备节能评估

对项目进行主要耗能设备的节能评估时，主要考虑以下几方面的因素：对主要用能设备如风机、水泵设备的流量、型号等方面进行合理性分析；判断项目涉及的主要耗能设备型号、参数及数量是否符合节能产品推荐目录中的产品和设备，不允许采用国家明令禁止和淘汰的用能产品，若项目选用新设备，则需要说明设备的用能特点等；根据项目的特点，确定项目主要耗能设备的能耗指标，通过计算结果对项目的能效水平进行分析；对于能效指标和能效水平的判定，依据项目主要用能工艺工序中的分析方法得出相应的结论。

5）辅助生产和附属生产设施节能评估

对该部分的评估分析遵循项目主要耗能设备的节能评估方法。

（2）节能措施评估

节能措施评估主要有节能技术措施、节能管理措施、单项节能工程、能评阶段节能措施、节能措施效果和节能措施经济性评估六部分内容，具体如下：

1）节能技术措施评估

节能技术措施评估主要包括下述两方面内容：分析项目的用能方案，综述生产工艺、动力、建筑、给水排水、暖通与空调、照明、控制、电气等方面的具体节能措施。具体包括：节能新技术、新工艺、新产品等应用；能源的回收利用，如余热、余压、可燃气体回收利用；资源综合利用，新能源和可再生能源利用等，以及对所采取的节能技术措施进行合理性和可行性分析。

2）节能管理措施评估

节能管理措施评估包括以下两部分：根据《用能单位能源计量器具配备和管理通则》GB 17167—2006等的相关要求，编写制定能源计量器具的配备方案，增强计量工作的可靠性。按照《能源管理体系 分阶段实施指南》GB/T 15587—2023以及《能源管理体系 要求及使用指南》GB/T 23331—2020等的要求，对能源管理体系建设方案，能源管理中心建设以及能源统计、监控等节能管理方面提出要求和措施。

3）单项节能工程评估

单项节能工程评估需要分析以下内容：对工程的设备选型、工艺流程、单位节能量投资、单项节能量计算方法、投资估算及投资回收期等方面进行分析评估；对单项节能工程的技术指标和可行性进行分析评估。

4）能评阶段节能措施评估

根据项目在节能评估各环节提出的意见和建议，对项目节能方面存在的问题进行差异性分析，并提出相应的节能设计方案。

5）节能措施效果评估

从两方面评估项目的节能措施效果：对项目节能的技术措施及管理措施、单项节能工程、能评阶段节能措施等方面进行节能量分析计算；测算上述节能措施在项目中的节能效果。

6）节能措施经济性评估

计算节能技术措施和节能管理措施的成本及经济效益，评估节能技术措施、管理措施的经济可行性。

（3）项目能源利用状况核算

项目的能源利用状况核算，主要包括节能评估前、能评后项目的能源利用状况两部分：

1）节能评估前项目的能源利用状况

对项目年综合能源消费量、消耗量和主要能效指标等的计算结果进行复核。

2）能评后项目的能源利用状况

核算综合能源消费量。对项目进行年综合能源消费量计算时，参照节能后项目的用能情况。当项目存在能源加工转换，或以能源为原材料情况时，需测算年综合能源消费量；其他项目在测算时根据所属行业的计算方法进行测算。项目年综合能源消费量需要计算的两个数值为当量值和等价值。

核算综合能源消耗量及主要能效指标根据《综合能耗计算通则》GB/T 2589—2020等标准，运用已有的项目工程数据，计算项目的各环节能源消耗量、综合能源消耗量以及能效指标等数据。

分析项目各环节能量使用情况。能源消费量较大、生产环节较多的工业项目，推荐使用或参考《企业能量平衡表编制方法》GB/T 28751—2012和《企业能量平衡网络图绘制方法》GB/T 28749—2012，分析项目各环节能源使用情况，发现重点用能环节、寻找节能空间，准确计算能效指标；不适宜编制能量平衡表、网络图的项目，建议依照所属行业规定或惯例，计算或核算能量使用分配或平衡情况。

（4）项目能源消费和能效水平评估

项目能源消费和能效水平主要评估以下四方面内容：

项目能源消费对所在地能源消费增量的影响预测：通过对项目所在地节能目标、能源消费和供应水平预测［单位地区生产总值（GDP）能耗或单位工业增加值能耗目标、国民经济发展预测（GDP增速预测值）］等数值的分析，计算出所在地能源消费增量预测限额。对于新建项目和扩建项目而言，计算年能源消费量数的方法不同，分别为项目年综合能源消费量和项目年综合能源消费量与其上一年综合能源消费量的差。对比测算得出的项目年能源消费增量数和所在地能源消费增量预测限额的区别，从而在项目新增能源消费对所在地能源消费的影响方面作出合适的分析判断。

项目能源消费对所在地完成节能目标：预测确定项目年综合能源消费量、增加值、单位增加值能耗等指标，将该指标对项目所在地完成万元单位GDP能耗下降目标等节能目标的影响进行分析。对于建成达产后年综合能源消费量（等价值）超过（含）1万t标准煤的项目，应定量分析其影响。

项目能源供应情况评估根据资料及实测报告：对项目所需能源供应情况进行落实，并对项目能源供应风险进行分析。

项目能效水平分析评估应根据能效指标的计算结果、评估方法等对项目进行节能评估：评估设计指标是否达到同行业国内或国际先进水平，指标主要包括单位产品（量）综合能耗、可比能耗、单位增加值能耗、主要工序、工艺单耗等。

5.4 碳评管理

为贯彻落实国家生态环保、节能减排方针政策，从源头上促进生态环境保护和能源节约高效利用，我国已经对工程项目相继实施了环评和能评两项前置审批制度。建设工程项目是碳排放的重要源头，实现低碳发展就要深化项目管理体制改革，强化建设项目的碳排放管理和监督工作。要贯彻落实“碳达峰、碳中和”决策部署，控制高耗能高碳排放项目的温室气体排放，迫切需要建立一套科学的针对温室气体排放评价的制度体系，将温室气体排放评价纳入法定的评价范围，尤其是对新增项目CO_2排放量进行计算和评价，为评价人员在实践中提供指导，进而实行严格的准入管理。

因此，建设工程的低碳减碳评价制度应运而生，制订了建设项目碳排放评价的一般工作流程、内容、方法和要求，从而规范和指导建设项目环境影响评价中的碳排放评价。

5.4.1 碳评的基本概念

1. 我国碳评的发展

我国碳排放评价相关研究工作起步较晚，“双碳”目标的提出带动了碳排放评价理论与方法的研究。国内研究机构和学者层面的碳排放评价试点工作，主要集中于探索碳排放评价纳入环评的程序和路径。在理论和方法上，开展了碳排放纳入环评全过程的研究，提出在决策源头一体谋划、生态环境分区管控一体准入、碳减排和污染物减排一体控制等理论，为我国全面开展碳排放评价作了有益探索。

2021年，生态环境部发布了一系列指导意见、工作方案，从国家层面首次提出将气候变化影响纳入环境影响评价，推动环评在减污降碳协同增效中发挥更大作用，碳排放环评正式开展。国家层面发布的《规划环境影响评价技术导则产业园区》，明确提出将碳排放评价纳入规划环评全过程的原则性要求；推动《重点行业建设项目碳排放环境影响评价试点技术指南（试行）》落地，组织部分省（市）开展重点行业建设项目碳排放环境影响评价试点；与此同时，重庆、浙江和海南等省（市）也相继发布了本地区的碳排放评价技术指南。

2. 相关定义

碳排放评价是在项目实施前可行性研究阶段，对项目的碳排放总量、碳排放强度进行测算，并结合行业标准及国家相关政策对未来碳价进行预测，进而对项目的全生命周期碳排放水平及经济性进行评估，从碳排放及碳资产管理角度出发，论证项目的可行性，给出节能减碳的相关措施与建议。

碳排放评价的工作在国内缺少可参照的标准、规范与成果案例。目前，在国家碳排放评价推进的层面，《重点行业建设项目碳排放环境影响评价试点技术指南（试行）》规定了电力、钢铁、建材、有色、石化和化工六大重点行业中需编制环境影响报告书的建设项目CO_2排放环境影响评价。此外，该指南对相关术语进行定义并规定了上述六大重点行业环境影响报告书中开展碳排放环境影响评价的一般原则、工作流程及工作内容。

（1）碳排放（Carbon Emission）

碳排放指建设项目在生产运行阶段煤炭、石油、天然气等化石燃料（包括自产和外购）燃烧活动和工业生产过程等活动产生的CO_2排放，以及因使用外购的电力和热力等所导致的CO_2排放。

（2）碳排放量（Carbon Emission Amount）

碳排放量指建设项目在生产运行阶段煤炭、石油、天然气等化石燃料（包括自产和外购）燃烧活动和工业生产过程等活动，以及因使用外购的电力和热力等所导致的CO_2排放量，包括建设项目正常和非正常工况，以及有组织和无组织的CO_2排放量，计量单位为“t/a”。

（3）碳排放绩效（Carbon Emission Efficiency）

碳排放绩效指建设项目在生产运行阶段单位原料、产品（或主产品）或工业产值碳排放量。

5.4.2 碳评的程序和内容

1. 碳评程序

根据《重点行业建设项目碳排放环境影响评价试点技术指南（试行）》，目前在试点工作中对工程项目进行碳评，其实质上就是在环评中增加碳排放环境影响评价专章，明确工程项目CO_2产生节点，开展碳减排及CO_2与污染物协同控制措施可行性论证，通过估算建设工程项目建设和运营期间的年度碳排放总量和强度，核算CO_2产生和排放量，评价建设工程项目碳排放水平，提出建设工程项目碳排放环境影响评价结论。特别对高耗能、高排放项目，在项目能源资源利用分析的基础上，预测并核算项目年度碳排放总量、主要产品碳排放强度，提出项目碳排放控制方案，明确拟采取减少碳排放的路径与方式，分析项目对所在地区碳达峰碳中和目标实现的影响。

建设工程在立项阶段编制可行性研究报告，对碳排放环境影响评价工作的具体程序如图5-7所示。

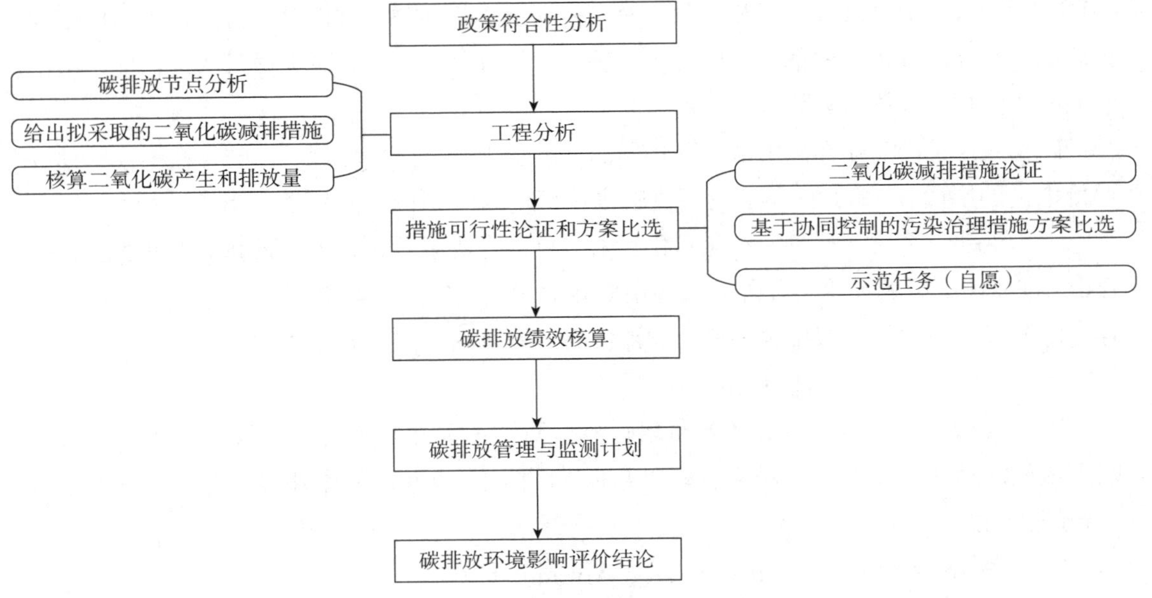

图 5-7　建设工程项目碳排放环境影响评价工作程序图

2. 碳评的主要内容

碳排放影响评价主要工作内容为分析、评估建设工程全生命周期碳排放量、碳排放盈亏测算以及碳排放成本测算等。

目前来说，在碳排放环境评价试点工作中，碳评主要由建设项目碳排放政策符合性分析、建设项目碳排放分析、减污降碳措施及其可行性论证、碳排放绩效水平核算、碳排放管理与监测计划、碳排放环境影响评价结论共六个部分构成。其内容如下：

（1）建设项目碳排放政策符合性分析

分析建设项目碳排放与国家、地方和行业碳达峰行动方案，生态环境分区管控方案和生态环境准入清单，相关法律、法规、政策，相关规划和规划环境影响评价等的相符性。

（2）建设项目碳排放分析

1）碳排放影响因素分析

全面分析建设项目CO_2产排节点，在工艺流程图中增加CO_2产生、排放情况（包括正常工况、开停工及维修等非正常工况）和排放形式。明确建设项目化石燃料燃烧源中的燃料种类、消费量、含碳量、低位发热量和燃烧效率等，涉及碳排放的工业生产环节原料、辅料及其他物料种类、使用量和含碳量，烧焦过程中的烧焦量、烧焦效率、残渣量及烧焦时间等，火炬燃烧环节火炬气流量、组成及碳氧化率等参数，以及净购入电力和热力量等数据，说明CO_2源头防控、过程控制、末端治理、回收利用等减排措施状况。

2）CO_2源强核算

根据CO_2产生环节、产生方式和治理措施，可参照过往标准中提到的中CO_2排放量核算方法，亦可参照《重点行业建设项目碳排放环境影响评价试点技术指南（试行）》附录《钢铁、水泥和煤制合成气项目工艺过程二氧化碳源强核算推荐方法》中的做法，开展钢铁、水泥和煤制合成气建设项目工艺过程生产运行阶段CO_2产生和排放量的核算。各地方还可结合行业特点，不断完善重点行业建设项目CO_2源强核算方法。此外，鼓励有条件的建设项目核算非正常工况及无组织CO_2产生和排放量。

改扩建及易地搬迁建设项目，还应包括现有项目的CO_2产生量、排放量和碳减排潜力分析等内容。对改扩建项目的碳排放量的核算，应分别按现有、在建、改扩建项目实施后等几种情形汇总CO_2产生量、排放量及其变化量，核算改扩建项目建成后最终碳排放量，鼓励有条件的改扩建及易地搬迁建设项目，核算非正常工况及无组织CO_2产生和排放量。

3）产能置换和区域削减项目CO_2排放变化量核算

对于涉及产能置换、区域削减的建设项目，还应核算被置换项目及污染物减排量的出让方的碳排放量变化情况。

（3）减污降碳措施及其可行性论证

1）总体原则

环境保护措施中增加碳排放控制措施内容，并从环境、技术等方面统筹开展减污降碳措施可行性论证和方案比选。

2）碳减排措施可行性论证

给出建设项目拟采取的节能降耗措施。有条件的项目应明确拟采取的能源结构优化、工艺产品优化、碳捕集、利用与封存（CCUS）等措施，分析论证拟采取措施的技术可行性、经济合理性，有效性判定应以同类或相同措施的实际运行效果为依据，没有实际运行经验的，可提供工程化实验数据。采用碳捕集和利用的，还应明确所捕集CO_2的利用去向。

3）污染治理措施比选

在满足建设项目环境影响评价技术导则、环境影响评价技术导则、环境影响评价技术导则中关于污染治理措施方案选择要求的前提下，在环境影响报告书中环境保护措施论证及可行性分析部分，应开展基于碳排放量最小的废气和废水污染治理设施和预防措施的多方案比选，即对于环境质量达标区，在保证污染物能够达标排放，并使环境影响可接受的前提下，优先选择碳排放量最小的污染防治措施方案。对于环境质量不达标区，在保证环境质量达标因子能够达标排放，并使环境影响可接受的前提下，优先选择碳排放量最小的针对达标因子的污染防治措施方案。

4）示范任务

建设项目可在清洁能源开发、CO_2回收利用及减污降碳协同治理工艺技术等方面承担示范任务。

（4）碳排放绩效水平核算

参照《重点行业建设项目碳排放环境影响评价试点技术指南（试行）》附录4 重点行

业碳排放绩效类型选取表，核算建设项目的CO_2排放绩效，见表5-3。

重点行业碳排放绩效类型选取表　　表5-3

重点行业		排放绩效（t/t原料）	排放绩效（t/t产品）	排放绩效（t/万元工业产值）	排放绩效（t/万元工业增加值）
电力	燃煤发电、燃气发电	√		√	√
钢铁	炼铁		√	√	√
	炼钢		√	√	√
	钢压延加工		√	√	√
建材	水泥制造		√	√	√
	平板玻璃制造		√	√	√
有色	铝冶炼		√	√	√
	铜冶炼		√	√	√
石化	原油加工及石油制品制造	√		√	√
	煤制合成气生产	√	√	√	√
	煤制液体燃料生产	√	√	√	√
化工	有机化学原料制造		√	√	√

改扩建、易地搬迁项目，还应核算现有工程CO_2排放绩效，并核算建设项目整体CO_2排放绩效水平。

参照《重点行业建设项目碳排放环境影响评价试点技术指南（试行）》附录3 二氧化碳排放情况汇总表，见表5-4。

二氧化碳排放情况汇总表　　表5-4

序号	排放口编号	排放形式	二氧化碳排放浓度（mg/m^2）	碳排放量（t/a）	碳排放绩效（t/t原料）	碳排放绩效（t/t产品）	碳排放绩效（t/万元工业产值）	碳排放绩效（t/万元工业增加值）
						—		—
					—	—	—	—
排放口合计								

通过填写该汇总表，从而明确建设项目和改扩建、易地搬迁项目的CO_2排放的绩效水平。其中，同时排放CO_2和污染物的排放口应统一编号，而只排放CO_2的排放口应按照相应规则另行编号。排放形式分为有组织排放及无组织排放两种形式。其中，无组织排放源无需填写CO_2排放浓度。

（5）碳排放管理与监测计划

编制建设项目CO_2排放清单，明确其排放的管理要求。

提出建立碳排放量核算所需参数的相关监测和管理台账的要求，按照核算方法中所需参数，明确监测、记录信息和频次。

（6）碳排放环境影响评价结论

对建设项目碳排放政策符合性、碳排放情况、减污降碳措施及可行性、碳排放水平、碳排放管理与监测计划等内容进行概括总结。

5.4.3 碳评制度的意义和必要性

工程项目温室气体的源头管控，是落实“双碳”工作的一项重要举措。通过对项目碳排放量的审查，可以控制工程项目节能减排的空间，并通过在项目设计、建设阶段的改建，使得新建项目投产后在碳排放指标上满足“双碳”目标，达到先进水平。工程项目碳排放评价制度可以起到控制增量的目的，有助于解决我国长期以来对新上项目碳排放缺乏有效约束的问题。

工程项目在社会建设和经济发展过程中占据重要地位，在能源、资源消耗和CO_2排放中也占较高比例，对新建项目碳排放评价可以从源头遏制碳排放的不合理增长，是完善我国生态文明和低碳发展制度体系的一项基础手段。碳排放评价是项目审批、核准以及开工建设的前置条件，以对新建项目CO_2排放的管控为目的，对不符合排放标准的项目实行前置否决，以现有的温室气体排放统计核算体系为基础，对项目CO_2排放影响进行综合评价。

新建项目碳排放评价制度可以促进低碳转型，引导社会资金投向能效水平高、碳排放水平先进的行业领域。约束新上项目落实有关碳排放控制法规、标准，推动项目从设计、建设、运营全过程均采用先进标准、高效设备、合理技术，坚决抑制新增项目不合理的能耗及碳排放，促进节能低碳新技术新产品的推广应用，不断提高低碳发展水平，促进低碳项目的实施，有助于推动建立健全防范和化解产能过剩的长效机制。

新建项目碳排放评价制度可以增强温室气体排放控制与固定资产投资项目评估工作的联系。完善我国碳排放评价制度建设，打造“能评”的升级版。对达到一定排放量的新建、改扩建固定资产投资项目要求实行碳排放评价制度，加强碳排放源头的管控。制定严格的碳准入制度，加强项目的低碳管理。实行碳评与能评的并联审批，确保既不新增项目审批事项、延长审批时间，又能强化工程项目的低碳发展意识，促进建筑领域企业的低碳转型、升级和改造。

思考题

（1）中国的能源消费有什么特点？建设工程要如何进行节能规划？

（2）建设工程节能量审核涉及哪几方面的内容？

（3）合同能源管理的类型有哪些？请比较它们的优缺点。

（4）根据你对节能评估的理解，请判断能评的关键环节并阐述你的观点。

（5）碳评主要有哪几个方面的内容？请分析碳评过程中面临的挑战。

6

建设工程项目低碳技术体系

■ 本章要点

本章主要介绍了建设工程低碳技术体系，包括建设工程低碳技术体系的发展现状、发展趋势以及中长期的低碳技术体系等内容。该章旨在系统地向读者介绍建设工程低碳技术的内容和前景，使读者能够了解建设工程低碳技术的具体内容和重要性，引导读者在实践中领略建设工程低碳技术。

■ 学习目标

（1）了解建设工程低碳技术体系的发展现状；

（2）掌握建设工程低碳技术体系的未来发展趋势；

（3）熟悉建设工程低碳技术体系的碳管理政策体系的实施路径和未来发展前景。

6.1 建设工程项目低碳技术发展现状

2021年我国开始实施“双碳”目标，以科技创新驱动绿色低碳技术发展，绿色低碳技术支撑实现“双碳”目标的主体思路基本形成。绿色低碳技术的发展对于“双碳”目标的实现和人类文明发展都具有重大意义。以科学技术进步带来的工业革命、科技革命和能源革命，驱动人类社会文明实现了跨越式发展，前三次变革可以看作是人们顺应科技进步带来的必然结果，而此次“双碳”目标，是人们通过总结历次工业、科技、能源革命的经验和大力发展科技，首次主动寻求社会文明向更高阶形态的转型，而绿色低碳技术是实现的基础和关键。建筑行业作为我国“碳排放大户”，减碳工作势在必行。低碳技术在建筑领域的应用，对于实现“双碳”目标有重要的作用。

6.1.1 低碳施工技术

低碳施工主要围绕建设过程中围护结构的建设展开。围护结构性能提升是我国建筑节能工作的重要组成部分。近30年来，由于国家高度重视围护结构性能的改善，我国在新型墙体、高性能玻璃等方面涌现出很多创新技术、专利和产品，这些都极大地推动了整个建材产业和建筑节能事业发展。

1. 墙体保温隔热技术

经过近30年的发展及10多年的大规模应用，我国对于建筑保温隔热产品已经形成了全系列各种类型保温技术的应用，目前在建筑外墙中应用的保温形式主要有三种：外墙外保温、墙体自保温、外墙内保温。

（1）外墙外保温技术

建筑室内热环境与室外气候环境状态和建筑围护结构有着密切联系，改进建筑围护结构形式以改善建筑热性能是建筑节能的重要途径。外墙外保温技术始于16世纪，1973年世界性石油危机后盛行欧美。外墙外保温系统被证明是提高建筑围护结构热工性能的有效手段之一。目前在我国技术比较成熟、应用范围比较广的外墙外保温系统主要有以下六种形式；粘贴保温板薄抹灰外保温系统，保温板材料主要为EPS板、XPS板、PU板和岩棉等；胶粉聚苯颗粒保温浆料外保温系统；EPS板现浇混凝土外保温系统；EPS钢丝网架板现浇混凝土外保温系统；胶粉聚苯颗粒浆料贴砌EPS板外保温系统；现场喷涂硬泡聚氨酯外保温系统。

随着建筑安全性能要求的不断提高，尤其是建筑外保温防火问题成为热点之后，具备良好防火性能的新技术和新材料得到了推广。外墙外保温技术的应用范围包括新建建筑和既有建筑节能改造等。

（2）外墙自保温技术

外墙自保温系统一般是指由单一材料制成的具有保温隔热功能的砌块或块材，主要用来填充框架结构中的非承重外墙。

目前常见的墙体自保温材料有加气混凝土、淤泥烧结保温砖、混凝土复合保温砌块（砖）、石膏保温砌块等。

系统优点：与建筑同寿命；综合造价低；施工方便；便于维修改造；防火、环保、安全。

系统缺点：需要进行冷桥处理；仅适用于剪力墙占外墙面积比例不大的建筑或内隔墙的保温。

对于外墙夹芯保温，一般为外保温和内保温相互结合使用的系统，适用于建筑节能标准较高的建筑，目前应用较多的是EPS保温砂浆外墙外保温与石膏基无机内保温相结合的方式，特别是夏热冬冷地区非常适用。

（3）外墙内保温技术

外墙内保温系统指的是保温隔热材料位于建筑物室内一侧的保温形式。外墙内保温主要应用于供暖使用频率不高的建筑物内部，因此在我国南方地区应用较为合适。外墙内保温系统构造与外保温系统构造类似，只不过是保温系统位于外墙内侧。外墙内保温系统各构造层所使用的材料与外保温系统类似。外墙内保温的特点是施工方便，多为干作业施工，有利于提高施工效率。同时保温层可有效避免墙体外部恶劣气候的破坏作用，对传统建筑立面设计、设备、管线的安装等不影响。造价相对低廉。外墙内保温系统主要包括石膏基无机保温外墙内保温节能系统和酚醛板外墙内保温系统。这两类系统的特点详见表6-1。

外墙内保温系统分类　　表6-1

系统类型	系统特点
石膏基无机保温外墙内保温节能系统	综合投资最低的系统之一； 施工工艺比较简单，内保温无需占用外施工脚手架，对基层墙体平整度要求不高，易于在各种形状的基层墙体上施工； 隔声效果好，防火性能好，保温材料阻燃性A级； 石膏基系统——呼吸式墙面系统； 抗裂效果好，可有效防止墙面出现裂纹； 特别适用于夏热冬冷地区外墙内保温、内隔墙的保温或作为外墙外保温的补充； 热工性能低于有机板系统，同样的热工性能有一定的厚度，影响一定的室内使用面积
酚醛板外墙内保温系统	防寒隔热，热工性能高，保温效果好；隔声效果好； 石膏基酚醛板系统防火等级为A级，防火性能好； 酚醛板应用技术目前国内还不够成熟，且无相关规范；综合造价较高； 有热桥，须做热桥处理

2. 屋面保温隔热技术

屋面热传导对建筑室内热环境影响颇大，同时由于屋面遭受季节性变化破坏和气候环境的侵蚀，容易发生诸如冻裂或胀裂的情况，因此屋面保温隔热技术不仅影响建筑节能，也关系到工程质量问题。

屋面保温隔热材料一般分为三类：一是松散型材料，如炉渣、矿渣、膨胀珍珠岩等；二是现场浇筑型材料，如现场喷涂硬泡聚氨酯整体防水屋面、水泥炉渣、沥青膨胀珍珠岩等；三是板材型，如PPS板、XPS板、PU板、岩棉板、泡沫混凝土板、膨胀珍珠岩板等。

目前，我国常见的屋面保温隔热技术大致有如下几种：架空板隔热屋面；蓄水屋面；倒置式屋面；浅色坡屋面；种植绿化屋面。各种屋面构造做法及特点详见表6-2。

屋面保温隔热技术类型　　表6-2

技术类型	构造及做法	技术特点
架空板隔热屋面	在已经做好防水层的屋面上，架设平板通风隔热层，并设置通风屋脊、设置进风口等，使屋面不被太阳直射，并通过隔热板和屋面之间的空气间层进行隔热和节能	施工简单，对屋面结构荷载增加不大，重量轻，隔热效果好，且底板具有合理的排气结构，又有一定的保湿作用，在我国早期的建筑中有广泛的应用
蓄水屋面	在刚性防水屋面上蓄一层水，利用水蒸发带走水中的热量，消耗屋面的太阳辐射热，从而有效减弱屋面的传热量和降低屋面温度	是一种较好的隔热措施，是改善屋面热工性能的有效途径
倒置式屋面	将传统屋面构造中的保温层与防水层颠倒，把保温层放在防水层的上面	“憎水性”保温材料如果吸湿后，其导热系数将陡增，所以才出现了普通保温屋面中需在保温层上做防水层，在保温层下做隔气层，从而增加了造价，使构造复杂化；防水材料暴露于最上层，加速其老化，缩短了防水层的使用寿命，故应在防水层上加做保护层，这又将增加额外的投资；对于封闭式保温层而言，施工中因受天气、工期等影响，很难做到其含水率相当于自然风干状态下的含水率
浅色坡屋面	将平屋面改为坡屋面，并在屋面上做保温隔热材料	提高屋面的热工性能，还有可能提供新的使用空间，也有利于防水，并有检修维护费用低、耐久等优点；用于坡屋面的坡瓦材料形式多，色彩选择广；坡屋面若设计构造不合理、施工质量不好，也可能出现渗漏现象
种植绿化屋面	以建筑物顶部平台为依托，进行蓄水、覆土并营造园林景观的一种空间绿化美化形式	改善局部地区小气候环境，缓解城市热岛效应；保护建筑防水层，延长其使用寿命；降低空气中飘浮的尘埃和烟雾；减少降雨时屋顶形成的径流，保持水分；充分利用空间，节省土地；提高屋顶的保湿性能，节约资源；降低城市噪声等

随着科技的不断发展进步，国内外应用于屋面保温隔热的高新技术和新材料越来越多，如聚氨酯屋面保温隔热技术等，保温隔热性能好、耐候性突出、使用寿命长、施工高效快捷等。

3. 外窗与幕墙节能技术

（1）外窗节能技术

外窗是建筑围护结构的开口部位，首先应满足采光、通风、日照、视野等的基本要求，还应该具备良好的保温隔热、密闭隔声的性能。相比于气候类似的发达国家，我国住宅外窗能耗为1.5～2.2倍，窗的空气渗透量达3～6倍。由于我国幅员辽阔、气候多样，对外窗的性能要求也不尽相同。我国北方采暖地区对外窗的要求之一就是冬季要阻止室内热量传到室外，并具有良好的气密性；我国南方地区则特别重视外窗的隔热性能，主要是指夏季阻止外部热量向室内传递。与建筑墙体相比，外窗属于轻质薄壁构件，是建筑能耗比较大的部件，也是节能技术的重点。

目前提高外窗保温隔热性能以便降低能耗的主要措施有以下几点：

1）采用导热系数低的材料制作窗框，如PVC塑料窗框、铝合金断热桥窗框、塑钢窗框、铝塑复合窗框、铝木复合窗框等，加强窗户框料的阻热性能，有效改善金属窗框热传导带来的能量损失。此外，还可以提高窗框型材的保温隔热能力，大力发展断热型材和断热构造。

2）设计合理的外窗密封结构，选用性能优良的密封材料，提高外窗的气密性、水密性和抗风压能力，减少热量流失，降低建筑能耗。

3）提高外窗玻璃的隔热品质，减少通过采光玻璃的辐射与热传导所带来的能量损失。

4）根据当地条件选择适宜的窗型。

由以上措施要求发展起来的外窗节能技术包括：

1）断热桥铝合金外窗

断热桥铝合金外窗是在铝合金外窗的基础上为了提高保温性能而做出的改进型，通过导热系数小的隔条将铝合金型材分为内外两部分，阻隔了铝的热传导，减少了室内热损失。

断热桥铝合金外窗的突出优点是强度高、保温隔热性能好、刚性和防火性能较好，同时采光面积大、耐大气腐蚀性好、综合性能高、使用寿命长。在目前建筑节能形势的要求下，使用断热桥铝合金外窗是提高建筑用窗性能的首选。

2）中空玻璃外窗

中空玻璃是由两片（或两片以上）平行的玻璃板，以内部注满专用干燥剂（高效分子筛吸附剂）的铝管间隔框隔出一定空间，使用高强度密封胶沿着玻璃的四周边部粘合而成的玻璃组件。

中空玻璃外窗指以中空玻璃为主要隔热部件的外窗。如在中空玻璃中充装惰性气体将进一步增大中空玻璃的热阻；如采用热反射镀膜玻璃或Low-E镀膜玻璃更可显著提高外窗的保温性能。

3）玻璃隔热涂料技术和贴膜技术

既有建筑节能改造需要大量使用玻璃隔热涂料技术和贴膜技术。玻璃隔热涂料和贴膜技术夏季可以有效反射太阳辐射热量，冬季能将热量保持在室内。该技术的优点在于增强了外窗的保温隔热性能，施工环保快捷，提高了建筑物性能。目前国际上已有技术推广，国内建筑使用较少。

我国门窗制造产业近年来发展迅速。根据《2018—2020年中国门窗行业事业前瞻与投资规划分析报告》，我国门窗行业市场规模保持增长。2017年门窗行业市场规模达到6605亿元。随着国家在节能环保领域的相关政策和标准的不断提升，通过学习借鉴发达国家先进经验与技术，制造能力和水平大大增长，高端产品已经接近或部分达到国际先进水平。

（2）幕墙节能技术

现有幕墙种类有：明框、隐框、金属、石材、单元、框架、点式幕墙等逐渐成熟，部分越来越具有中国特色。床层幕墙、光电幕墙、遮阳幕墙、生态幕墙、智能幕墙、膜结构幕墙等逐渐被广泛应用，已有或将产生更多的自主研发知识产权新技术出现，有些已达到国际先进水平。

建筑幕墙仍将是公共建筑围护结构节能的重点。北京奥运会、上海世博会、广州亚运会等大量的建筑工程是国内建筑幕墙的亮点，是国内以及世界优秀幕墙公司展示自己实力和最新技术的舞台。未来几年，我国建筑幕墙产品还将继续保持稳步增长的态势，其产品结构会有大幅度的改变，隔热铝型材、中空玻璃、优质五金配件等产品的幕墙使用比例将很大提高。

4. 外遮阳技术

我国目前的外遮阳技术基本为国外引进技术，尤其是欧洲技术。欧洲属地中海气候，而我国主要属于大陆季风气候和亚热带气候，二者差别较大。适应于欧洲气候特点（主要指抗风性）的产品未必适合我国大多数地区，尤其是东南沿海地区。而且从量大面广的居住建筑来说，其技术特点不完全适应我国居住建筑的形式要求。欧洲的居住建筑多为独栋低层别墅或多层公寓，而我国则多为高层建筑。因此，除了遮阳产品的适应性外，外遮阳的相关技术配套措施目前也不完善，且不能照搬欧洲的技术。在我国居住建筑安装活动式外遮阳应着重解决建筑与外遮阳的一体化问题。

目前国内的遮阳外资企业产品，其各种配件以进口为主，在国内只完成组装的任务。国内部分做高端遮阳产品的企业虽然同样使用进口原材料与配件，但在设计理念、人性化设计、装配精度、质量控制等方面与国外企业还有一定的差距。

6.1.2 低碳材料技术

低碳材料指的是在确保使用性能的情况下，制造过程低能耗、低污染、低排放、使用寿命长、使用过程中不会产生有害物质，并可以回收再生产的新型材料。建造过程中所使用的低碳建筑材料，其从原料到生产、再到使用废弃整个过程都遵循绿色环保、循环经济的理念和原则，利用绿色环保性能高易降解的原料，通过绿色生产过程加工制作而成。低碳建筑材料是以在保护环境的前提下提高人们的生活质量为宗旨，无论对人的身体健康还是对外界生物环境，都能大幅度降低污染和伤害。随着国家和社会的引导，使用低碳建筑材料已经成为建筑行业的时尚，越来越多的低碳建筑材料被研发出来，如低碳环保型塑料管道、生态水泥等被大量生产并应用。这些材料的共同特点是生产过程中低消耗、低排放及可回收再利用且对人体无危害，能够有效减少对环境的污染和对人体的威胁，这是建筑材料转型发展的重要体现。

1. 高性能混凝土技术

（1）再生骨料透水混凝土

再生骨料透水混凝土，结合了再生混凝土和透水混凝土两者的优势，既能将建筑垃圾回收利用，又能减少城市的积水，降低城市的噪声和热岛效应，符合可持续发展的理念，还能应用于海绵城市的建设，具有重要的社会和经济效益。

再生骨料透水混凝土是指用部分或者全部再生骨料取代天然粗骨料、水、水泥、掺和料和外加剂等，经过搅拌、成型、养护等工艺，制作成具有高空隙率的再生骨料透水混凝土。

制备过程中，在配合比设计方面，配置强度，采用再生骨料透水混凝土抗压强度和混凝土强度标准差进行强度设计；透水性能，根据再生骨料透水混凝土透水要求设计孔隙率，且孔隙率不应低于10%，透水系数不小于5mm。根据“体积法”计算出再生骨料透水混凝土配合比和材料用量。

在搅拌成型方面，水泥裹浆法，是将骨料和1%～3%的水预拌，然后加入胶凝材料拌和，最后加入剩余的水进行搅拌；较一次搅拌法，它使胶结材料更均匀地包裹在骨料表面。振捣成型和静压方法对透水混凝土的目标孔隙率均有良好的保证。

养护方面，通过搅拌、装模、成型、24～48h后拆模，将试件置于温度为20±2℃，相对湿度为95%以上的标准环境养护28d，然后测试相应性能。

（2）贝壳混凝土

据估计，每年有超过700万t贝壳被海鲜行业扔掉。这些贝壳不可生物降解，处理成本高昂，并且可能损害环境。贝壳主要成分是矿物碳酸钙，而矿物碳酸钙恰好是水泥的主要成分。

一种由废贝壳制成的混凝土状材料由德国的材料设计公司Newtab22提出。该公司利用这些贝壳中高浓度的碳酸钙（石灰石），创造出一种名为“海石”的材料，通过研磨贝壳并将其与天然无毒粘合剂结合而成的。将混合物放入模具中，然后凝固成瓷砖。这是一种可持续的水泥替代品，保留了原始贝壳的纹理和颜色的变化。通过添加不同的贝壳、粘合剂和天然染料，可以创造不同的纹理和颜色。

2. 光伏材料技术

在各项技术逐步成熟后，光伏的应用场景更加多元化。如今，除了在大型空地、工商业屋顶等场景铺设光伏板用以发电，光伏板还能够以BIPV（建筑集成光伏系统）的形式在建设绿色建筑、打造零碳生态环境上发挥举足轻重的作用，正在被越来越多的建筑企业采用。

光伏+建筑产品，区别于集中式光伏的完全标准化，美观化、轻质化、预制式趋势不断显现。2021年以来，光伏生态新品层出不穷，如轻质组件、光伏小站、较大规模的碲化镉膜发电玻璃等产品，不断贴近下游需求。如满足T形彩钢瓦厂房的轻质组件、满足特定场景下（加油站）发电需求的光伏小站、外观与发电兼得的光伏幕墙产品等。

（1）光伏幕墙

光伏幕墙，即粘贴在玻璃上，镶嵌于两片玻璃之间，通过电池可将光能转化成电能。它实则是一种高科技产品，集发电、隔声、隔热、安全、装饰功能于一身的新型建材。光电幕墙本身具有很强的装饰效果。玻璃中间采用各种光伏组件，色彩多样，使建筑具有丰富的艺术表现力。同时光电模板背面还可以衬以设计师喜欢的颜色，以适应不同的建筑风格。

（2）光伏瓦

光伏瓦将光伏模组单元，通过涂胶压合封装入瓦片，赋予建材光伏发电的属性，是光伏建材一体化的一种表现形式。

光伏材料和组件将光转化为电能，通过吸收太阳光到太阳能蓄电池中来产生电能。太阳能电池是由半导体层构成的，在这些半导体层中电池被释放并产生电流。来自太阳的热量将木瓦粘合在一起，形成一个防风雨的密封体，使光伏瓦比传统的屋顶材料更加耐用。光伏瓦具有安装方便、保温、隔热、可发电、良好的低温抗冲击性、优异的耐腐蚀性等特点。

（3）光伏瓷砖

光伏瓷砖是光伏在生产工艺上的新发展，不仅保持太阳能发电的功能，且其发电力更强，多彩的颜色使建筑外观更具美感。改进的太阳能光伏地砖具有较好的太阳能发电、抗热、抗压、防滑等特性以及较长的使用寿命，适合在路面上使用。太阳能光伏瓷砖既能够用于发电，还能对废旧板材进行回收利用。这提供了一种将可持续能源技术应用于地面的创新方案，从而达到减排温室气体的目标。

6.1.3 低碳设计技术

本部分以夏热冬冷地区为例，结合其气候环境特点，具体从提高场地利用效能、建筑空间隔热保温性能优化、改善温度分层现象的通风策略、建筑自然采光优化等方面，从建筑师视角对建设工程低碳设计策略提供方法指导。

1. 提高场地利用效能

建筑碳排放需要将建筑本体与其场地区域进行整体考虑。合理的场地规划布局需兼顾场地与周边环境的联系以及建筑项目对场地特征的适应和自然资源的综合利用，最终形成系统性的低碳网络。具体设计时需考虑场地交通的合理性、资源的协调性、自然通风采光的适应性。

建筑场地的交通合理性影响建筑实现低碳目标，主要体现在场地与周边建材供应商、拆除物处置点的距离合理，以及周边公共交通站点及充电车位的配套。

公共资源是指自然生成或自然存在的资源，是人类社会经济发展共同所有的基础条件。通过场地协调规划，可以依托场地水网和坡地控制，增加雨水收集的布局优势；顺应太阳辐射的方位错落布置以增加太阳能利用的面积。社会资源的协调主要是通过合理场地规划，实现场地与周边公共服务设施实现充分利用，减少因利用率低而产生额外的能耗与碳排放。

建筑运行阶段的碳排放包括为适应当地气候环境的系统能耗碳排放。在设计初期通过场地空间的自然通风与采光适应性规划，可以为后阶段的建筑低碳设计提供更具优势的环境条件。在场地规划和总平面设计阶段，关于通风适应性应注意充分利用场地地形、周边既有建筑、构筑物和植被绿化的导风作用，优化建筑场地自然通风条件；建筑沿夏季主导风向布置，南侧需留出较开阔的室外空间；空间布局上避免大面积外表面朝向冬季主导风向，通过建筑自遮挡阻挡冬季风的渗透。

2. 建筑空间隔热保温性能优化

（1）门斗空间设计优化

门斗空间是在建筑或厅室的出入口设置的通行空间，有隔热保温作用。门斗在北方地区主要阻挡寒风直接吹入室内；南方地区中，夏热冬冷地区可通过门斗空间阻挡冬季冷风的进入和夏季室外热空气对室内的干扰。

门斗空间作为交通过渡空间，提高其密闭性主要通过减少开门次数、控制门洞开启的时间和面积。通过设置门帘、旋转门、弹簧门、自动门以减少开闭时间；通过缩小门扇面积，减少开门个数以缩小门洞开启面积。

（2）屋顶空间设计优化

采用双屋面形式。使屋顶空间产生空气间层，从而实现空气温度的缓冲。柏林自由大学语言学院图书馆，采用了双层屋面结构。外层屋面采用镀银铝板和遮光玻璃，部分铝板可以开启从而调节室内温度和室内新风；内层以半透明或透明的膜材料进行覆盖；内外层之间产生空气流通层，空气流通层成为该建筑主要的空气吸收与排放系统，根据建筑的不同朝向和使用环境特征，空气流通层按不同方向被分为4组，结合不同的天气条件可以打开或关闭一组或几组的屋顶空气流通层。夏热冬冷地区的传统空间技法也采用屋顶夹层实现隔热保温。苏南地区传统住宅多为坡屋顶，内部通高较现代楼房室内净高要大，而通过合理布置屋顶空间使室内在缺少空调等温控设备的条件下也能保证一定的室内温度舒适性：传统住宅通常在坡顶内部架设天花吊顶，形成空气间层，并在山墙面开口引入室外气流，从而带走屋顶热量。

采用蓄水屋面形式。夏热冬冷地区的夏季太阳辐射较强，在屋顶空间设置蓄水池可以大量吸收并利用水分蒸发带走投射在屋面上的热辐射，减少通过屋面进入室内的热流，实现屋面隔热。采用蓄水屋面不需要通过常规设备去主动降低进入室内的热量，减少常规能源的消耗，是一种节能的屋顶空间隔热措施。由于夏热冬冷地区冬季冰冻期较为罕见，水体结冰问题较北方地区较少，同时该地区区域性气候较北方地区多温暖湿润，雨量充沛，在常温下蓄水屋面依靠降雨即可满足水量的补充，故在夏热冬冷地区较容易推广蓄水屋面的节能减排措施。

采用屋顶绿化形式。通过屋顶空间种植绿化进行隔热遮阳，利用植物本身的光合效应以及蒸腾作用，切断了太阳能的二次传播，降低热量向周边散发，减少局部热岛效应。以长江三角区为代表的夏热冬冷地区的发达区域，城镇化发展迅速，城市地面可绿化用地少而价高。占城市用地30%以上的建筑屋顶绿化，是对城市建筑破坏自然生态平衡的一种最简便有效的补偿办法。研究表明，轻型屋顶绿化在夏季能有效降低室内温度2℃，绿化屋顶比非绿化屋顶全天节电18.4%，且室外气温越高，节电效果越好。

（3）覆土空间设计优化

覆土空间是由大面积土壤覆盖的建筑空间，是特定气候、特定地理条件的产物。由于土壤具有良好的热工性能，使得建筑受外界温度波动的影响降低，采暖、制冷费用可以大大节省，采用覆土空间可有效解决能源危机，降低建筑碳排放。覆土空间相较于一般地上空间，占用地上土地资源少，有一定节地优势，且易与周边环境融合适应。在高大空间公共建筑中采用覆土空间，可从节能和节地角度实现减碳目标，同时丰富公共活动场所。例如苏州非物质文化遗产博物馆通过采用覆土空间设计，覆土屋顶形成一个大尺度的公共空间，可作为开放的城市公园，提供户外餐饮区、儿童活动区及小型室外展览平台等功能。在实地调研中，室外温度为29℃的情况下，覆土空间在不开空调的情况下测得室内温度为

21.6℃，春夏体感凉爽，相应减少室内空调能耗。

3. 改善温度分层现象的通风策略

（1）置换通风

分层空调是指仅对高大空间的下部空间（空气调节区域）进行空气调节，保持一定的温湿度，而对上部区域不要求的空调方式。分层空调出风口位置一般位于建筑室内中下部，回风口位于建筑底部，在空调区域中形成上送下回的气流组织。分层空调同样产生了空间气流温度的分层，但下部工作区仍然是通过混合空气进行温度调节，上送下回的气流扰乱了原有高大空间的温度分层现象，同时增加了送风空间，一定程度上增加了通风能耗，产生额外的碳排放。针对上述问题，可以在高大空间中采用置换通风以更好地利用温度分层现象实现节能。置换通风是将新鲜空气以低风速、低紊流度、小温差的方式，送入室内人员活动区下部，以层流运动向上驱逐旧有浑浊空气。送风口送入室内的新鲜空气温度通常低于室内上工作区的温度2～4℃。较凉的空气由于密度大而下沉到地表面。置换通风的送风速度约为0.25m/s。送风的动量很低以致对室内主导气流无任何实际的影响。新鲜冷空气由于自身重力在下部扩展形成空气湖，受人员活动区的热源影响产生热羽流，空气进而缓慢上升，空气混合区在空间顶部形成，混合的空气从上部排风口排出。比较两种气流组织，传统的分层空调以在空间下部混合并稀释原有空气为基础，实现室内降温，其混合空气区域仍聚集在空间下部，其上送下回的气流组织容易扰乱高大空间的原有温度分层现象；置换通风以浮力控制为基础，通过新鲜空气置换原有空气，减少与原有空气混合，且空气混合区域多为空间上部。置换通风的特性有利于实现节能与室内舒适性的平衡。

（2）地板辐射供冷

地板辐射供冷系统由于其显著的平衡热舒适性和节能效果而得到推广。地板辐射供冷是通过铺设在地板的辐射供冷盘管通过辐射和对流换热的方式与室内空气进行热交换，以辐射方式为主定向均匀供冷，达到夏季舒适的供冷效果。采用地板辐射供冷，室内平均辐射温度和作用温度随围护表面温度的降低而下降，从而降低了暖通工程的设计温度，实现空调能耗的节约。研究表明，地板辐射供冷比常规空调系统节能28%～40%。同时地板辐射供冷的效果随室内太阳辐射量的增高而有自调节功能：当室内太阳辐射使室内围护内表面温度升高时，冷辐地板与房间围护结构其余表面的辐射换热量会大幅提高。在高大空间公共建筑中往往也将地板辐射供冷系统与置换通风系统相结合，提高系统制冷效率，极大地节省空调能耗，降低空调运行产生的碳排放。

4. 建筑自然采光优化

（1）顶面采光

建筑的顶面采光可通过以下五类方法实现：

1）屋面天窗：作为第五立面的开窗形式，屋面天窗不受结构的限制，仅根据屋面形态和采光要求进行天窗布置，根据天窗的形式可以分为高侧窗、采光顶、锯齿形天窗和水平天窗。

2）结合屋面构件采光：采光形式与屋盖结构构件相结合，屋盖结构构件的属性对自然采光特征影响较大。巴伦西亚天文馆通过一个透明的拱形罩覆盖实现自然采光，透明罩框架长110m，宽55.5m，框架可部分开启，其建筑空间可以在不同开启下进行室内外空间的变化。

3）利用屋面组合缝隙：通过利用屋面之间的交界缝隙，实现自然采光。

4）全透射顶棚：常见有张拉膜和充气膜等形式，采用有肌理的半透明材料（如膜材料和阳光板）。张拉膜表面高度光滑和光洁，营造室内透光效果，充气膜在结构跨度中不需要任何支撑，适用于超大跨度建筑，可做成150m×300m×30m的连续无柱大空间，且充气膜结构具备一定的节能效果，其空调能耗是传统结构体育场馆的20%～25%。

5）导光管系统：自然光线往往有眩光、照度不稳定、受天气影响大等局限性，满足不了部分高大空间公共建筑严格的光照要求，自然采光的体育馆通常不能举办正式比赛。通过采用导光管系统可以改善自然采光的局限性。自然光通过导光装置高效传输并通过漫反射均匀散射至室内，避免了眩光问题，并可通过可调节遮光片控制光线的进入量。

（2）侧面采光

现代高大空间公共建筑的立面多采用大面积的玻璃幕墙，其本身提供了有利的侧面采光条件。以航站楼、高铁站为例的交通类高大空间，由于其不间断运营的工况，照明系统的运行时间长、能耗大，优化高大空间的侧面采光有利于节约照明能耗和营造良好的室内光环境。利用高大空间的侧面自然采光，应做到"取长补短"的使用原则。我国夏热冬冷地区太阳辐射多从南部照射，南向能获得最多的阳光，是最佳的侧面采光朝向。而北向开窗可以保证入射光线具有稳定的强度，避免眩光问题，高大空间的北向侧面采光条件比较理想。东、西向的侧面采光由于日出日落的轨迹，往往有严重的眩光现象，且采光时间短，一天之内的采光强度不稳定，应避免。通过加设反光板、棱镜玻璃或导光管系统，可改善进深较大区域的采光。反光板是比较传统的自然采光构件，通常是安装在立面窗口内侧或者外侧的，在眼睛高度以上的水平或倾斜的挡板。不同于反光板采用光线反射原理，棱镜玻璃采用改变光线透射方向实现对侧向采光的效果改善。棱镜玻璃是指在双层玻璃的内腔中加入透明聚丙烯材料制成的薄而平（锯齿形）的薄膜，用于改变光的投射方向或折射自然光。由于棱镜玻璃作为建筑构件内部的加工，其可按正常立面表皮进行安装，满足不同的安装位置。根据不同的导光性能要求，调整棱镜角度将入射光变更传导至需要的室内传播范围内，再通过与室内顶棚的二次反射配合，使太阳光照射到房间更深处。导光管系统不仅常用于屋顶采光，同时也广泛应用于改善侧面采光：通过采集罩高效收集侧向自然光线，通过系统导入空间内部中心分配，再经过光导纤维传输和强化后，由系统底部漫射装置将自然光高效均匀地照射到需要照明的内部空间。

6.1.4 可再生能源技术

1. 太阳能光热利用技术

目前，我国太阳能光热在建筑中的应用技术成熟，发展稳定，技术类型主要包括：

（1）太阳能热水系统

太阳能光热在建筑领域的应用主要是太阳能热水器，且太阳能热水器也主要应用在城乡建筑中，由于技术门槛相对较低、技术较为成熟，各方面发展较为稳定。

太阳能生活热水技术将太阳能转化成热能并传导给水箱内的水，按照辅助能源类型，可分为无辅助热源、电辅热和燃气辅热三类，其中以电辅热最为常见。根据集热器结构不同可分为真空管式和平板式。

（2）被动式太阳房

被动式太阳能供暖技术在我国已应用于学校、住宅、办公、旅馆等民用建筑以及通信、边防哨所、气象台站、公路道班、乡镇卫生院等专用建筑。其应用和分布非常广泛。

被动式太阳房的定义是不用机械动力而在建筑物本身采取一定措施，利用太阳能进行冬季供暖的房屋。被动式太阳能供暖建筑不需要专门的集热器、热交换器、水泵等设备，只是通过建筑朝向和周围环境的合理布置、内部空间和外部形体的巧妙处理以及建筑材料和结构构造的恰当选择，使其在冬季能汲取、保持、储存和分配太阳热能。夏季能遮蔽太阳辐射，散逸室内热量，达到供暖和降温的目的。运用被动式太阳能供暖原理建造的房屋称之为被动式供暖太阳房。

南向玻璃窗是被动式太阳能的一个最基本的部件和组成部分。为使房间温度在夜间不致过低以及白天温度不致过高，还需要有蓄热物质和夜间保温装置（如窗帘、保温板等）。通常，被动式太阳能集热部件与房屋结构合为一体，作为围护结构的一个组成部分而发挥它的多功能作用。

（3）太阳能供暖系统

太阳能供暖系统是指将太阳能转化为热能，供给建筑物冬季供暖的系统，系统主要包括集热器、贮热器、供暖末端设备、辅助加热装置和自动系统等。集热系统与蓄热系统的换热方式不同，太阳能供暖系统还可分为直接式系统和间接式系统。按蓄热系统的换热方式不同，太阳能供热系统还可分为直接式系统和间接式系统。按蓄热系统的蓄热能力不同，太阳能供热系统可分为短期蓄热系统与季节蓄热系统。太阳能热水是我国在太阳能热利用领域具有自主知识产权、技术最成熟、依赖国内市场产业化发展最快、市场潜力最大的技术，也是我国可再生能源领域唯一达到国际领先水平的自主开发技术。

2. 太阳能光伏发电技术

建筑集成光伏是指将光伏系统与建筑物集成一体，光伏组件成为建筑结构不可分割的一部分，如光伏屋顶、光伏幕墙、光伏瓦等。把光伏作为建材，必须具备建材所要求的几项条件，如坚固耐用、保温隔热、防水防潮、适当的强度和刚度等，若是用于窗户等，则必须能够透光，就是说既可发电又可采光。除此之外还要考虑安全性能、外观和施工简便等因素。用光伏组件代替部分建材，在将来随着应用面的扩大，光伏组件的生产规模也随之增大，则可从规模效益上降低光伏组件的成本，有利于光伏产品的推广应用，所以存在着巨大的潜力市场。

建筑集成光伏系统（BIPV）可以划分为两种形式：一种是建筑与光伏系统相结合；另外一种是建筑与光伏组件相结合。建筑与光伏系统相结合：把封装好的光伏组件安装在居民住宅或建筑物的屋顶上，再与逆变器、蓄电池、控制器、负载等装置组成一个发电系统。建筑与光伏组件相结合：建筑与光伏的进一步结合是将光伏组件与建筑材料集成一体。用光伏组件代替屋顶、窗户和外墙，形成光伏与建筑材料集成产品，既可以当建材，又能利用绿色太阳能资源发电，可谓两全其美。

（1）光伏与屋顶相结合

建筑物屋顶作为吸收太阳光部件有其特有的优势：日照条件好，不易受遮挡，可以充分接受太阳辐射，系统可以紧贴屋顶结构安装，减少风力的不利影响，并且，太阳能电池组件可替代保温隔热层遮挡屋面。此外，与屋面一体化的大面积太阳能电池组件由于综合使用材料，不但节约了成本，单位面积上的太阳能转换设施的价格也可以大大降低，有效利用的屋面不再局限于坡屋顶，利用光电材料将建筑屋面做成的弧形和球形可以吸收更多的太阳能。

与屋顶相结合的另外一种光伏系统：太阳能瓦。太阳能瓦是太阳能电池与屋顶瓦板结合形成一体化的产品，这一材料的创新之处在于使太阳能与建筑达到真正意义上的一体化，该系统直接铺在屋面上，不需要在屋顶上安装支架，太阳能瓦在光电模块的形状、尺寸、铺装时的构造方法等方面都与平板式的大片屋面瓦一样。

（2）光伏与墙相结合

对于多、高层建筑来说，外墙是与太阳光接触面积最大的外表面。为了合理利用墙面收集太阳能，可采用各种墙体构造与材料，包括与太阳能电池一体化的玻璃幕墙、透明绝热材料以及附加于墙面的集热器等。

此外，太阳能光电玻璃也可以作为建筑物的外围护结构。太阳能光电玻璃将光电技术融入玻璃，突破了传统玻璃幕墙单一的围护结构，把以前被当作有害因素而屏蔽在建筑物表面的太阳光，转化为能被人们利用的电能，同时这种复合材料不多占用建筑面积，而且优美的外观具有特殊的装饰效果，更赋予建筑物鲜明的现代科技与时代特色。

（3）与遮阳装置的一体化设计

将太阳能电池组件与遮阳装置构成多功能构件，一物多用，既可有效地利用空间，又可以提供能源，在美学功能方面都达到完美的统一，如停车棚等。

（4）与其他光伏建筑构件一体化设计

光伏系统还可与景观小品构成一体化设计。此外，双面发电技术采用了正反两面都可以捕捉光线的“PN”结构，有效提高了电池的输出功率，这种电池与传统电池的最大不同点在于它完全突破了太阳能电池使用空间和安装区域的限制，可以不必考虑太阳运行对电池及电重的影响，很好地解决了在有限的空间保证功率需求的问题。

总之，光伏系统和建筑是两个独立的系统，将这两个系统相结合，所涉及的方面很多，要发展光伏与建筑集成化系统，并不是光伏制造者能独立胜任的，必须与建筑材料、建筑设计、建筑施工等相关方面紧密配合、共同努力，并有适当的政策支持，才能成功。

除此之外，光伏发电技术与储能、直流配电、柔性用电四项碳达峰关键技术结合，构成了建筑领域中的“光储直柔”技术，能够运用柔性用电管理系统，实现建筑用电的自我调节和自主优化。这意味着，大楼不仅是一座“绿色发电站”，还具有智能配输电功能，弥补了太阳能等绿能相对不稳定的短板，可为缓解电力的供需矛盾提供有效解决途径。国务院印发《2030年前碳达峰行动方案》，要求将碳达峰贯穿于经济社会发展全过程和各方面，重点实施能源绿色低碳转型行动、节能降碳增效行动、工业领域碳达峰行动、城乡建设碳达峰行动、交通运输绿色低碳行动等“碳达峰十大行动”，明确了非化石能源消费比重、能源利用效率提升、CO_2排放强度降低等主要目标；实施建筑业“双碳”目标行动，严格建筑活动碳排放清单，完善建筑碳排放控制标准、技术及产业支撑体系；提高建筑节能标准，加强建筑领域节能改造，推广使用太阳能、风能、地热能等可再生能源并配以高性能储能装置；运用高性能围护结构、高效主动式能源供应系统、光伏一体化设计等创新技术，探索高效电能转换装置、智慧能源调配系统及直流节电设备的综合应用，加快推进建筑用电柔性调节；建设集光伏发电、储能、直流配电、柔性用电于一体的“光储直柔”建筑。到2025年，城镇建筑可再生能源替代率达到8%，新建公共机构建筑、新建厂房屋顶光伏覆盖率力争达到50%。

“光储直柔”应用场景以及空间巨大。“光储直柔”技术是包括光伏发电、直流配电、双向充电、柔性控制四个阶段的一种新型能源技术，初步预计或可为建筑运行减碳约25%。

“光储直柔”建筑具备网源荷储等基本要素，是新型电力系统在建筑领域的新形态。对内能够显著改善建筑供电性能、提高电源品质、降低能量损耗，促进建筑自身节能、提高建筑用电体验，提升建筑接入和消纳光伏能力，实现建筑由碳消耗主力向碳中和主力转变。对外来看，基于虚拟电厂运行优化策略，可最大限度聚合调动“光储直柔”建筑负荷的可调节能力，参与电网互动甚至提供电力辅助服务；可有效缓解负荷逐年增长压力，缩小电力负荷峰谷差，提升电网安全稳定水平，促进电网从“源随荷动”向“源荷互动”转变。

3. 热泵技术

（1）地源热泵系统

目前地源热泵作为一种可再生能源的冷热源方案在我国许多地区得到大力推广。有些城市把这种方式作为应用可再生能源的一种方式，给予各种经济和政策上的优惠；也有些城市将其作为考核是否实现建筑节能的重要标志。目前我国长江中下游地区的许多住宅小区均采用水（地）源热泵作为冷热源。有观点认为由于水（地）源热泵系统具有经济、节能、环保等诸多方面的优势，弥补了我国传统的供暖空调方式存在的问题，符合我国环境保护和能源节约的政策，在我国住宅中的应用具有良好的应用前景。

地源热泵的形式包括：以地下埋管形式构成土壤源换热器，通过水或其他防冻介质在埋管中流动，与土壤换热，获取低温热量，然后通过热泵提升其温度，制备供暖用热水；直接提取地下水，经过热泵提升温度，制备供暖用热水。被提取了热量、温度降低了的地下水再重新回灌到地下。

但是，基于大量案例分析，发现地源热泵对于供暖而言，不同地区遇到的关键问题是不一致的。对于我国严寒地区（如哈尔滨），年均温度低，冬季地下水温或地下土壤温度低，水源地源热泵本身的性能是关键技术瓶颈。而对于符合水（地）源热泵使用的地域，热泵机本身的高性能比较容易保障，但水泵电耗有时占总电耗的一半左右，因此输配性能成为该项技术是否适用的前提。

由于多数地源热泵并没有显著的节能效果，因此不应作为有效的节能措施给予各类财政补贴。只有通过实际检测、发现实际能耗确实低于常规系统时，才能给予适当的财政补贴。实际上补贴应该根据能耗状况，而不应该只看其采用什么技术。

对于适合地源热泵的地区的住宅建筑，由于室内外温差不是构成冷热负荷的主导因素，因此各房间之间负荷的不同步性严重。在严寒地区（如哈尔滨），因为影响负荷的主要因素为室内外温差，因此不同房间之间的负荷均匀度较高，基尼系数在0.3的水平。在寒冷地区（如北京），负荷受到外温及室内热扰的双重影响，负荷均匀度呈现中间水平，基尼系数在0.5的水平。而在夏热冬冷地区（如上海），影响外温的主要因素为室内热扰，因此房间的负荷均匀度很低，基尼系数达到0.8。因此在夏热冬冷地区，住宅建筑负荷具有较大的不均匀性，其也成为影响热泵系统适用性的主要因素。

应用热泵系统进行区域供冷时，其面临的问题与夏热冬冷地区的供热问题是一致的。由于在供冷过程中，室内外温差仅为8℃左右，甚至更小，室内热扰是冷负荷的主要影响因素。因此，冷负荷也具有较大的不均匀特性，当采用热泵系统进行区域供冷时，输配系统的能耗成为一大难点。

（2）空气源热泵

空气源热泵是以空气中的热量为能量来源，通过压缩机将空气中的热量转移到热媒介中，实现热能品位的提升，以满足供热需求。当室外空气温度在0℃左右时，空气源热泵的电一热转换效率能效比可达到3。近年来，我国在此方向的技术进步迅速，通过新的压缩机技术、变频技术和新的系统集成，已经把空气源热泵的应用范围扩展到-20℃的低温环境。但我国空气源热泵制造仍存在瓶颈与问题，尤其是压缩机部件技术不过关，多采用国外进口核心部件，严重限制着我国空气源热泵的发展。

（3）复合热泵系统

为实现地源热泵系统长期高效运行，应使地源热泵每年从地下取热和排热总量基本达到平衡。因此，对于冷热负荷差别比较大，或者单纯利用地源热泵系统不能满足冷负荷或热负荷需求时，可采用复合式地源热泵系统。

当冷负荷大于热负荷时。可采用“冷却塔+地源热泵”的方式，地源热泵系统承担的容量由冬季热负荷确定，夏季超出的部分由冷却塔提供。当冷负荷小于热负荷时，可采用“辅助热源+地源热泵”的方式，地源热泵系统承担的容量由夏季冷负荷确定，冬季超出的部分由辅助热源提供，方式有：太阳能、燃气锅炉、电加热或余热利用等。采用复合式地源热泵系统后，可以使得吸、排热量大体持平。典型的复合式地源热泵系统，如：地源热泵与太阳能复合式系统、地泵热源与冰蓄冷复合式系统、地源热泵与冷却塔复合式系统、地源热泵热水系统等。

6.2 建设工程项目低碳技术体系发展趋势分析

自20世纪80年代以来，我国的建筑节能工作经过三十多年的发展取得了举世瞩目的成就，通过“三步走”战略实现各类建筑节能标准不断提高，建筑能效水平显著提升。“十三五”以来，随着国家标准《民用建筑能耗标准》GB/T 51161—2016发布实施，建筑节能工作逐步由提高建筑能效转向以降低建筑实际能耗为主要目标，将实施建筑能耗总量和强度“双控”作为重要发展方向。

同时，随着“十四五”发展新时期的到来，我国城镇化面临的主要矛盾已经发生变化，城镇化率与城市基础设施不适应社会经济发展需要的基本状态已经出现了转变，城市建设已基本上满足社会和经济发展的需要，城镇化也将从以前的迸发式增长阶段转为缓慢增长期。而建筑节能领域中长期的发展应基于我国现阶段发展的主要战略需要。

6.2.1 智能建造技术

在“双碳”目标下，低碳建造上升到国家战略，建筑行业的转型升级显得尤为紧迫。而低碳智能建造作为解决建筑行业低效率、高污染、高能耗问题的有效途径，契合了建筑业转型升级的发展需求，成为推进行业高质量发展的重要举措。总体来看，我国目前智能建造还处于低水平阶段。智能建造水平主要取决于智能建造技术和智能建造管理技术两方面。

1. 智能建造技术

（1）发展3D打印技术

在现有3D打印技术的基础上，解决应用体系、打印材料和打印设备等问题。例如，目前市场上可以买到的3D打印设备大多数是实验室用的，一般可打印的体积在1m^3内，而在建筑工程中需要更大尺度的3D打印设备，因为建筑工程的部品或部件的尺寸都比较大，需要研制专门的打印设备。实际上大尺度的3D打印设备的研制尚有很多技术难题，以上海某公司研制的3D打印设备为例，设备尺寸为25m×4m×2.5m，在研制过程中解决的主要问题包括：如何对材料进行改性使之满足结构部件需求，保证打印的材料层间的粘结力，保证打印精度，优化打印头运动路径以及提高打印速度等一系列问题。

（2）发展行业重器智能装备技术

重器智能装备技术对于建筑行业和建筑企业，就如同先进制造生产线对于制造行业和制造企业一样重要。今后建筑行业和建筑企业需要更多满足现实需求、专门的智能装备。这样的设备必须高效，能够使大型公共建筑施工更安全，质量更有保证。

（3）发展更加实用的建筑自动化和机器人技术

在过去40多年中，建筑自动化和机器人的研究开发数量相当多，但真正成功地应用在实际工程中的占不到总数的10%，而从研究到实际应用往往会花上几年甚至十几年的时间。

近年来，BIM、3D打印、计算机视觉、物联网、大数据、人工智能等新技术的迅速发展，使它们可以直接用于建筑行业的生产过程，同时作为支撑技术为自动化和机器人技术的发展提供了有力支持。可以预见，在建筑自动化和机器人技术方面，将会有更多的新兴信息技术条件，不断深化已有的研究，使建筑自动化和机器人技术向实用化发展。

（4）发展高度智能化建筑机器人技术

近年来，人工智能技术在认知方面取得了突破性进展，体现在可以用于更好地识别语音和图像。与语音识别相关的技术包括语音识别、自然语言处理等。与图像识别相关的技术包括机器视觉、指纹识别、人脸识别、视网膜识别、虹膜识别、掌纹识别等。与认知相关的综合智能的发展无疑为人工智能在建筑工程中的应用提供了新的可能性，使计算机可以像人一样感知周围环境，形成信息输入，并通过计算智能完成一定的工作，使建筑机器人具有更高的智能。

（5）发展面向智能建造的模块化技术

建筑工程的智能建造也可以从制造业的智能制造获得启发。建筑工程的施工顺序一般是先进行主体结构，然后进行围护结构，最后进行装修。随着建筑工业化的发展，行业开始分别采用装配式结构、装配式装修等技术。这种做法基本上还是在沿用传统的施工顺序。反观制造业，以造船业为例，其施工过程与建筑施工过程不同。根本不同点在于，在部品或部件的生产阶段，已经将结构和装修集成在一起形成模块，实现模块化生产。一旦装配完成，施工就完成了。这对技术提出了更高的要求，即需要各部分之间的无缝衔接，因此在模块设计过程中BIM技术的应用必不可少。例如，在实现机电设备机房的装配式施工时，需要利用BIM模型，先在模型上尝试并确认将整体拆分成一个个模块，然后按所设计的模块在工厂里进行生产，最后在现场对模块进行组装。面向智能建造的模块化技术需要在此基础上发展进步。

2. 智能建造管理技术

（1）发展全过程可视化管理技术

BIM技术使人们在设计、施工以及运维过程中，能将需要面对的对象在计算机中以形象直观的方式显示出来，从而解决人们依靠想象力难以把握复杂事物的问题。例如，在运维管理中，管理人员在BIM模型中可以任意切换到所关心的楼层，点击所关心的设备后，获得该设备的信息，或者通过点击该设备启动该设备，或者查看该设备迄今发生的所有维护维修记录。而维修人员在维修一个设备时，利用手机就可以打开相关BIM模型，然后通过在BIM模型上点击该设备，可以查询该设备的配件型号；完成维修后将维修过程中所完成的维修内容上传系统后将自动地实现这些信息与BIM模型中的该设备的绑定。

（2）发展基于数字孪生的决策支持技术

数字孪生既是一种理念，也是一种方法，是指对应于实际物体，在计算机中建立的模型，该模型不仅可以反映所对应的物体形状，还可以用于对其物理特性和行为进行仿真，甚至实现虚实互动。目前，尽管数字孪生的概念已经形成，但在实际过程中，数字孪生应用和BIM应用两者还没有区别开。

实际上，数字孪生应用是更加系统化的BIM应用。对于一般工程，按需进行BIM应用就够了；而对于大型复杂工程，往往需要全面甚至实时的数字孪生应用。通过数字孪生应用可更好地进行项目决策，为建造过程带来最佳效益。

（3）发展基于企业大数据分析的决策支持技术

随着企业信息技术应用的开展，企业不断积累着越来越多的信息，其中包含企业承包过的工程项目的信息、工程项目管理信息以及企业管理信息等。一方面，这些信息在企业开展业务的过程中发挥着重要作用，另一方面，它们对今后企业的决策也有利用价值。通常使用BI（Business Intelligence，商业智能）工具，不仅支持按指定的数据提取项目自动地从已有的数据库中提取数据，并将其保存到数据仓库中，还提供各种分析功能、可视化功能等，以便用户针对有用的数据进行用于支持决策的大数据分析。

随着BIM应用的开展，设计企业会逐渐积累大量的BIM设计模型，一些施工企业已经开始使用基于BIM的项目管理系统，而一些企业的设施设备运维管理中也使用了基于BIM的运维管理系统。新数据的加入使人们期待更有效的企业大数据应用。

6.2.2 新型装配式绿色建造技术

2022年6月，住房和城乡建设部、国家发展和改革委员会正式发布《城乡建设领域碳达峰实施方案》,《方案》提出，推进绿色低碳建造，大力发展装配式建筑，推广钢结构住宅，到2030年装配式建筑占当年城镇新建建筑的比例达到40%。相比2022年1月住房和城乡建设部发布的《“十四五”建筑业发展规划》中所提出的“到2025年装配式建筑占新建建筑的比例达30%以上”，装配化比例上又提高了10%。在建筑中推广成熟装配式技术应用，通过工业化生产、装配化施工推动实施建筑领域低碳建造。

装配式建筑是指根据建筑工业化设计要求，采用尺寸精确、符合建筑模数化和标准化的预制构件在工地装配而成的建筑，其优点是减少了现场湿作业，建造速度快、工期短、受气候条件制约较小，降低劳动强度、节约劳动力，大大减少了施工现场模板及支撑体系等周转材料的使用量，降低了粉尘、噪声等污染，而新型装配整体式绿色低碳建筑则是在传统预制装配式建筑的基础上，将节能减排、低碳环保、绿色施工等技术创新融入工程的建造实践中，应用了创新的节点连接技术、绿色低碳安装技术等，从而在不降低结构安全性的前提下，优化了建筑性能和功能，使工程进行低碳施工，减少了工程建造过程的能耗和污染，节约了“取之有限”的能源和资源，而且保护了环境，使“绿色低碳”在工程的建造过程中得到了充分的体现。

装配式建筑的低碳技术具体体现在以下几个方面：

1. 减少施工垃圾，节约资源和能源

在近年来的社会发展中，虽然经济水平在不断地提升，建筑行业也在迅速发展。但是，在不断建设完成的各项建筑工程中，却也出现了大量的资源浪费问题，无论是建筑能源还是建筑材料，都在加快资源的损耗，这就造成我国的总资源在逐渐减少，在其他行业领域的发展中出现供需不平的问题，对我国的社会可持续性发展造成一定的影响。除此之外，建筑工程在施工的过程中，不可避免会产生大量的建筑垃圾，严重污染大气环境。因此，在装配式建筑中融入绿色低碳环保理念，不仅能有效地节能减损，还能减少建筑垃圾的产生，实现对大气环境的保护作用。

2. 精益建造提升生产效率

和以往的建筑工程相比，装配式建筑技术的基础是建立在结合了先进技术与管理的前提下，统一地调度和协调装配式建筑施工在生产工程构件中的各个环节，具有较快的建设

速度。另一方面，在工地上直接进行预制构件装配的施工形式，还能有效将建筑工程中的人力、物力损耗降到最低，减轻工作人员的负担。其次，装配式建筑的主要施工材料是钢架混凝土等，不仅具有建筑上的优势，还有较强的建筑质量特性；并且可以进行随时调整的构件材料在室内空间的处理上，也能根据户主的需求进行分隔，既实现了对施工材料的节约，也做到了对空间的加强利用，进一步降低了建筑成本。同时，多元化和灵活性高的装配式建筑形式还能缩短建筑的工期，有效提高建筑质量。

3. 模块化建筑提升保温隔热表现

建筑模块复合墙体建筑具有更好的整体性和气密性，从而有着独特的保温性能，冬季的室温与同等条件的砖混建筑相比可提高7～11℃，其25cm厚复合墙体相当于460cm的红砖厚度墙体的保温效果，即便在没有供暖的情况下，也能使室内保持一定的温度，每年可节省2/3采暖费用，夏天不用开空调，室内温度保持在27℃以下，降低住户的使用成本，减少能耗。

6.2.3 低碳建筑材料应用

我国是世界最大的建筑材料生产和消费国，2020年我国建材行业总CO_2排放16.5亿吨，其中水泥产生的CO_2排放量约13亿吨，约占建材行业总碳排放的80%。建筑材料行业如何做好碳减排工作对我国总体实现“碳达峰、碳中和”目标至关重要。

未来随着社会进步，建材用量会逐步减少，但实现建材行业碳中和的主要途径仍要依赖新技术发展，主要包括生产工艺减碳、源头减碳以及CCUS减碳技术。从建筑发展历史看，远古时代的建筑主要是木石或者草木结构，而现代建筑基本是由水泥和钢筋构成，未来需要大量采用新型绿色、低碳、零碳建筑型式，一方面采用低碳零碳水泥或采用钢结构建筑；另一方面要充分利用绿色、低碳建筑材料并发展新建筑材料。

1. 发展低碳零碳水泥

低碳零碳建材是建材行业源头减碳的主要途径，需要通过原料替代、低碳水泥和新型材料替代水泥来实现建材行业的碳减排。低碳水泥是相对现有通用硅酸盐水泥熟料体系而言，以低钙硅比的二硅酸三钙、硅酸二钙、硅酸钙等为主要矿相的新型熟料体系在生产过程中煅烧温度会降低，CO_2排放也更低，是水泥行业的重要发展方向。在不久的将来，随着低碳水泥、负碳水泥等新技术实现突破性发展和推广应用，将进一步加快我国建筑行业碳中和进程。

我国每年都会产生大量的高钙硅含量工业废渣，如钢渣、电石渣、粉煤灰等，这些工业废渣的堆积占用了大量土地，严重污染环境。采用这些工业废渣替代石灰石作为水泥生产原料，是水泥行业协同处置工业固废并同时降低原料煅烧过程中的CO_2排放的重要途径。

例如，通过湿法矿化技术，可实现钢渣中游离钙高值化和固碳过程耦合，同时提高钢渣掺混率，提升钢渣水泥的胶凝活性和稳定性，制备低碳水泥。循环流化床粉煤灰是高凝胶活性的含硅材料，可替代部分熟料制备低碳水泥。电石渣中钙含量很高，是水泥的优质钙源，可代替部分水泥熟料减少生产过程碳排放。

新型凝胶材料技术主要是利用碱性激发剂激发工业废渣获得低能耗、低碳排的聚合材料，相对于水泥而言其CO_2排放很少。虽然目前还没有证据表明其可以取代普通硅酸盐水泥，但已经有一些研究成果表明在不久的将来这种建材或将被广泛应用。

2. 发展低碳钢结构建筑材料

钢结构建筑是替代水泥建筑的一种重要方式，相较于传统混凝土建筑，它更加绿色低碳、节能节水，并且具有主材可回收、装配简单、减少人工、抗震性能好等优势，被誉为21世纪的“绿色建筑”，如鸟巢、武汉雷神山医院等都是钢结构建筑。从全生命周期看，钢结构建筑相比水泥建筑可降低CO_2排放35%以上。

钢结构建筑的发展关键在于钢铁行业自身低碳技术的发展。钢铁行业主要的排碳单元是高炉炼铁过程中碳作为还原剂和热源产生大量CO_2，因此减排的关键是碳原料替代和流程变革。在产业结构调整的基础上，应大力发展富氢或纯氢冶金技术、废钢回用短流程技术、富氧燃烧、钢化联产技术等。

3. 发展新型建筑材料

碳纤维材料是新型绿色建材的发展方向之一。碳纤维作为一种性能优异的战略性新型建筑材料，密度不足钢的1/4，但强度却是钢的5～9倍，且耐腐蚀性强。碳纤维做的碳网格混凝土，比传统的钢筋混凝土减少钢筋用量约75%，从全生命周期来看，碳纤维混凝土在能耗和性能等方面都具有优势。德累斯顿理工大学采用C3–碳混凝土复合材料建成的一个220m^2实验室，减少了约50%的碳排放。

我国碳纤维应用在建筑领域也取得了重要进展，如在浙江桐庐机器人编制的碳纤维结构展亭——结缘堂，国内首座应用碳纤维材料斜拉索的千吨级车行桥——聊城市兴华路跨徒骇河大桥。目前受限于生产成本高、能耗高、碳排放高等因素的影响，碳纤维还不能大规模应用于建筑领域。

因此，亟需变革性的碳纤维生产技术，如以烟气、废气中捕集的CO_2为原料，利用太阳能提供绿色电、热能源制备碳纤维材料，或以生物质为原料通过纺丝、预处理、碳化等过程制备碳纤维材料，以此实现碳纤维新型建筑的发展。

新型塑料也展现出了部分替代水泥的潜力。如德国一座8层2.4万m^2的大楼就采用新型塑料填充结构，预计可减少35%的混凝土用量。塑料材料在建材行业应用的根本是负碳聚合物技术的突破。

另外，3D打印建筑作为一种新兴建筑模式，也逐步呈现出一定的发展趋势，但相对来说，这种建筑成本比较高、材料结构本身有待突破，未来3D打印材料可以朝着低成本、高流动性、高强度、耐候性的有机–无机复合材料方向发展。

6.2.4 可再生能源技术应用

在几十年内，太阳能和风能将在大多数地区主导电力系统。从2018年到2050年，太阳能光伏容量将增长21倍，到2050年之前将达到10TW，而陆上风电装机容量将增长10倍，达到4.9TW，固定海上风电为1TW，浮动海上风电为255GW。随着太阳能跟踪技术，双面太阳能电池板，更大和更高的风力发电机技术的改进，以及在日照和风力特性更好的地区进行投资在财务上变得可行，全球单位容量年发电量（容量因素）将上升。据估计，到2040年，太阳能和风能将占世界电力的46%，到2050年将占62%。

可再生能源的使用并不是对传统节能技术的完全替代，在应用过程中，必须将两者结合起来，在强化新的节能技术应用、推广的同时，还需对传统节能技术进行进一步挖掘，聘请新建材开发、环境保护、建筑设计等方面的专家对节能建筑设计工作进行指导，使可再生能源产品能效提升。另外，相关部门还需对能源建筑应用评估标准进行完善，对计量控制技术、节能运行管理技术进行研发。

可再生能源技术的推广对于该技术的发展而言具有重要意义，通过推广这类技术，有利于使其发展进程加快，在可再生能源技术应用过程中，要注重这类技术与相关产业间的联系，使技术与相关产业有机结合，鼓励效果好、成本低、污染少的技术产品大力发展，使能源利用效率大大提升，利用市场化方式，促进可再生能源技术的应用与发展。在这类技术推广应用中，政府要筹措技术资金，对相关产业的发展给予扶持。

6.2.5 碳捕集、利用与封存（CCUS）技术

碳捕集、利用与封存（CCUS）技术是指将CO_2从能源利用、工业过程等排放源或大气中捕集分离，并输送到适宜的场地加以利用或封存，以实现CO_2长期封存或转化利用的过程，是实现CO_2减排的有效技术手段，也是我国实现“双碳”目标的关键技术路径。CCUS技术和产业链发展涉及煤炭、石油、天然气、新能源等能源生产领域，以及电力、化工、钢铁、水泥、建筑、交通等多个行业，与社会、经济、政治等各方面息息相关。CCUS与化石能源深度耦合，能够实现碳基能源有效脱碳，保障以传统化石能源为基础的工业产业可持续发展；CCUS与可再生能源、氢能、生物质能等新能源耦合，能够构建多能互补新模式，实现零碳、负碳能源供给体系变革，保障新型能源体系稳定运行；CCUS与化工、钢铁、水泥等工业产业深度融合，能够有效推动传统产业的提质升级，催生低

碳、零碳、负碳新产业和新业态，促进生产力的发展，对经济社会发展和“双碳”目标的协同推进具有重要意义。

国际机构对CCUS技术的碳减排贡献进行了评估。IPCC在《IPCC全球升温1.5℃特别报告》中指出，2030年CCUS技术的减排量为1亿～4亿t/a，2050年CCUS技术的减排量为30亿～68亿t/a。国际能源署（IEA）2050年全球能源系统净零排放情景预测，2050年全球碳捕集量为76亿t/a，可持续发展情景预测，2070年全球实现净零排放，CCUS技术是第四大贡献技术，累积减排贡献达到15%。国际可再生能源机构（IRENA）深度脱碳情境预测，2050年CCUS技术贡献约6%的年减排量，减排量为27.9亿t/a。2023年，伍德麦肯兹公司发布的预测报告指出，CCUS技术将至少贡献全球碳减排量的15%。我国学者对中国净零排放情景下的CCUS技术减排贡献也进行了评价，2060年碳中和情景，CCUS技术年减排量约10.41亿t，累计减排贡献为14.6%。上述评估结果表明，CCUS技术已成为国际公认的减碳途径之一。我国实现“双碳”目标时间紧，碳减排强度大，CCUS技术对我国“双碳”目标实现更为重要。我国能源结构以化石能源为主，2022年化石能源在一次能源消费中占比82.5%，能源相关碳排放量大，同时我国是一个发展中国家，排放量在近期仍将增加；我国制造业占GDP比重较高，单位GDP能耗强度和碳排放强度高，因此，必须采用组合技术体系保障“双碳”目标实现。CCUS技术可助力化石能源清洁化利用，使化石能源与新能源实现竞合关系；可推动电力、钢铁、水泥等行业的绿色低碳转型，成为我国实现“双碳”目标的重要技术支撑，也是必然选择。

6.3 建设工程项目中长期低碳技术体系

6.3.1 新建建筑低碳建造技术体系

1. 技术路线考虑

随着全球气候问题日益严峻，以高能效、低排放为核心的高性能建筑发展为实现国家的能源安全和可持续发展起到至关重要的作用。近年来，欧美发达国家陆续将“零能耗建筑”作为建造节能的发展方向，相继开展了技术研究与工程示范，零能耗建筑被视为消减化石燃料消耗和温室气体排放的终极解决方案。相较于欧美国家，我国零能耗建筑研究与试点示范起步较晚。研究表明，零能耗建筑：一是在保证一定舒适度的前提下，通过被动式建造节能技术和高效主动式建造节能技术，最大幅度降低建筑终端用能需求和能耗；二是充分利用场地内可再生能源产能，替代或抵消建筑对常规能源的需求；三是合理配置可再生能源和储能系统容量，大幅度降低常规能源峰值负荷，成为电网友好型的建筑负载。

我国气候分区多且差异大，不同气候区能源需求不同，技术路径侧重点不同，明确技术路径是促进我国发展零能耗建筑首要核心问题。因此“零能耗建筑”技术路线一般从以下四个环节考虑。

（1）合理用能需求

应充分考虑气候特点、用能习惯、服务水平等因素确定建筑的用能需求，特别是不应以牺牲基本舒适度来实现“零能耗建筑”。近年来夏热冬冷地区冬季，室内环境改善需求显著，零能耗建筑的设计应兼顾能效与室内环境舒适性改善问题。

（2）优化能源供给

太阳能光伏发电系统是零能耗建筑产能的主要技术措施，近年来光伏发电成本快速降低，加速了零能耗建筑的发展，通过加快对需求响应式能源供给、智能微网控制和建筑直流供电等技术的研发和应用，进一步形成更加高效充足的能源供给方式，是促进零能耗建筑发展的关键技术领域。

（3）降低建造能耗需求

应进一步研究高保温、高端热、高气密性围护结构，以及自然通风、自然采光等各类被动式技术在我国不同气候区的适用性，提升技术集成和应用水平，不断降低建造基本用能需求。

（4）提高建造设备与系统的能效水平

一方面是通过技术创新进一步提升设备效率；另一方面是通过建筑调适等技术进一步提升用能系统运行管理水平，从而实现主动式设备和系统能效水平的整体提升和优化运行。

2. 关键技术方向

结合科研和示范，应在以下关键技术方向进行攻关：

（1）更新设计理念，重视气候适应性的室内环境营造和气候响应设计

气候响应设计是指适应气候特征和自然条件，以气候特征为引导进行建筑方案设计，基于项目当地的气象条件、生活居住习惯，借鉴本地传统建筑被动式措施进行建筑平面总体布局、朝向、采光通风、室内空间布局的适应性设计。以地域特征为基础的气候响应设计，能够以最小的经济代价营造一个优良的建筑本体，为建筑创建良好的基础条件，应该成为零能耗建筑在设计时的首要原则。

（2）优化设计方法，强化以能耗目标为导向的节能设计方法

常规的节能设计是以节能措施的应用为导向。对于零能耗建筑而言，设计应该转变思路，以明确的能耗目标为导向开展反向设计。所谓“以能耗目标为导向的建筑节能设计”是指以建筑能耗指标为性能目标，利用能耗模拟计算软件，对设计方案进行逐步优化，最终达到预定性能目标要求的设计过程。基于能耗目标为导向的定量化设计与优化，分析计

算确定各部分性能参数，围绕能耗目标，综合考虑建筑本体设计、围护结构、机电设备及可再生能源利用各部分的节能技术，优化设计与技术组合，以求相互配合，共同实现节能目标。

（3）加快装配式建造方式下的建筑保温体系研发

装配式建造方式是建筑工业化的重要内容，与传统建造方式相比，装配拼接缝更容易产生渗漏和热桥问题，因此急需因地制宜研发适合不同气候区的高性能建筑保温体系、新型高效节点构造及施工技术。

（4）降低高性能门窗成本

建筑门窗是建筑节能关键之一，应当着重处理门窗的密封性能和保温性能。我国各地目前应用的节能门窗，其整体传热系数通常在2.0W/（m^2·K）以上，气密性通常在6级以上。而要实现零能耗，需要更高性能的门窗应用。如按照德国被动房标准，通常外窗传热系数要达到0.80W/（m^2·K），外窗气密性达到8级以上高性能门窗，需要热工性能更优的窗框及玻璃，通常采用三玻两腔中空玻璃等高性能材料，而窗框除了塑钢、铝合金等传统型材，也有铝包木、铝木复层、玻纤聚氨酯等新型型材。为了保证更高的气密性指标，需要更严密的气密性构造。目前我国高性能门窗产品已达到国际水平，但成本较高，是规模化推广零能耗建筑的障碍之一。

6.3.2 既有建筑低碳改造技术体系

既有建筑节能与新建建筑不同，由于受建筑本身和周边环境限制，以及要充分考虑房屋所有者和使用者的意愿和感受，既有建筑节能改造应遵循降低干扰、减少污染、快速施工、安全可靠的基本原则。目前既有居住建筑改造的技术体系相对成熟主要包括：

1. 关键技术

随着既有建筑节能改造工作的不断推进与完善，改造技术呈现多样化发展，空调热源、空调冷源、空调输配系统、电梯、控制系统和照明系统的改造技术在各类建筑中被普遍应用。基于工程案例，改造可以实现15%节能率目标。所以现有既有建筑节能改造技术相对成熟，技术上可以满足不同阶段节能目标实现。

但是实际工程实践中，并非所有的建筑都适用以上技术，不同技术的年节能率、投资回收期特点差别巨大；不同技术在不同应用条件下所达到的节能效果差别巨大。在开展既有公共节能改造时，必须深入分析建筑实际情况、改造前用能诊断，找到改造建筑用能薄弱环节，根据建筑能耗特点制定最优改造方案，选择适宜的节能技术，使得有限的改造资源得到最合理的利用。

梳理不同气候区公共建筑节能改造经验，公共建筑的节能改造主要围绕以下四个方面开展。

（1）建筑围护结构保温技术

1）外墙保温技术

按照保温材料设置位置不同，外墙保温技术分为外墙外保温、外墙内保温、外墙自保温和外墙复合保温技术。根据保温材料的性质不同，分为有机保温系统、无机保温系统和复合保温系统。其中，常用的有机保温材料包括胶粉聚苯颗粒、模塑聚苯板、挤塑聚苯板、硬泡聚氨酯板、酚醛板等；无机保温材料包括玻化微珠（闭孔珍珠岩）保温砂浆、泡沫混凝土保温板、岩棉保温板、泡沫玻璃保温板、轻质陶瓷板等；复合保温材料通常指由无机和有机材料制成的保温材料，如聚苯颗粒水泥保温板。根据施工工艺不同，分为湿贴法、喷涂法、分层涂抹法、机械固定法、整墙浇筑法等。

考虑到既有建筑节能改造应遵循的基本原则，应优先选择外墙外保温技术，当既有建筑外立面需要保护或不具备施工条件时，可选择外墙内保温技术。但是应注意外墙混凝土梁、柱处的冷桥处理。考虑到既有建筑节能改造的经济成本和安全性，应优先选择无机保温材料或满足防火性能要求的有机保温材料。对于施工工艺，应优先选择对周边环境影响较小、施工质量容易把握的湿贴法。对于扩建项目，可选择自保温或复合保温技术。

2）屋面保温技术

建筑屋面按照保温层位置不同，分为正置式和倒置式；按照构造形式不同，分为平屋面和坡屋面：按照荷载不同，分为可上人屋面和不可上人屋面。由于建筑屋面防水性能要求较高，在选择保温材料和防水材料时应注意相互之间的协调。因此，应选择防水性能较好的保温材料，应优选兼具保温和防水功能于一体的保温技术。

3）门窗保温技术

目前常用的门窗系统根据型材不同，分为木门窗、塑料门窗、铝合金门窗以及复合型材门窗；根据玻璃设置不同，分为单层玻璃门窗、双层中空玻璃门窗、三层中空玻璃门窗；根据所用玻璃不同，分为普通玻璃门窗、低辐射（Low-E）玻璃门窗和热反射玻璃门窗；根据开启方式不同，主要分为推拉门窗和平开门窗。

对于既有建筑门窗改造，首先从保温性能考虑应选择采取保温措施的塑料或铝合金型材的双玻中空门窗。其次，考虑到门窗的气密性、水密性和隔声性能，应选择平开门窗。

（2）空调与供热改造技术

对于空调与供热改造，首先应充分挖掘原系统的节能潜力，或者通过较少的投入提高系统运行效率，降低能耗。当现有方法无法满足节能要求时，可考虑更换相关设备。在选择相关设备时，应根据实际使用环境，合理确定设备功率。

建筑室内通风系统主要分为强制通风系统和自然通风系统。其中强制通风系统是在建筑室内不同部位设置进风口和出风口，利用电力驱动风扇转动实现通风换气；自然通风系统是根据当地气候条件，通过合理选择进风口和出风口，在无需其他能源驱动下，利用建筑室内外气压差完成通风换气。关于供热分户计量改造，目前常用的技术包括热量表分配计量法、通断时间面积法和温度面积分配法。上述三种方法各有特点，且适用条件和范围各不相同。在实际选择时应根据改造工程实际情况确定分户供热计量技术路线。

（3）可再生能源利用技术

目前建筑普遍利用的可再生能源包括太阳能和地热能。太阳能利用在建筑中的应用主要分为供暖、热水和光伏发电三类技术。由于我国太阳能资源分布不均，此外，考虑到不同季节对太阳能的利用效率不同，为满足全天候使用要求，太阳能通常与其他常规能源配套利用。

地热能利用根据使用介质不同，分为直接使用地下水和使用专用冷热媒。由于直接使用地下水涉及回灌问题，增加设备投入，处理不好将造成地下水的污染和流失。因此，对于符合使用地源热泵技术的改造项目应优先选择专用介质作为冷热媒。

（4）采光与遮阳技术

建筑遮阳技术根据遮阳主体不同，分为人工遮阳和自然遮阳。其中，自然遮阳是指利用植物或在建筑设计时考虑朝向、建筑体形等实现遮阳；人工遮阳是指利用人工产品实现遮阳。根据遮阳设施在建筑上设置的位置不同，分为内遮阳、外遮阳和自遮阳。其中，外遮阳技术的遮阳效果最好，内遮阳的效果相对最差。根据遮阳产品不同分为软帘遮阳、百叶遮阳、卷帘遮阳、叶片遮阳等。根据遮阳形式不同，分为垂直遮阳、水平遮阳、综合遮阳、固定遮阳和活动遮阳等。建筑采光包括自然采光和人工照明。在既有建筑改造中，应充分利用现有条件，优先选择自然采光以降低改造成本和能耗。当实际条件无法满足采光需求时，应优先通过调整控制策略，改变行为习惯实现无成本改造，其次通过更换节能光源和设备降低能耗。

2. 技术方向

通过对既有建筑节能改造技术梳理，主要从设备更新适宜等角度实现节能，未来我国既有建筑节能改造更加侧重能源应用的智能化和绿色化，更加注重可再生能源（光热、光电和热泵）应用，保障提升建筑舒适性的同时更好地节约能源消耗。

（1）绿色化和海绵化改造

目前我国正大力推进海绵城市建设。相关研究表明，随着城镇化水平的不断提高，海绵化改造应从集中式转向分布式，将每栋建筑改造为立体海绵单元。因此，在夏热冬冷地区既有公共建筑绿色化改造中应充分结合城镇化发展及政策推动进行屋顶绿化、室外场地改造、雨水回收利用等的海绵化改造。特别是夏热冬冷和夏热冬暖地区，可通过外墙和屋面绿化达到很好的日间遮阳效果。

（2）建筑用能设备与系统调试技术

空调系统中合理选择且经济适宜，杜绝“大马拉小车”；建筑周围有电厂二次蒸汽或余热等，可考虑采用溴化锂吸收式空调机组；末端配电系统相序平衡调整；多台电梯应实施群控措施，扶梯应采用空载低速运行或自动暂停的措施。

（3）人工智能的智能运维技术

《新一代人工智能发展规划》指出，要加强人工智能技术与家具建筑系统的融合应用，提升建筑设备及家具产品的智能化水平，促进社区服务系统与居民智能家庭系统协同。人工智能技术应用于建筑内部设施及运维管理，可以促进智能建筑、智慧社区和智能城市的建设。引入人工智能技术，可以智能地调整大型建筑物的室内照明系统、空气循环系统、光伏发电系统等设施，降低整个建筑物的能耗。

（4）基于人行为的用能系统控制技术

从人机工程学提出的基于行为控制的控制系统，从人的舒适度方面出发，利用空调的定向送风，使人摆脱现有空调固定送风的弊端，提高空调的节能效率，通过行为智能传感器检测人的行为特征，实现自动开关机，通过检测人的行为特征进行制冷（热）量的控制，实现最经济的按需制冷或制热，实现节能。

6.3.3 农村建筑低碳节能技术体系

随着农村经济水平的不断提高和新农村建设的全面开展，农村住宅的用能结构和消费水平也发生了巨大的变化。20世纪90年代煤炭价格较低，农村开始大量使用燃煤，后来由于煤炭价格的逐年上涨，而农民由于使用惯性等原因很难一时改变这种习惯，从而供暖和炊事用煤逐渐成为了农民较大的经济负担，目前北方农村每户的年均取暖费用为1000～3000元，占到年收入的10%～20%。即使在收入水平较高的北京地区农村，也有80%左右的农民认为目前取暖负担较重。因此，通过合理的技术手段实现散煤替代，不仅有利于节能和环境改善，也有利于减轻农民的经济负担，改善农村人居环境和民生。

我国南方地区气候适宜，雨量丰富，河流众多，具有更为优越的生态环境。因此，南方农村发展的目标是充分利用该地区的气候、资源等优势，在不使用煤炭的前提下，以尽可能低的商品能源消耗，通过被动式建筑节能技术和可再生能源的利用，建造具有优美环境的现代农宅，真正实现建筑与自然和谐互融的低碳化发展模式。该模式不同于以中高能耗为代价、完全依靠机械式手段构造的西方式建筑模式，而是在继承传统生活追求“人与自然”“建筑与环境”和谐发展理念的基础上，通过科学规划和技术创新，形成一种符合我国南方地区特点的可持续发展模式。

我国农村状况与城镇大不相同，有相对充足的空间、有足够的屋顶、可以提供充足的作为能源的生物质资源、有充分消纳生物质能源生成物的条件等，这就使得农村完全可以发展出一套全新的基于生物质能源和可再生能源（太阳能、风能、小水力能）的农村建筑能源系统，再用电力、燃气等清洁商品能作为补充，摆脱依靠燃煤的局面，全面解决农村生活，甚至生产和交通用能，还青山绿水于村庄。重点技术方向应包括：

1. 农村沼气综合利用技术

该技术模式采用厌氧发酵处理，产生的沼气用于集中供气、发电上网、提纯制备生物天然气，产生的沼渣沼液进行综合利用，为农村地区提供绿色清洁能源，替代化石能源消耗，实现减污降碳协同增效。

2. 秸秆能源化利用技术

该技术模式通过推广秸秆打捆直燃集中供暖、成型燃料清洁燃烧、热解碳气肥联产等，替代生产生活使用的化石能源，解决农村地区清洁能源供应短板，减少温室气体排放。

6.3.4 可再生能源建筑应用技术体系

根据国家能源结构转型的发展战略需要，未来我国电气化水平将进一步提高，太阳能光伏建筑一体化应用水平将成为建筑节能领域，特别是以零能耗建筑为代表的高性能建筑的关键技术。与传统化石能源相比，风电、光电等可再生能源受到气象参数的影响，具有较强的不确定性，其占比的不断提高会使得能源供给侧的不稳定性迅速增加，需要采取措施增强电网稳定性、减少波动。可以通过各种用能终端改变负荷特性实现。即包括建筑运行在内的用能部门除了作为单纯的使用者，还需要可以承担一定的削峰填谷、提高风电与光电入网率等功能，建筑中的许多用能需求，如供暖空调、家用电器等，在许多情况下，与工业生产相比，时间与强度都是相对柔性的。具有较强的可调节性，能够实现较好的用能负荷调节功能。因此，就增加可再生能源利用而言，需要进一步发展除了单纯增加可再生能源利用技术外，还应发展如储能类技术，以提升建筑负载柔度，重点应在以下方向开展技术攻关：

1. 直流供电和分布式蓄电技术

2017年9月，国家发展改革委、财政部、科技部、工信部与能源局五部委共同印发《关于促进储能技术与产业发展的指导意见》，指出在“十三五”期间，要实现储能技术由研发示范向商业化初期过渡，在“十四五”期间，要实现由商业化初期向规模化发展转变。2017年11月，国家能源局制定了《完善电力辅助服务补偿（市场）机制工作方案》，明确鼓励储能设备、需求侧资源参与提供电力辅助服务。

储能技术是提升建筑本体消纳可再生能源的主要技术。结合建筑本体用能特征，可以考虑发展建筑直流供电和分布式蓄电技术。

目前，大多数末端用电设备都已要求直流供电；建筑光伏发电可预见将成为下一阶段大力发展的可再生能源技术，而光伏电池的输出也为直流电，如果可以不经过逆变直接接入，有助于实现光伏输出的最大化；同时可以实现与智能充电桩的有机结合。通过这一技术，可以实现恒功率取电、实现建筑末端柔性用电，降低区域配网容量、回收蓄电池成本，提高用电可靠性和供电质量，改善建筑内用电安全性，改变建筑内用电过程反复转换的现象并减少损耗。与周边的智能充电桩统一规划、优化运行，有利于建筑光伏发电的应用，以及可降低大多数用电器具（如LED）的成本。另外，随着电动汽车的推广，通过安装充电桩利用电动汽车电池的充放电潜能，将建筑用电从以前的刚性负荷特性变为可根据要求调控的弹性负荷特性，从而可实现"需求侧响应"方式的弹性负荷。未来我国建筑年用电量将在2.5万亿kWh以上，并预计拥有2亿辆充电式电动汽车，带有智能直流充电桩的柔性建筑可吸纳近一半由风电、光电所造成的发电侧波动，还能有效解决建筑本身用电变化导致的峰谷差变化。

目前这一技术还存在一些问题需要研究，包括系统标准与设计方法（电压等级、接地方法、短路和过流保护方式、安全保障等）、系统架构和节点方式（蓄电池连接方式、直流总线滤波、稳压和消除整流器前的高次谐波、避免大容量负载启停对直流总线的冲击、直流电量的计量、支流机械开关灭弧等）、调控方法（恒功率取电调控、需求侧相应模式调控、峰谷电价模式调控等）、消防安全问题（电池分散设置需要解决散热、排烟、防爆问题等）。

我国在直流建筑这一领域已取得一定进展，各项关键技术近年发展较快，并且已经建成了几项示范工程。在下一阶段，有望通过这一技术优化建筑在能源系统中的作用，助力能源革命不断推进。

2. 智能微电网与人工智能技术

可再生能源发电成本不断下降，性能水平快速提升，各项技术的竞争优势不断增强，传统的大规模、自上而下和集中分布的能源生产模式正被模块化、消费者驱动和均匀分布的发电模式所取代。智能微电网是一种本地能源电网，既可以独立运行，也可以连接到较大的传统电网。它们在紧急情况下提供能源独立、效率和保护。利用区块链、人工智能（AI）的机器学习能力和微网格控制器，可以持续适应和改进操作。与传统能源相比，太阳能与风能的效率和成本效益更高，并且将随着不断发展的技术继续提高。它们的价格和性能更优，结合经济效益和低环境影响，可以预期可再生能源将从可接受的能源转变为首选能源。

思考题

（1）请列举出至少3种建设工程低碳材料，并介绍它们的优点。

（2）分析我国建设工程低碳技术的现状和面临的挑战。

（3）根据你对建设工程低碳技术体系的理解，对其未来发展前景进行预测，并阐述你的观点。

7

建设工程碳管理政策体系

■ 本章要点

本章主要介绍了建设工程碳管理政策体系，包括建设工程碳管理政策的概述、现状与挑战、基本模式、政策手段、政策手段的选择与组合、政策体系构建、政策体系实施路径及发展前景等内容。该章旨在向读者介绍建设工程碳管理政策的基本概念、原则、方法和前景，使读者能够了解建设工程碳管理政策的相关背景和重要性，引导读者在实践中应用碳管理政策。

■ 学习目标

（1）了解建设工程碳管理政策的概念和重要性；

（2）掌握建设工程碳管理政策现状及面临的挑战；

（3）理解建设工程碳管理政策的基本模式和实施手段；

（4）掌握建设工程碳管理政策手段的选择与组合方法；

（5）了解建设工程碳管理政策体系的构建过程和关键要素；

（6）熟悉建设工程碳管理政策体系的实施路径和未来发展前景。

7.1 建设工程碳管理政策概述

7.1.1 建设工程碳管理政策的基本概念

建设工程碳管理政策是在可持续发展和低碳经济理念指导下，为了加强建设工程碳管理工作，根据不同的建设工程碳管理对象、碳管理事务和所要达到的碳管理目标而确定的政策，是各项具体建设工程碳管理活动的行为准则。

目前我国碳管理政策由低碳产业政策、低碳财税政策、低碳投融资政策、碳交易政策、专利政策五大类构成。虽然我国低碳政策已成体系，但仍存在结构性失衡的问题：低碳产业政策与低碳财税政策是现行低碳政策体系的核心，但行政导向性强，导致政策执行时存在监督成本相对较高；主要监管大型耗能企业与高耗能行业而忽略大量的耗能排污小型企业的监管等问题，易致政策失灵；低碳投融资政策与碳交易政策过于薄弱，存在结构性缺失；支撑低碳技术创新与推广的专利政策的政策重心不明确，存在功能性缺位。宏观上碳管理政策的缺陷和局限同样存在于建设工程领域，并将深刻反映在建设工程碳管理政策效果上。只有做好建设工程碳管理的顶层设计，才能引导建设工程碳管理工作顺利开展。

7.1.2 建设工程碳管理的政治经济学含义

在经济学中，一些相互依赖、相互影响的决策行为及其结果的组合称为博弈。建设工程碳管理问题的复杂性不仅在于环境和气候是公共产品，是市场机制不能充分发挥作用的领域，更在于温室气体的全球流动性与环境气候资源的国家属性之间的悖论，即必须通过国家间的政治谈判与经济合作才能共同解决。因此，建设工程碳管理问题表面上是一个环境问题，实质是政治问题和经济问题。建设工程低碳经济的发展既是不同国家之间气候政治博弈的结果，同时也反映了不同经济发展模式博弈竞争的过程。

首先，建设工程低碳经济是国际气候政治博弈的结果。从1992年《联合国气候变化框架公约》签署到1997年《京都议定书》生效，再到2007年“巴厘路线图”的艰难出台，一直到2009年末的哥本哈根协议，应对气候变化的国际行动逐渐走向深入，关于发展权与排放权的政治博弈则不断升级。在这个过程中，博弈的焦点在于谁应该承担更多的减排责任。发达国家竭力弱化自身碳排放的历史责任和摆脱对发展中国家提供资金、转让技术的义务，试图将自己的“气候欠账”转嫁到发展中国家，要求发展中国家共同承担量化的强制减排义务，而发展中国家既没有享受到高碳能源时代的红利，又深受当前气候危机的灾难性影响，还不可避免地要通过增加能源消费以完成工业化进程，承受着前所未有的碳减排压力。解决全球问题需要有人类利益最大化的“世界观”，但是在当前以国家、民族乃至区域利益最大化为导向的现实世界中，经济利益与环境利益、现实利益与长远利益、国家利益与全球利益矛盾重重。在这种情况下，作为一种结果对博弈各方均有利的合作性博弈形式，以减少CO_2排放为特征的建设工程低碳经济越来越成为气候变化背景下人类社会发展的必然选择。

其次，建设工程低碳经济反映了不同经济发展模式的博弈竞争。与传统的高能耗、高污染、高排放的“高碳”经济发展模式相比，低碳经济是以低能耗、低污染、低排放为基础的全新经济发展模式，是一次重大产业革命。如果说，低碳经济发展模式下的新兴产业革命将会导致各国的生产力水平革新到一个新的水准，那么，必然要求相应的生产关系即各种制度条件与之相适应。当前，欧美等发达国家通过理念、机制、政策的引领以低碳经济的倡导者和应对气候变化的引领者出现，他们不但在国内通过建立碳排放交易制度、引入碳定价机制、测定碳足迹、CO_2可视化等发展低碳经济，而且试图创建以碳为核心的国际市场构架，在全球范围内引领低碳经济的转型。他们一方面为推动、扩大低碳产业和服务的贸易开绿灯，另一方面，又通过碳关税、技术性贸易壁垒和市场准入等条件阻碍、限制高碳产品和服务价格，影响国际贸易的条件。按照这一逻辑，不同国家之间由于碳价格水平、碳排放水平的差异所产生的关于碳贸易竞争力、碳生产力水平的博弈，必然要引发不同经济发展模式的博弈竞争，其结果必然导致“高碳”经济发展模式向“低碳”经济发展模式的全面转型。因此，在全球经济格局中，新兴工业化国家和发展中国家如果要避免与发达国家再次拉大差距，对现有制度进行创新，使低碳经济发展模式下的生产关系适应生产力发展水平就显得尤为重要、尤为紧迫了。

气候变化已经带来了一个新的全球政治和经济的变化，我国不但是世界上最大的发展中国家，同时也是碳排放大国，必须从政治、经济、社会、科技等各个方面作出努力，重新思考在国际上的定位，制定新的战略方案。立足我国国情，寻求一条既能满足当下我国市场经济发展的能源供给，又有利于解决全球环境问题的多元化可行的建设工程低碳路线具有重要意义。

建设工程碳管理政治经济学图示如图7-1所示。

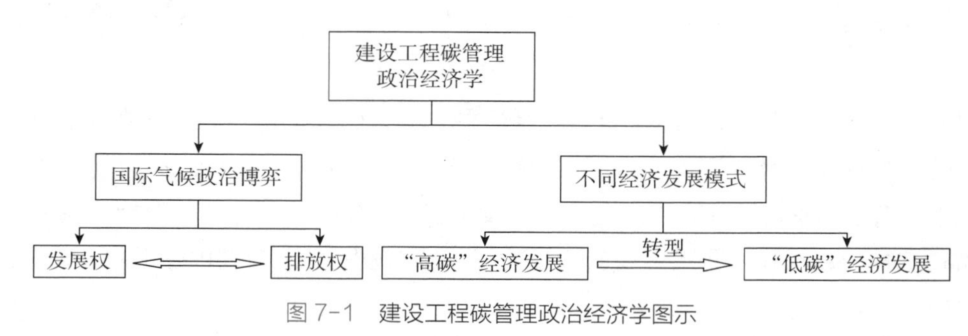

图 7-1 建设工程碳管理政治经济学图示

7.2 建设工程碳管理政策现状与挑战

7.2.1 法规和政策体系实施现状

近年来，随着环境问题日益严峻，全球各国政府和组织都积极推动减少温室气体排放的计划和政策。在建设工程领域中，全球运用较广、较为普及的碳管理政策之一就是零碳建筑政策，也称为“零排放建筑”政策。这些政策旨在促进建筑行业可持续发展，减少建筑物对环境的不良影响。零碳建筑通过采用节能、低碳和环保的设计理念和技术，以达到减少碳排放的目的。该政策常包括多种策略的组合，包括能源效率措施、可再生能源（如风能和太阳能）的利用，以及碳捕捉和储存技术的开发。这些政策的最终目标是降低人类活动对环境的影响，减缓全球变暖的步伐。各国政府目前纷纷发布有关政策以指导建筑行业的碳减行动。

欧洲国家一直是全球零碳建筑的领导者。例如，英国政府计划在2050年之前实现零碳排放，其中一个重要的措施是降低新建筑物的能源使用量80%。瑞典也在实施零碳建筑政策，包括建筑的自给自足能源和改善建筑物绝缘材料。此外，德国和法国等国家也已经采取了零碳建筑政策和计划。

北美洲的加拿大和美国政府也在推动零碳建筑政策。例如，加拿大政府于2019年宣布，到2030年将实现所有新建筑物零碳排放。而美国的一些城市，如旧金山和洛杉矶，已经开始实施建筑能源使用的强制披露要求，以监测和推进建筑的能源消耗和减排工作。

亚洲国家对于推动零碳建筑政策的步伐相对较慢，但近年来也有许多政府开始重视此问题。例如，日本政府逐步推动零碳建筑政策，鼓励发展新型节能建材和智能化建筑管理技术。

我国作为碳排放大国和负责任的大国，自“十三五”规划就明确提出了零碳建筑的目标。同时，伴随着我国的碳管理目标从隐性到显性、从强度到总量、从单一到多维的演变过程，即从节能目标开始，逐渐形成了包含降低能源强度、降低碳强度、提升非化石能源比重、控制能耗总量在内的碳管理目标体系。在此过程中，相应的建设工程碳管理政策措施不断丰富，并围绕碳强度控制逐渐形成了一个日趋完善的建设工程碳管理政策体系。

建设工程领域的耗能是温室气体的主要来源之一，建设工程领域碳排放也是构成我国碳排放总量的主要部分。我国要全面实现碳达峰、碳中和的既定目标以及履行国际承诺，推动经济社会迈向低碳可持续发展之路，建设工程领域的“低碳”和“节能”注定成为必然的路径选择。新时代背景下，我国建设工程碳管理政策面临新的国际形势、宏观背景、现实目的和技术支持。

1. 气候变化下，我国建设工程碳管理的国际责任

随着全球各国对气候变化问题的广泛关注，气候变化问题已成为国际关系和全球治理的重要议题，深刻影响着国家发展战略与经济运行模式的选择、国家利益与社会福利的权衡、国际责任与地缘政治关系的博弈等，气候变化成为当今世界各国普遍关注的非传统安全问题，成为国际关系的核心问题。我国作为碳排放大国和负责任大国，既是国际体系中的大国，又能承担一定的国际责任。自我国正式加入《巴黎协定》到我国提出2030年前CO_2排放达到峰值，2060年前实现碳中和目标，都体现了我国勇于承担气候变化、走绿色低碳发展道路的国际责任。建设工程领域作为我国碳排放的重要来源，降低建筑碳排、推广绿色建造是有效推动我国碳排放控制的重要手段。

2. 宏观政策下，我国建设工程碳管理的新时代要求

新时代背景下，随着节能减排、低碳发展的倡导、碳达峰碳中和目标的提出、建设工程领域相关法律法规的修订，低碳建造、建筑节能和低碳发展的目标更加清晰、要求更加深入。党的十九大报告中强调建筑节能和绿色建筑应符合高质量发展要求，提出要加快建立绿色生产和消费的法律制度和政策导向，建立健全绿色低碳循环发展的经济体系，构建市场导向的绿色技术创新体系。

3. 节能降碳管控目标转变、管控要求趋严

随着国家降碳目标的演变，建设工程领域碳管理政策从以实现能耗“双控”为目标转变为以实现碳排放总量和强度“双控”为目标，建设工程领域节能降碳管控也逐渐趋严。我国在开展建筑节能专项工作上已历经30载，为建筑节能政策转型奠定了坚实的基础，同时为推动建设工程碳管理政策发展提供了有力支撑。碳排放总量和强度“双控”新目标，在我国新形势要求下，将有效推进产业结构和能源消费结构同步调整，推动低碳建造、建筑节能和低碳经济自身发展。

4. 信息技术快速发展，助力建设工程碳管理

建筑信息模型（BIM）技术、城市信息模式（CIM）应用、大数据技术、物联网技术、智能建造技术、直流建筑技术等一批以信息技术与传统建筑节能和绿色建筑技术深度融合正深刻改变着低碳建造和绿色建筑的发展方式。新一代的信息技术正极大地改变传统建筑节能和绿色建筑的推动和监管模式，为实现建设工程碳管理注入新的动能。我国建设工程碳管理相关政策法律见表7-1。

我国建设工程碳管理相关政策法律　　表7-1

序号	时间	政策	内容
1	1994	《中国21世纪议程——中国21世纪人口、环境与发展白皮书》	该议程设定的关于我国国民经济和社会可持续发展的总体战略和政策措施方案也是我国建筑业可持续发展的基本原则和行动纲领
2	1997	《中华人民共和国建筑法》	第四条规定：国家扶持建筑业的发展，支持建筑科学技术研究，提高房屋建筑设计水平，鼓励节约能源和保护环境，提倡采用先进技术、先进设备、先进工艺、新型建筑材料和现代管理方式
3	2002	《中华人民共和国清洁生产促进法》	建筑工程应当采用节能、节水等有利于环境与资源保护的建筑设计方案、建筑和装修材料、建筑构配件及设备。建筑和装修材料必须符合国家标准。禁止生产、销售和使用有毒、有害物质超过国家标准的建筑和装修材料
4	2003	《中国21世纪初可持续发展行动纲要》	该纲要的一些指导原则和目标以及具体保障措施对建筑业的可持续发展提出了具体要求
5	2005	《中华人民共和国可再生能源法》	国务院建设行政主管部门会同国务院有关部门制定太阳能利用系统与建筑结合的技术经济政策和技术规范
6	2006	《国民经济和社会发展第十一个五年规划纲要》	提出建筑节能，绿色照明，政府机构节能，加强公共建筑和住宅节水设施建设，发展节能省地型公共建筑和住宅，提高建筑物质量、延长使用寿命，完善建筑物能效标准等目标
7	2007	《中国应对气候变化国家方案》	明确到2010年中国应对气候变化的目标、基本原则、重点领域及其政策措施
8	2007	修订《中华人民共和国节约能源法》	将建筑业确定为重点节能领域，从建筑节能标准的制定到建筑节能的具体实施以及法律责任都作了详细规定，并且将建筑节能列为单独的一节予以规定
9	2008	《中国应对气候变化的政策与行动》	提出要积极推广节能省地环保型建筑和绿色建筑，加快既有建筑节能改造；进行《中华人民共和国节约能源法》的修订；重点研究减缓温室气体排放的技术，其中与建筑业有关的为节能和提高能效技术、可再生能源和新能源技术
10	2008	《民用建筑节能条例》	进一步突出了建筑节能在我国经济社会发展中的战略地位，明确了法律调整范围，健全了管理制度，完善了激励机制，确立了民用建筑节能的管理和监督主体，强化了有关各方的法律责任，增强了法律的针对性和可操作性
11	2008	《公共机构节能条例》	对公共机构的既有建筑和新建建筑从节能管理、节能措施以及监督管理方面都作出了具体规定
12	2008	《中华人民共和国循环经济促进法》	建材、建筑等行业年综合能源消费量、用水量超过国家规定总量的重点企业，实行能耗、水耗的重点监督管理制度；建筑设计、建设、施工等单位应当按照国家有关规定和标准，对其设计、建设、施工的建筑物及构筑物采用节能、节水、节地、节材的技术工艺和小型、轻型、再生产品
13	2010	《关于切实加强政府办公和大型公共建筑节能管理工作的通知》	明确政府办公和大型公共建筑节能工作目标，强调做好能耗统计、审计和公示，启动能耗监管平台建设工作

续表

序号	时间	政策	内容
14	2014	《关于保障性住房实施绿色建筑行动的通知》	要求各地积极推进在保障性住房建设中实施绿色建筑行动
15	2015	《促进绿色建材生产和应用行动方案》	以新型工业化、城镇化等需求为牵引，以促进绿色生产和绿色消费为主要目的，以绿色建材生产和应用突出问题为导向，明确重点任务，开展十项专项行动，实现建材工业和建筑业稳增长、调结构、转方式和可持续发展，大力推动绿色建筑发展、绿色城市建设
16	2017	《关于进一步规范绿色建筑评价管理工作的通知》	实行绿色建筑评价标识属地管理制度
17	2019	《关于印发绿色建材产品认证实施方案的通知》	要求加快推进绿色建材产品认证及推广应用工作，建立绿色建材采信应用数据库，鼓励工程建设项目使用绿色建材采信应用数据库中的产品，在政府投资工程、重点工程、市政公用工程、绿色建筑和生态城区、装配式建筑等项目中率先采用绿色建材
18	2020	《关于印发绿色建筑创建行动方案的通知》	指导各地制定绿色建材推广应用政策措施，推动政府投资工程率先采用绿色建材，逐步提高城镇新建建筑中绿色建材应用比例；打造一批绿色建材应用示范工程，大力发展新型绿色建材
19	2021	《关于加快建立健全绿色低碳循环发展经济体系的指导意见》	提出全方位全过程推行绿色规划、绿色设计、绿色投资、绿色建设、绿色生产、绿色流通、绿色生活、绿色消费，推动我国绿色发展迈上新台阶
20	2021	《关于加强县城绿色低碳建设的意见》	要求大力发展绿色建筑和建筑节能，加快推进绿色建材产品认证，推广应用绿色建材
21	2021	《关于深化生态保护补偿制度改革的意见》	支持绿色技术创新和绿色建材、绿色建筑发展
22	2021	《关于推动城乡建设绿色发展的意见》	提出实现工程建设全过程绿色建造，完善绿色建材产品认证制度，开展绿色建材应用示范工程建设，鼓励使用综合利用产品
23	2021	《关于完整准确全面贯彻新发展理念做好碳达峰碳中和工作的意见》	大力发展节能低碳建筑，全面推广绿色低碳建材，推动建筑材料循环利用
24	2021	《关于印发2030年前碳达峰行动方案的通知》	指出要加快推进绿色建材产品认证和应用推广，加强新型胶凝材料、低碳混凝土、木竹建材等低碳建材产品研发应用，推进城乡建设绿色低碳转型，推广绿色低碳建材和绿色建造方式
25	2021	《建筑节能与可再生能源利用通用规范》	我国建筑将强制性要求实施碳排放计算
26	2022	《城乡建设领域碳达峰实施方案》	指出到2030年前，城乡建设领域碳排放达到峰值；力争到2060年前，城乡建设方式全面实现绿色低碳转型

7.2.2 政策法规体系面临的问题与挑战

建设工程的低碳发展离不开强有力的政策支撑与法律保障。近年来，我国围绕建设工程碳管理的政策法规体系建设已经取得了很大的进展，但仍处于初创阶段，需结合我国国情、借鉴国外先进经验，继续健全和完善，目前我国建设工程碳管理的政策法规面临如下问题。

1. 我国低碳建造政策法规体系尚未形成

我国低碳建造政策的制定起步较晚，最初，政府将注意力集中在建筑施工阶段，忽略了两端环节，随着我国对低碳建造的逐渐重视，政府从土地的获取、建筑的规划布局，直到最终建筑报废阶段都明确了相关规定，强制企业节能减排。虽然在政策法规体系上有一定进步，但各项制度的设计存在缺陷，各项标准也没有达成一致，缺乏有效的法律体系加以整合和约束，且缺乏相应的激励政策、监督体制和处罚体制等，例如我国各地绿色建筑法规的内容主要针对新建建筑、既有建筑绿色化改造的法规政策体系尚未建立、我国未形成对整个建筑过程的监督系统、对高碳排企业缺少详尽的法律加以处罚等。低碳建造政策法规体系的不完善不仅阻碍了低碳建造的发展，且难以适应构建现代能源体系的需要和新时代发展的要求。

2. 低碳建造领域多元投资机制尚未有效建立

低碳建造领域具有“高科技、高投入、高产出、回报周期长、投资风险大”等特点，因此若想大力发展并推广低碳建造，就必须有大量的资金支持。在我国，低碳建造发展的主要资金来源于政府的投入以及少量的国际援助，随着中央财政与地方财政投入的逐渐减少，现行制度执行效果大打折扣。企业自身又根本无力承担或不愿单独承担如此大的风险与费用。各大银行与金融机构也没有发挥到应有的作用，它们极其缺乏为低碳建造的发展提供资金支持的动力。且碳交易与碳金融在我国尚处于起步阶段，我们依然没有完善的金融体系对低碳建造的发展加以扶持。这些都为我国低碳建造的发展带来了巨大阻力。

3. 原有低碳建筑政策法规发挥作用有限

由于低碳建筑政策法规制度的不完善以及中央财政、地方财政投入的逐渐减少，原有低碳建筑政策法规难以发挥预期作用。例如可再生能源建筑应用制度强调可再生能源系统的运行效果而忽视应用条件，导致项目被动使用可再生能源的情况，造成部分项目“建而不用”。

4. 部分领域低碳建筑政策法规目前仍属空白

从法律法规角度，《中华人民共和国建筑法》主要聚焦在城镇建筑，因此推进建筑节能工作主要聚焦在城镇建筑节能工作，现有的民用建筑法律法规体系和政策体系也未提及农村建筑节能；绿色建筑评价标识是推动绿色建筑发展的主要抓手，目前我国已对标识评价管理制度进行了改革，但仍未明确具体的第三方评价推动方式、监管措施，还需要地方结合实际情况进行探索，特别是对第三方机构的监管亟须法律条款支撑，以建立准入门槛，有效约束评价行为，保障评价质量。从国家层面看，我国针对低碳建造有关立法推动的行政法规还较为缺失，一定程度上限制了低碳建造的法制化推动，同时也制约低碳建造的推广。绿色建筑、低碳建造等缺少上位法的支持，以及现有条例应用过程中的问题均需要在下一步的目标任务中予以解决。

此外，虽然低碳理念已在我国存在相当长一段时间，且近年来，社会各界通过各种媒体宣传形式加以大肆宣传，但实施效果依然不够理想，社会参与意识淡薄。人们在高喊低碳环保口号的同时，几乎仍然保持着高能耗、高排放的生产生活习惯。相对于低碳理念，低碳建造理念尚处于起步阶段，因为人们对低碳建造的概念没有深入的了解，亦没有认识到高能耗建筑带来的巨大危害，这使得低碳建造理念仍未能深入人心，得到社会大众的积极参与。

7.3 建设工程碳管理政策的基本模式

在政策学中，公共政策有许多分类的方法。罗斯威尔和赛格菲尔德依据政策工具在实施过程中对经济产生的影响不同分为供给侧政策工具、需求侧政策工具和环境侧政策工具。涉及科技资金投入、教育与科普、基础设施和公共服务等内容为供给侧政策工具，政府采购、贸易管制、外包服务等构成需求侧政策工具主要内容，而金融支持、税收优惠、法规管制等是环境侧政策工具的具体形式。加拿大学者豪利特和拉米什依据政府参与程度将公共政策工具分为命令控制型政策工具（强制型政策工具）、市场激励型政策工具（混合型政策工具）、公众参与型政策工具（非强制型政策工具）。命令控制型政策工具是借助国家或政府权威，迫使政策对象采取某种行为等方法，通常是选择管制和公共企业、官僚机构直接供给等手段实现强制性政策功能。强制性政策工具未给政策目标对象留有自由裁量权。在公众参与型政策工具中政策任务是在志愿的基础上完成的，没有或少有政府的参与，但需要以政府的信任为基础。通常情况下，政府将不愿做、不能做的事情留给家庭、社区、志愿者组织去处理，这些组织以其独特的优势，往往能达到包括政府组织在内的其他组织达不到的效果。市场激励型政策工具，介于前两种政策工具之间，结合了前两者的一些优点和特征。

遵循全面性和简单化的原则，依政府管制的程度对政策手段进行分类，且按照政府直接管制程度从高到低分，可以将建设工程碳管理政策划分为命令控制型、经济刺激型和劝说激励型三类政策，这种分类目前被普遍适用于建设工程碳管理政策及其效应的研究方面。建设工程碳管理政策的分类是为了满足在不同社会政治、经济条件下，对各种建设工程低碳政策进行选择或组合，以达到降低碳排放、促进低碳资源合理利用和有效配置的目的。我国建设工程碳管理政策手段分类见表7-2。

我国建设工程碳管理政策手段分类　　表7-2

政策手段	内容
命令控制型手段	政府依靠其行政权力控制指导目标受众，以实现减排目的的管理。具体包括法律法规、规划、行政管制、规章制度等手段。如：节约能源法、碳排放标准、绿色建筑标准、强制性节能标准、碳评价制度、碳排放总量控制、碳排放强度控制、碳排放报告制度、限期治理和关停并转等
经济刺激型手段	政府通过财政支持、税收优惠等手段影响市场导向，进而实现减排目的的一系列政策。如：碳财政投资、财政补贴、政府采购、税收优惠、碳税、碳排放权交易、碳关税等
劝说激励型手段	政府基本不干预。如：道德教育（采用教育、宣传、培训等方法）、信息公开、公众参与、激励、协商等

7.4　建设工程碳管理政策手段

7.4.1　命令控制型手段分析

1. 命令控制型手段的概念

命令控制型手段是指国家行政部门通过相关的法律、法规和标准等，对生产者的生产工艺或使用产品进行管制，禁止或限制碳排放，把某些活动限制在一定的时间或空间范围，最终影响碳排放者的行为。命令控制是最常见的解决碳排放问题的方法，在我国低碳政策中的运用也最为广泛。

命令控制型手段一般都是直接规定或用命令来限制碳排放，不管是直接规定碳排放总量还是间接规定生产投入或消费前端过程中可能产生的碳排放量，最终都是为了达到实现低碳的目的。命令控制常与标准、制度联系在一起，常见的标准、制度包括碳排放标准、绿色建筑标准、碳评价制度、碳排放报告制度等。

标准是命令控制型手段的基础。首先，标准看起来简单而直接，设定了明确具体的目标。其次，标准也迎合了人们的某种道德观，即高碳排放是有害的，政府应视其为非法行为。除此以外，现有的司法系统可以界定并阻止非法行为，这极大地促进了标准的实施。所以，命令控制型手段的作用机理是先确定一个政策目标，强行要求或禁止政策对象采取一些特定的行为来达到政策目标。

2. 命令控制型手段的特点

命令控制型手段具有对活动者行为进行直接控制，并且在低碳效果方面存在较大确定性的突出优点，但也存在着信息量巨大、运行成本高、缺乏激励性、缺乏公平性和缺乏灵活性等缺点。特点具体如下。

（1）命令控制型手段的优点

命令控制型手段的突出优点在于能够更为灵活地应对复杂的碳排放问题，同时更易于确定碳排放总量。例如，分布于城市内的各类工厂共同造成了城市高碳排放量，但各工厂碳排放的数量是不相同的，这就难以通过制定切实有效的税率或其他经济刺激措施来控制企业的碳排放。此外，由于政府部门不可能充分获取相关信息，因此，也不能确定碳排放者对于政府所制定税率的反应。换言之，经济刺激措施的效果具有相当的不确定性。相比之下，命令控制模式对于碳排放控制的结果则显然更具确定性，直接规定碳排放数量、直接控制碳排放者的行为。除此之外，命令控制模式的另一个优点在于简化了碳排放控制监控。如果政府要求企业使用某种碳排放控制设备，那么相应的监管措施便可简化为检查企业是否按要求安装了该设备，至多是检查该设备是否处于工作状态。这显然比定时定点地监测碳排放者的碳排放量要省时、省力得多。

（2）命令控制型手段的缺点

除了优点外，命令控制型手段的缺点同样很突出：

1）由于获取信息代价不菲，切实有效的命令控制类碳管理政策往往是成本高昂的。这在客观上使得命令控制类措施的有效性大打折扣。由于每个企业、每个行业都有其特殊性，所以为其量身定制的碳排放控制手段和减排量就需要非常仔细而全面的调查。这显然需要耗费大量的人力、物力和财力。即便如此，信息不充分的问题依然不能得以圆满解决。例如，政府部门不可避免地需要碳排放者的协助，以便更充分有效地获得有关碳排放量和碳排放控制成本的信息。对于碳排放者而言，这意味着拖延时间、歪曲事实至少在有些时候对自己是有利的。

2）命令控制模式削弱了社会经济系统追求以更有效的方式实施碳排放控制的动力。换言之，命令控制模式的革新动力不足。某种碳排放控制手段一旦被确定，往往在很长时间内不会再改变。由于碳排放控制规章的变更是一个相当复杂而昂贵的过程，因此，即使社会上已经出现了更富有效率的碳排放控制技术或设备，政府部门往往很难在较短时间内采纳。对于碳排放者而言，认真落实政府的减排要求具体表现为是否安装政府指定的碳排放控制设备，因此碳排放者成为被动的“算盘珠”，而不愿意对有关碳排放控制的研发进行投资。这是命令控制模式一个明显的不足之处。

3）命令控制模式的缺陷还在于，碳排放者只要为碳排放控制付费而不必对碳排放造成的损害负责。这实质上是对企业碳排放发奖金。例如，在命令控制模式下，以再生材料为原料的环保企业往往举步维艰。在很大程度上这是由于那些直接以自然资源为原料进行生产的企业不必支付相应的环境损害费用，而只需对碳排放控制付费。相比之下，如果企业选择以再生材料为原料，则意味着其生产成本中已经包含了为减少或消除环境损害而发生的费用，所生产的产品在价格上显然是不具有竞争优势的。由此产生的结果是我们所不愿意看到的：企业过量攫取自然资源造成碳排放过度。

4）命令控制模式难以满足边际均等原则。只有对各碳排放者的碳排放控制成本作出完全正确评估，政府部门才有可能据此制定相应的碳排放控制手段和减排量，各碳排放者的边际碳排放控制成本也才有可能相等。这显然使碳排放控制的代价变得极其高昂，甚至是任何一个社会都难以承受的，因而是不具有可行性的。这也是命令控制模式存在的最大问题。命令控制类措施的科学性因此而受到极大的质疑。以牺牲效率来换取碳排放的公平性是经济学家对命令控制模式的主要批评意见。

为了更好地发挥命令控制类管理措施在实践中的作用，在许多国家，政府越来越注重与工作对象——企业、行业协会等的事前沟通或谈判，这在一定程度上克服了命令控制模式缺乏灵活性的弱点，较为有效地解决了事前由政府说了算，事后又执法不严或有法不依的问题。但是，这种沟通的不利之处在于为碳排放者对管理者施加更大的影响提供了机会。在极端情况下，碳排放者甚至能够预先阻止政府采取某种管制措施。

3. 命令控制型手段的分类

对我国而言，命令控制型工具是现阶段碳管理政策的支柱性工具。我国现有的命令控制型政策工具重点包括节约能源法、碳排放标准、绿色建筑标准、强制性节能标准、碳评价制度、碳排放总量控制、碳排放强度控制、碳排放报告制度、限期治理和关停并转等。其中，节约能源法、碳排放标准、绿色建筑标准、强制性节能标准、碳评价制度属于事前的碳管理手段，而碳排放总量控制、碳排放强度控制则属于事中的碳管理手段，限期治理和关停并转等手段则属于事后的碳管理手段，见表7-3。

我国命令控制型手段政策分类　　表7-3

命令控制型手段分类	具体政策
事前控制	节约能源法、碳排放标准、绿色建筑标准、强制性节能标准、碳评价制度等
事中控制	碳排放总量控制、碳排放强度控制等
事后控制	限期治理和关停并转等

（1）事前控制：以碳评价制度为例

碳评价制度是新兴的命令控制型低碳政策工具。要求结合建设工程基本情况，对项目开展碳排放量和排放强度核算。依据碳排放管控目标开展评价，进行减污降碳环保措施分析并提出碳减排措施和建议，提出碳排放管理与监测计划，推动减污降碳协同共治。把碳排放影响评价纳入环评中，有利于从源头过滤掉碳排放高的产业，进而推动建设工程碳管理。

（2）事中控制：碳排放总量控制、碳排放强度控制分析

我国目前实施以碳强度控制为主、碳排放总量控制为辅的制度。碳强度控制即通过限制单位国内生产总值的CO_2排放量，倒逼企业节能减排，实现碳排放和经济增长的脱钩。碳排放总量控制是指政府通过设定各行业所允许排放温室气体的最大总量值来约束碳排放者碳排放量。碳强度控制和碳排放总量控制都是有效约束碳排放量增长并实现下降的政策工具。

（3）事后控制：限期治理制度与关停并转

1）限期治理制度

限期治理制度，指的是对碳排放量超标的项目、行业和区域，由有关国家机关依法限定在一定期限内完成治理任务并达到治理目标的规定的总称。

2）关停并转

关停并转是企业“关闭、停办、合并、转产”的简称，是我国优化工业结构、整顿企业的措施之一。实行关停并转的对象一般是碳排放超标严重且无法治理或拒不治理等的企业。

7.4.2 经济刺激型手段分析

1. 经济刺激型手段的概念

经济刺激型手段指的是，碳管理行为直接与成本–效益相连，利用市场作用，让主体有选择行为的能力，争取用最低的成本达到最好的低碳效益，从而实现环境保护和经济发展的双赢。其主要方法是从影响成本效益入手，引导经济当事人进行选择，从而选择出最终有利于降低碳排的一种工具，包括碳税、碳关税、能源环境税、财政投资、财政补贴、政府采购、税收优惠、碳排放权交易、碳基金等手段。

2. 经济刺激型手段的特点

经济刺激型手段作为一种介于命令控制型和劝说激励型之间的政策工具，具有以下特点：

（1）经济刺激型手段的优点

经济刺激型手段的优点在于由于存在潜在的受益者，管理、执行与实施的成本较低，

个人或企业可以根据不断变化的情况来决定如何对政府经济刺激型政策作出回应，因此具有较高的政治可行性和一定的应用灵活性。以碳税、能源环境税为例的惩罚型工具作为法律上规定的由个人和公司对政府的强制性支付，在政府希望倡导某种行为或限制某种行为时，能提供一个清晰的财政激励，显著提升企业整体创新能力，且对企业实质性创新能力提升的效果优于对迎合性创新能力的提升效果。在实施税收手段时，政府可以通过持续地调整税率从而找到合适的税收基点，将减少碳排放量目标活动的责任留给个人和公司来承担，既能刺激个人或企业的减排行为，也能减少官僚机构执行任务、增加政府鼓励减排的财政收入；以财政投资、财政补贴、政府采购以及税收优惠等为例的鼓励型工具作为企业无偿或低偿从政府获得捐助或支持的手段，当政府支持的目标群体意愿与政府补贴的期望偏好一致时，相应的经济刺激型手段不仅易于确立并容易实施，还将对市场产生有效干预，使特定产业得到广泛关注及快速发展；以碳排放权交易、碳基金为例的经济刺激型手段，在市场自动调节下，确保选择对碳排放量进行控制的企业都是那些能以最低成本来完成的企业，它提供给企业控制碳排放的持续动力，使降低碳排的目标以最低成本的方式实现。

（2）经济刺激型手段的缺点

经济刺激型手段的缺点在于实施手段前通常需要大量信息来确定引发预期行为的正确税率和费额等，因此效果具有不确定性，不能用作处理危机的工具，且资源在获得最优收费标准的实验过程中可能导致资源被错误配置，行政管理成本较高且较为繁杂。例如，分布于城市各处的各类工厂共同造成了城市高碳排放量，但各工厂碳排放数量是不相同的，这就难以通过制定切实有效的税率或其他经济刺激措施来控制企业的碳排放。此外，由于政府部门不可能充分获取相关信息，因此也不能确定碳排放者对于政府所制定税率的反应。

从财政政策工具本身的属性来看，以碳税、能源环境税为例的惩罚型工具征收税收必须经过法律程序，决策周期较长，征税水平较难确定而且增加税收遭遇的阻碍较大；以财政投资、财政补贴、政府采购以及税收优惠等为例的鼓励型工具虽然形式较为灵活，具有较高的可行性与操作性，但这类政策通常预设了政府鼓励的方法是碳管理的最优方式这一前提条件，减少了社会试错的渠道，固化了可能错误的选择和政策。由于缺少社会试错渠道以及未经市场竞争检验，获得关于补贴、支持手段是否达成期望目标方面信息的成本是昂贵的，且这类政策一旦建立起来就难以取消，而这些财政工具通常需要财政资金支撑，可能涉及政府债务的增加，在国家经济受难时，政府往往也会处于财务困境。以碳排放权交易、碳基金为例的经济刺激型手段由于更多地强调市场作用，在具备市场环境带来的优点时同时也可能产生市场中的投机和欺诈等行为。

3. 经济刺激型手段的分类

经济刺激型手段是通过收费或补贴的方式，运用显性的经济激励，推动个人或企业在减碳的成本和收益之间进行自主选择，决定相应的生产技术水平和碳排放量。根据具体运行原理，经济刺激型手段可以划分为两类（表7-4）：一类是主张采用政府干预使得外部性内部化的政策工具，具体包括对高碳排放量企业征收罚款的惩罚型措施和对促进低碳技术发展和低碳消费形成措施提供补偿补贴的正向鼓励型政策工具；一类是强调利用市场机制本身来解决外部性问题的新制度经济学派的政策工具，其主要政策工具便是碳排放权交易制度。碳排放权交易制度提高了企业碳管理的积极性，将碳排放总量控制在一定范围内，从而使碳管理从政府的强制行为变为企业的自觉市场行为。

我国经济刺激型手段政策分类　　表7-4

分类	工具类别	政策
主张政府干预型	惩罚型工具	碳税、能源环境税、碳关税等
	鼓励型工具	财政投资、财政补贴、政府采购以及税收优惠等
强调市场机制型	新制度经济学派工具	碳排放权交易和碳基金

（1）主张政府干预型：惩罚型工具和鼓励型工具

1）惩罚型工具

惩罚型碳管理政策工具包括碳税、能源环境税、碳关税等。

皮尔斯（Pearce，1991）在《碳税在应对全球气候变暖中发挥的作用》一文中首次正式提出了“双重红利”的概念，他的研究表明碳税具有收入中性的特征，能够获取双重红利的效应。一重红利可以通过开征碳税改善环境；二重红利，由于碳税是具有中性特征的环境税，可以减少扭曲性税收造成的效率损失，增加产出，带动就业。双重红利的假设，为实施环境财政政策工具提供了理论基础。

一方面，碳税、能源环境税主要是对CO_2排放过多、能源消耗过大以及环境污染严重的经济活动、设备产品等进行征税，通过增加企业的生产成本，提高消费者的使用成本，逆向约束高排放、高耗能、高污染等经济行为。另一方面，这些税收反过来又能为低碳技术的创新、低碳能源的发展等提供资金支持和税收优惠，增加低碳产品的市场竞争力。碳关税是指对在国内没有征收碳税或能源税、存在实质性能源补贴国家的出口商品征收特别的CO_2排放关税，主要是发达国家对从发展中国家进口的排放密集型产品，如铝、钢铁、水泥和一些化工产品征收的一种进口关税。

碳税、能源环境税等给企业或组织更多的选择余地：要么支付税收，要么减少排放或污染。在荷兰、瑞典等欧盟国家已经开征了碳税，并在碳管理中取得了良好的效果，在我国征收碳税是一种可行的选择，对我国抑制温室气体排放、促进节能减排具有重要战略意义，是我国应对气候变化的重要政策选择。开征碳税要选择合适的时机和合适的征收方式，遵循逐步推进的原则，采取税收中性的改革措施。所谓中性改革措施是指，一方面将碳税收入返还给公众（企业或居民），用来减轻碳税所带来的负面影响，另一方面用碳税收入削减其他的扭曲性税收。征收碳税的一个重要前提是要理顺碳排放价格，为未来实行碳税机制做好铺垫工作。

欧盟碳边境调节机制，作为全球首个“碳关税”，将于2026年正式实施，我国作为世界第一大出口国家势必受到冲击。面对新的国际形势，需加大我国对低碳产业的投入，推动我国集中攻关，研发低碳绿色关键技术，推动传统高碳产业的低碳转型，拓展以新能源、新材料、节能环保等为主体的新兴产业发展空间和应用步伐，建设绿色低碳循环经济体系，为绿色产品提供更广阔的国际市场，满足更高标准的国际需求，进而为我国绿色低碳产业形成外部市场机会。

2）鼓励型工具

鼓励型碳管理政策工具包括财政投资、财政补贴、政府采购以及税收优惠等。

财政投资主要是指政府为了推动低碳经济的发展而对低碳经济领域的财政性资金投入。直接投资和投资补助均属于国家投资性质，即政府的资本性投入。财政补贴是指企业从政府无偿取得货币性资产或非货币性资产，但不包括政府作为企业所有者投入的资本，其主要形式有财政拨款、价格补贴、经费补助、税收返还、针对生产经营的企业亏损补贴以及无偿划拨非货币性资产等。

在使用财政性资金推动低碳经济发展的过程中，财政性资金大多采取了财政补贴而非财政投资的支持方式。究其原因，可能在于：①在低碳经济领域中的可再生能源发展、节能减排工作等，财政性资金的投入大多以专项资金的方式，专项资金一般以项目补贴、补助和无偿补助等形式为低碳经济的发展提供资金支持，这些都属于财政补贴的范畴。②低碳经济的发展往往分散在节能降耗、温室气体减排、政府采购、新能源与可再生能源的发展等各项工作与经济活动的各个阶段，很少形成整个的项目，因而财政性资金也较难以政府的直接投资与投资补助的形式应用到低碳经济发展中；财政补贴的形式较为灵活，可以通过价格补贴、企业亏损补贴、财政贴息等多种方式来促进低碳经济发展。

对低碳技术的研发、低碳能源的发展、节能工程的生产建设等方面进行财政补贴，可以调动投资者在低碳技术创新、促进可再生能源的发展以及节能技术、节能设备开发应用等方面的积极性。但财政补贴在本质上是属于企业生产经营之外的，与企业的生产经营成本无关，在财政补贴政策工具应用的初期可能会促进技术的进步，但在后续阶段，就可能阻碍企业的技术创新，企业也无法通过不断的技术进步降低生产成本。这样政府为了维持现有的低碳经济发展效益只能不断加强财政补贴政策工具的力度，从长远来看，并不利于保持低碳经济发展的长久效益和推动低碳技术进步。

政府采购是指政府部门在采购物资和服务的过程中，优先购买环境友好、节能、低碳的绿色产品，以此来引导企业的生产和社会的消费。税收优惠是指国家在税收方面给予纳税人和征税对象的各种优待的总称，是政府通过税收制度，按照预定目的，减除或减轻纳税义务人税收负担的一种形式。低碳税收优惠政策包括了所有为了促进低碳经济的发展而施行的税收优惠方面的政策，如税收减免、优惠税率等。财政补贴中的税收返还是指政府按照国家有关规定采取先征后返（退）、即征即退等办法向企业返还的税款。除了税收返还外，直接减征、直接免征、增加计税抵扣额、抵免部分税额等形式的税收优惠体现了国家的政策导向，但是政府并未直接向企业无偿提供资产，因此不能作为政府补助准则规范的政府补助。

（2）强调市场机制型：碳排放权交易和碳基金

1）碳排放权交易

碳排放权交易是指运用市场机制，把CO_2排放权作为一种商品，允许企业在碳排放交易规定的排放总量不突破的前提下，进行CO_2排放权的交易，以促进低碳保护的一种重要的碳管理政策手段。1992年5月9日，联合国气候变化委员会组织了一次关于气候变化的谈判，并于当日签署了《联合国气候变化框架公约》，5年之后，又在日本东京签署了《京都议定书》。其中明确指出，把CO_2排放权作为市场中的商品进行交易，是解决温室气体过度排放问题的一种新方式。在我国，越来越多的企业正在积极参与碳排放权交易。

碳排放权交易的基本原理，是合同的一方通过支付另一方获得温室气体减排额，买方可以将购得的减排额用于减缓温室效应从而实现其减排的目标。本质上，碳排放权交易是一种金融活动，但与一般的金融活动相比，它更紧密地连接了金融资本与基于绿色技术的实体经济：一方面金融资本直接或间接投资于创造碳资产的项目与企业；另一方面来自不同项目和企业产生的减排量进入碳金融市场进行交易，被开发成标准的金融工具。碳排放权交易被区分为两种形态：配额型交易——由政府或国际公约确定一定区域生态保护的配额责任，通过市场交易实现区域生态保护的价值，它是利用市场机制开展生态环境保护的重要举措，配额交易最著名的应用是《京都议定书》中关于在国际上销售森林碳固定抵消温室效应这一生态环境服务；项目型交易——因进行减排项目所产生的减排单位的交易，如清洁发展机制下的“排放减量权证”、联合履行机制下的“排放减量单位”，主要是通过国与国合作的减排计划产生的减排量交易，通常以期货方式预先买卖。

碳排放权交易已成为我国碳管理中使用较高的政策手段。2011年，国家发展和改革委员会批准了北京等7个省市开展碳排放权交易试点。试点地区出台了有关政策文件，启动了各自的碳市场，成立了碳排放权交易所，全面启动碳排放权交易。2015年7省市碳交易量大幅增加，7个试点省市总计成交量3263.9万t，成交额8.36亿元。2016年，国家发展和改革委员会办公厅印发了《关于切实做好全国碳排放权交易市场启动重点工作的通知》，部署全国协同推进碳市场建设工作。2017年，以发电行业为突破口，国家发展和改革委员会印发了《全国碳排放权交易市场建设方案（发电行业）》，启动了全国碳排放权交易工作，参与主体是发电行业年度排放达到2.6万tCO_2e及以上的企业或者其他经济组织包括其他行业自备电厂。首批纳入碳交易的企业1700余家，排放总量超过30亿tCO_2e。

碳排放权交易的优点在于，在市场机制下，降低碳排将在能以最低成本完成的碳排放者中进行，在既定的降低碳排水平下，能使总成本最小，使高碳排企业或组织存在持续的激励来减少碳排放成本。企业或组织通过竞标获得排放总量一定的碳排放权，交易市场依据市场供需和通货膨胀等因素自动调节碳排放价格，政府当局不需了解有关厂商成本的信息，也不需要进行笨拙的尝试过程，只需发布、出售碳排放权，在市场自动调节下，降低碳排目标将以低成本的方式实现。碳排放权交易的缺陷也是很明显的，在总量保持不变的条件下，并不能保证每个碳排放企业或组织都能实现降低碳排的目标，有可能导致局部地区的碳排放量增加。除此之外，碳排放权交易制度的建立和运行需要严格的技术支持和制度保障，市场过程可能导致投机和欺诈行为。过高的企业遵循成本可能会招致受管制企业方在立场和行动上的抵制或反对，由于降低碳排地点和方式带来的危害不同而导致在降低碳排放量程度方面具有不确定性。

2）碳基金

基金，广义上是指为了某种目的而设立的具有一定数量的资金，主要包括信托投资基金、公积金、保险基金、退休基金、各种基金会的基金；狭义上，基金意指具有特定目的和用途的资金。碳基金是指通过开展低碳项目合作，支持低碳节能产业的发展、降低CO_2排放、实现碳中和目标所设立的专项融资方式。发展碳基金关键要解决两个问题：一是资金来源，二是资金用途。在我国碳基金模式应以政府投资为主，多渠道筹集资金，按企业模式运作。碳基金公司通过多种方式找出碳中和技术，评估其减排潜力和技术成熟度，鼓励技术创新，开拓和培育低碳技术市场，以促进长期减排。低碳技术包括可再生能源及新能源、煤的清洁高效利用、油气资源和煤层气的勘探开发、CO_2捕获与埋存等领域的有效控制温室气体排放的新技术。因此，必须强化自主创新能力，鼓励企业开发低碳技术和低碳产品，整合市场现有的低碳技术，加以迅速推广和应用。

7.4.3 劝说激励型手段分析

1. 劝说激励型手段的概念

狭义的劝说激励型手段是一种基于意识转变和道德规劝影响人们降低碳排放的碳管理政策工具，在运用此手段时，管理者首先依据一定的价值取向，倡导某种特定的行为准则或者规范，对被管理者提出某种希望，或者与其达成某种协议，包括了碳标签、自愿协议等。广义的劝说激励型手段是指除了命令控制和经济刺激以外的所有碳管理政策手段，如环境信息公开、低碳宣传教育、考核与表彰等。

管理者利用劝说激励型手段的最终目的是强化被管理者的低碳意识，并促使其自觉地以管理者所希望的方式降低碳排。同时，该手段也代表了当事人在决策框架中的观念和优先性的改变，或者说“全部”内化到当事人的偏好结构中，在决策时主动选择劝说激励型手段。这种参与更多的是基于外在的引导，通过改变内在的价值观念，达到政策对象主动参与低碳保护的目的。

2. 劝说激励型手段的特点

劝说激励型手段具有制定成本和执行成本较低、长期效果好以及预防性强的优势，但也存在着强制性弱等缺点。特点具体如下：

（1）劝说激励型手段的优点

1）劝说激励型手段的政策制定成本和执行成本都较低

由于劝说激励型手段通常不需要大量的信息，政策制定者只需根据一定的试点效果制定政策，同时政策执行者只需根据自身情况，来决定是否接受这种劝说，通常政府部门不需要进行监督，而只是根据执行者所提交的结果进行评判。

2）劝说激励型手段的长期效果好

劝说激励型手段是一种颇具弹性的低碳政策手段，如环境教育、绿色学校等，能以较为柔和的方式影响人们的环境观念，而公众参与、非政府组织（Non-Governmental Organizations，简称NGO）和自愿协议则能以相对缓和的方式化解不同利益相关方的直接冲突。一旦产生效果，将会长期发挥作用。如环境教育，若提高了公众的低碳消费意识，将不仅仅是对其行为产生代内影响，也将产生代际影响。

3）劝说激励型手段预防性强

在高碳排放问题尚未发生时，通过提高政府、企业、公众等干系人的低碳意识，以此来影响干系人的行为。在从事有可能产生高碳排放问题的活动时，根据自己所掌握的碳管理知识、内化的低碳环保意识，采取低碳排放的行动实施方式，从源头上避免高碳排放问题的产生，充分体现了低碳保护的预防为主原则。

（2）劝说激励型手段的缺点

1）劝说激励型手段的强制性弱

强制性弱是劝说激励型手段的突出特点。管理部门通过劝说与激励对被管理者进行激励，以期望被管理者出于道德考虑改变自身的行为，因此政策效果的实现取决于被管理者是否自愿改变其自身行为。但是在与其他政策进行结合后，譬如将碳管理目标责任制与官员绩效考核联系在一起时，这些政策也具备了一定程度的强制性。劝说激励型手段是强制性最弱的手段，但并不是政府不作为。

2）不能脱离法规和公众监督

如果没有法律法规制衡和公众参与的条件，劝说激励型手段难以起到其应有的效果。由于章程是自愿的，所以它们在包含各方面的法律法规和合同的法律环境下运行。有时章程是对法规的补充，不遵守自愿章程有时会承担法律的后果，包括刑事和民事的责任。在某些案例中个人或组织可以依据自愿章程来帮助证明和反驳诉讼中的合理的尽力而为，或在民事诉讼中建立起合理的注意或疏忽。

需要注意的是，由于劝说激励型手段具有预防性和成本低等优点，其使用范围非常广泛，对大量发生的、较为分散的各类环境问题基本都适用。劝说激励型手段的经济效率和持续改进性非常好，只要对象范围够广泛，皆适宜施行。但由于其强制性弱，对紧急的环境问题，如突发公害事件的解决，不适于用劝说激励型手段。需要注意的是，劝说手段也不能滥用，以防公众产生逆反心理。

3. 劝说激励型手段的分类

根据相关主体（各级政府、企业和公众）认识碳排放等环境问题的过程，即获取信息、教育学习、参与活动、监督管理等顺序，通常采用的劝说激励型手段可分为碳排放信息公开、低碳宣传教育、公众参与、考核与表彰及自愿协议等。

（1）碳排放信息公开

碳排放信息公开是指管理者依据一定的规则，经常或者不定期公布碳排放信息，如高碳排放企业的通报、国家或地区碳排放报告，以及可能对人体健康造成影响的环境报告。我国第一部有关环境信息公开的综合性部门规章《环境信息公开办法（试行）》中指出："环境信息包括政府环境信息和企业环境信息；政府环境信息，是指环保部门在履行环境保护职责中制作或者获取的，以一定形式记录、保存的信息；企业环境信息，是指企业以一定形式记录、保存的，与企业经营活动产生的环境影响和企业环境行为有关的信息。"

碳排放信息的公开可以引起公众对环境保护、降低碳排放的关注，监督政府和企业的碳排放行为，营造较强的低碳氛围，促使社会公众积极主动地去减少碳排放。另外，碳排放信息公开还可能得到公众对碳管理的理解和支持，甚至会引起大规模的环保活动，对企业的高碳排放量行为形成强大的压力。

（2）低碳宣传教育

低碳宣传教育的目的是促进人们关注CO_2排放问题并且提高低碳意识，使公民个人或群体具有解决高碳排放问题、预防高碳排放的知识、技能、态度，积极推动和投入这项工作中去。管理者通过各种途径对公民进行说明、讲解、教导、启发等，使人们了解和掌握碳管理方面的知识、技能，促使人们改变观念和行为，促进绿色文明的价值观、道德观、经济观和发展观在社会落地生根，在全社会形成良好的环境道德氛围。因此，需要从意识、知识、态度、技能和参与五个层次开展低碳宣传教育工作，不断提高公众的低碳意识是低碳宣传的基本任务。

目前我国已初步建立起一支拥有相当人数的低碳宣传队伍，基本形成了从中央到地方的宣传网络。但由于对低碳宣传在环境保护和可持续发展中的地位和作用的认知水平参差不齐，各地低碳宣传工作的发展很不平衡，不同地区之间公众的低碳意识差异甚大。

（3）公众参与

公众参与是碳管理运动兴起的推动力量。“地球日”的诞生就源于公众对拯救地球的呼声。在碳管理的公众参与中，NGO发挥着重要作用。一些环境NGO通过直接与公众联系，能有效地传播环境现状及其受到的威胁和环境防治的进展等信息。

公众参与至少有两方面的作用，第一，公众和NGO是碳管理重要的利益相关者，他们可以通过各种形式与碳排放者进行协商、谈判和辩论，从而给碳排放者带来一定的压力；第二，公众和NGO的环保活动会通过示范和学习效应，促使更多的人参与到碳管理事业中。在一些发达国家，公众参与已经发展得比较完善，公众和NGO对碳管理的影响越来越大。

近年来，我国公众参与碳管理的广度和深度不断提高，NGO与政府携手合作推进环保，成为我国碳管理领域的一个重要特点和新趋势。

（4）考核与表彰

考核与表彰作为政府碳管理的方式之一，在碳管理政策手段的选择中可归入广义的劝说激励型手段之中。目前，我国考核与表彰制度的具体形式主要有国家环境保护模范城市（指经济快速增长、环境质量良好、资源合理利用、生态良性循环、城市优美整洁的绿色城市）、全国生态示范区（以生态学和生态经济学原理为指导，以协调社会、经济发展和环境保护为主要目标，统一规划，综合建设，生态良性循环，社会经济全面、健康持续发展的示范行政区域）、ISO 14000国家示范区（以经济技术开发区、高新技术产业开发区、风景名胜旅游区为对象，依据国家环境保护法律、法规和环境质量要求，建立了环境管理体系，并符合示范区条件的区域等）。

（5）自愿协议

自愿协议是政府与经济部门之间达成的协议，在政府的支持与激励下，按照预期的目标而进行的自愿行动。20世纪70年代，欧洲一些国家为提高能源利用效率，减轻环境污染，率先采用了自愿协议的管理方式。随后，更多的发达国家和发展中国家在不同领域，相继采用了这一管理方式，如节能、温室气体减排、废弃物的回收与管理等方面，并且取得了一定的成效。自愿协议具有导向性、基础性、约束性、责任性及公开性等特点。我国最典型的自愿型行业减排方法是《千家企业节能行动》。2006年4月7日，国家发展改革委、国家能源办、国家统计局、国家质检总局、国务院国资委联合发布了《关于印发千家企业节能行动实施方案的通知》（发改环资〔2006〕571号，简称《实施方案》），加强重点耗能企业节能管理，促进合理利用能源，提高能源利用效率。

《实施方案》要求企业“加大投入，加快节能降耗技术改造。要加大节能新技术、新工艺、新设备和新材料的研究开发和推广应用，加快淘汰高耗能落后工艺、技术和设备，大力调整企业产品、工艺和能源消费结构，促进企业生产工艺的优化和产品结构的升级，实现技术节能和结构节能，建立节能激励机制。各企业要建立和完善节能奖惩制度。将节能目标的完成情况纳入各级员工的业绩考核范畴，严格考核，节奖超罚。”我国共有998家企业自愿签署了节能目标责任书。节能目标规定了企业实现的节能量，设定的目标以企业2004年能源消耗状况为基准，考虑企业的自身技术情况，为企业设定2010年节能目标。千家企业节能行动在“十一五”重点用能单位中取得了很大的成效，强有力地推动了我国低碳化发展。

7.4.4 碳管理政策手段的优化选择

1. 命令控制型低碳政策工具的优化选择机制

（1）低碳政策目标的合理确定

政府在进行政策工具的优化选择时，必须始终围绕最初所确定的低碳政策目标进行，任何偏离目标的工具选择都是难以取得成功的。此外，低碳政策目标还必须明确合理，在低碳政策目标合理确定的条件下，政府从低碳政策工具箱选择出命令控制工具才能有效实施。因此，我国政府有必要坚持高质量发展治理目标，通过命令控制工具实现低碳排放和环境质量改善的最终目标。

（2）健全的碳管理体制

如前文所述，当前我国的碳管理体制是影响命令控制工具有效实施的重要因素，因此，健全的碳管理体制是政府低碳政策工具选择考虑的一个条件变量。针对当前我国现行碳管理体制存在的实际缺陷，我们应该积极、及时地进行改革。

（3）基本的法律保障

命令控制工具的有效实施必须有相关的碳管理法规作为保障。如前文所分析的，我国命令控制工具各个具体手段在实际的实施过程中都或多或少地缺乏法律依据。因此，目前我国应该积极地去修订碳管理相关的法律法规，制定碳排放限期治理管理条例、规划碳排影响评价条例、低碳监测条例等，为实施“区域限批”、总量控制、限期治理停产整治、淘汰落后的生产技术设备及工艺、关停高碳排放、违法企业等监管制度和强制措施提供法律依据。命令控制只有在充分的法律保障的基础上，才能够构成理想的命令控制，否则政府也就谈不上命令控制的优化选择，换句话说，在没有法律保障基础上命令控制的选择会变成一种没有参照的盲目随机的决策行为。

（4）较强的政府碳管理能力

我国低碳政策遇到的实际困难之一，是缺少足够的力量对高碳排放行为进行有效的监督和制约。由于各级环境管理部门的规模和经费十分有限，特别是直接从事碳管理的人员有限，所以面对大量违反环境保护、碳管理法律法规规定的企业或其他对象，环保部门的力量是不敷需要的，从而使碳管理不能得到充分的落实，这种局面随着市场经济的发展和各种市场主体大量增加而变得更加突出了。因此，要加强地方政府尤其是环保行政部门的能力建设，给地方政府必要的经费、人员和其他物质保障。在这样的条件下，政府所选择的命令控制型工具才能具有有效实施的物质基础。

总而言之，当前我国政府对命令控制型低碳政策工具进行优化选择时，必须同时考虑上述四个具体变量要素及其四个变量要素的组合和互动的情形。只有上述这四个要素都满足的条件下，政府选择的命令控制型政策工具才有可能有效实施。当然，如果四个要素不能同时满足，政府也要尽量地考虑在满足的要素条件更多的情形下来实施命令控制型工具。

2. 经济刺激型低碳政策工具的优化选择机制

（1）成熟的市场机制

目前我国市场机制还不完全成熟，这直接影响了我国低碳经济刺激工具的有效实施。因此，地方政府在选择经济刺激型工具来治理低碳时，首要考虑的变量因素就是市场机制是否成熟，否则选择出来的经济刺激型工具无法达到预期的政策目标。

当前我国市场机制完善的方向或者任务主要有：

1）尽快建立一套市场规则，包括市场进入规则、市场竞争规则和市场交易规则。同时经济结构的调整要求低碳经济政策也必须作出适当的调整，使其更适合于调整后的新目标群体或作用对象。

2）营造公平的竞争环境，完善竞争机制。由于我国实行的是社会主义市场经济，它是在以公有制为主，包括私人经济在内的多种经济成分共同发展的条件下运行的。为了使企业获得公平的竞争条件，基于收费的低碳经济型刺激工具对象应该包括所有类型的企业，只有存在大量的购买者和销售者的情况下，经济刺激型工具才最有可能发挥作用。

3）宽松的经济环境。在这种条件下，由于经济环境宽松，如果引入基于收费的激励手段，则往往起不到应有的效果。因此，为了使经济手段更加有效，创造一个稳定和宽松的经济环境是完善我国市场机制的重要内容，而宽松的经济环境亦是实施低碳经济型刺激工具的充分条件。

（2）相关的法律保障

法制环境制约低碳经济型刺激工具的实施。市场经济本质上就是一种法治经济，参与指导市场运行的碳管理政策只有在相应的法律保护之下才具有合法性和权威性。自1979年以来，我国已经设立了多部环境保护法律，只有十几部法律包括了环境保护的内容，且针对低碳经济型刺激工具的法律保障更是稀少。对于没有法律保障的低碳经济刺激型工具，其有效性和经济效率则无从谈起，因此，低碳经济刺激型工具只有在相应的法律保障下，才具有合法性和权威性。法律基础是低碳经济刺激型工具的生命线。政府在选择经济刺激型工具进行碳管理时，必须要考虑到经济刺激型工具需要的相关法律保障。

（3）较高的管理能力

政府在选择经济刺激型工具并使它有效实施时，还必须考虑的要素条件为管理能力。在较高的管理能力下，可以确保经济刺激型工具的有效实施。这是因为，经济刺激型工具的实施效果在很大程度上也取决于管理者的管理能力。管理能力主要包括低碳经济刺激型工具的具体实施规章、实施机构、人力资源和财力支持。OECD（经济合作与发展组织）就认为，低碳经济刺激型工具的实施，必然需要人力和资金监控、改变碳排放者的行为，而在高碳排放的案例中，这类监控需要对碳排放量、碳排放路径等有所了解。成功的监控方案所需的努力水平将取决于与刺激有关内容的尺度和地理分布。通常，与监控相关联的还有昂贵的技术费用，这些技术包括检查、证据设备、环境审计、监察员培训和环境状况的区域监控，包括遥感或定点地调查。由此可见，管理能力的不足将会导致经济刺激型工具无法有效实施。因此，较高管理能力这一条件的满足，是选择经济刺激型工具时政府必须考虑的要素之一。

总之，我国地方政府在优化选择经济刺激型低碳政策工具时，必须考虑到以上三个条件变量。只有在上述三个条件都满足的情况下，经济刺激型低碳政策工具才能够有效地实施。当然，在这三个条件不能同时满足的情况下，也要在满足条件更多的情形下来选择和应用经济刺激型工具。

3. 劝说激励型低碳政策工具的优化选择机制

（1）劝说激励型政策趋势凸显

碳管理从无意识到有较高意识，从强制管理到自愿参与，从以政府为主体到以企业为主体遵循着一定的规律。但随着社会低碳意识的提高，越来越多企业走向以人为本的自愿性碳管理则是必然的。可以预见，随着我国居民可支配收入较快增长，环境资源稀缺性将会迅速凸显，社会低碳支付意愿将越来越强，低碳意识持续提高作为非正式规则的主导作用将会逐渐发生作用，并体现在消费者和市场对企业的压力上，体现在政府的法规逐渐收紧上。这个链条的传动机制一旦成立，企业在市场竞争中，从被迫到主动参与自愿章程的激励机制也就形成了。在政府管理手段上，更多地推动采用由市场驱动型的自愿性碳管理，由企业分担环境保护更多的职责，将成为下阶段碳管理发展的方向。

（2）成本优势明显

促使向更良好的政府和企业关系转化的另一个重要原因，是强制手段的成本太高。因为强制手段鼓励的是末端治理，如果政府定期提高排放标准，企业在末端治理上的边际治理成本随着边际减排成本曲线的变化将持续递增，最后难以为继；政府监控力度更要加大，从立法执法到机构人员和监控的交易费用大幅上升，使得自愿性碳管理以及企业与政府的社会协商的管理成为交易成本更低的选择。

（3）相较于传统管理中激励机制有优势

传统碳管理中，法规的强制是被动接受型，在经济手段中，激励机制是遵循碳排放方的经济利益最大化原则。这时，企业是有选择余地的，可以选择不同的方式符合法规要求。在自愿参与碳管理的模式下，激励机制仍然是遵循经济利益最大化原则，只是加上了自身低碳支付意愿，即良心效应的激励。这说明企业在碳管理中的地位从客体转换为主体后，受自身利益的驱使，就会根据自身情况进行规划，避免了机会主义行为与信息不对称的问题。这会使得社会总体碳排放治理边际成本下降，而社会总收益相应地得到增加。

自愿性碳管理作为一种创新，在其出现的初期，往往并不被当时占主流的思想或实践所接纳。但是如果从国际上其他国家的发展轨迹、从我们在实践中遇到问题的反思以及管理理论从早期的强调管制到更加强调人性化管理的指引，可以预见，自愿性碳管理将在未来碳管理中扮演更重要的角色、发挥更重要的作用。

7.4.5 碳管理政策手段的组合分析

从前面几章的论述我们可以知道，任何碳管理政策工具都有其优越性和局限性，任何一项碳管理政策工具的有效使用都受到的一定条件的约束，任何一项碳管理工具要想在现实中同时满足能有效实施的各项条件皆很难实现。

不同的碳管理政策工具是没有绝对的优劣之分的，并且不同的碳管理政策工具相互之间也没有排斥性。基于碳管理政策工具的这种表现特征，对政府而言，在选择碳管理政策工具时，没有必要局限于某一项或某一个碳管理政策工具，也不必期待通过发展或完善某一项万能的碳管理政策工具来解决所有的CO_2排放问题，而应当充分重视低碳政策工具的多样性及各自的特点，通过碳管理政策工具的科学组合，力图实现在约束条件下碳管理政策工具实施效果的最大化，从而最终地实现解决碳排放问题，促进碳中和目标。

当然，政府在对各类碳管理政策工具进行优化组合时，还必须注意如下的基本原则。

1. 兼顾经济发展和环境保护的原则

碳管理政策工具的科学组合必须以环境保护为依据，其最终目标是保证环境与经济的协调发展，脱离环境保护目标的碳管理政策工具没有任何意义。因此，碳管理政策工具的组合应从全局的利益来考量，各方面的利益要统筹兼顾，不能顾此失彼。在当前我们既要反对针对碳排放问题的地方保护主义，又不能不顾实际情况，完全走向碳排放绝对优先主义。

2. 互补性原则

每一种碳管理政策工具都有其各自的优势和劣势，如果各类政策工具组合不合适的话，还会出现“制度挤出”的情况，比如命令控制型工具可能会和经济刺激型工具中某些具体手段之间出现相互排斥的情况，这也就是所谓的“制度挤出”。因此政府在选择碳管理政策工具来治理碳排放问题时，必须考虑互补性的原则，避免不同碳管理政策工具之间的排斥性，从而发挥碳管理政策组合1+1>2效应。

3. 兼顾公平和效率的原则

不同的碳管理政策工具会导致环境资源的不同分配结果，而碳管理政策工具的使用又会产生费用如何分摊的问题，前者涉及公平要义，后者则涉及效率要义。一般来说，公平性是碳管理政策工具可接受的重要考虑因素，因为公平性原则的考虑可能会影响效率原则，但这是为了考虑公平而不得不承担的机会成本。因为，如果不考虑公平性原则，同样也会导致社会的不稳定，从而使效率原则无从谈起。在这个意义上讲，碳管理政策工具的组合过程中要兼顾公平和效率的原则。

4. 充分考虑时机的选择原则

由于低碳经济活动常常处于不断的变化之中，因此，碳管理政策工具的组合运用也必须准确把握时机，根据不同时期的低碳经济发展状况和客观规律的要求来选择。事实上，碳管理政策工具的演变过程，也表明了碳管理政策工具在应用过程中的时机原则。因此，政府在进行碳管理政策工具的选择时，在掌握低碳经济发展动态的基础上来选择不同碳管理政策工具所运用的时间。如果时间过早，客观条件尚未成熟，所选择的碳管理政策工具在实施后容易出现徒劳无益、事半功倍的情况；如果时间过晚，所选择的碳管理政策工具在实施过程中则可能出现丧失机遇、造成被动的情形。

碳管理政策手段的选择与组合如图7-2所示。

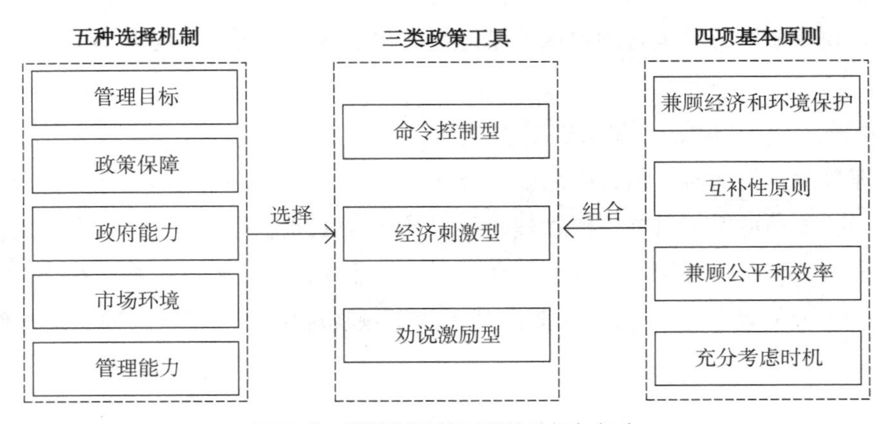

图7-2 碳管理政策手段的选择与组合

7.5 建设工程碳管理政策体系构建

7.5.1 国家层面碳管理政策体系基本方略

我国从“十一五”开始将节能减排作为约束性指标纳入国民经济与社会发展规划中，此后在国家层面的碳管理政策主要包括如下几方面内容：一是围绕节能减排降碳积极调整产业结构的政策措施；二是努力改善能源结构的政策措施；三是大力提升节能技术和管理水平的政策措施；四是源头性节能降碳政策措施；五是从法律、行政、经济等多方面入手建立的节能减排降碳体制机制。这些措施大多取得了较为明显的成效，但仍存在一些不足之处。例如，我国的碳排放强度在各省之间存在明显的不平衡现象，在欠发达地区，节能技术和管理水平仍然较低，且高耗能产业比重较高，导致碳排放强度较高；我国的碳排放效率和发达国家相比，仍存在不小差距；高碳排放量的产业由于技术落后、碳锁定效应等仍产生大量碳排放。当前，从国家层面构建的碳管理政策体系既要做好顶层设计，又要注重科技进步，更要做好制度建设。未来，要做好碳管理工作，需要做好以下几个方面：一是在碳管理过程中，统一地区差异化与地区协同性；二是在强调碳排效率和结构优化同时，推动技术创新；三是做好重要低碳政策的试点和推广工作。

7.5.2 建设工程碳管理政策体系基本方略

1. 政策体系的总体目标

从建设工程的全过程发力、从全生命周期发力、从全产业链发力、从全专业技术领域发力，推动协同发展，是落实党中央要求的生动实践，是打造建设工程高质量发展新格局的具体举措。政策体系的构建应贯彻党的二十大关于推动绿色发展和高质量发展的战略部署，紧密围绕低碳发展的核心目标，以市场需求为导向，充分发挥市场机制的推动作用，同时坚持以人民为中心的发展理念，将人民群众的利益放在首位，全面推动我国建设工程碳管理工作的高质量发展，为实现人与自然和谐共生的现代化目标贡献力量。

2. 政策体系的主要思路

（1）结合我国国情完善政策体系

建设工程碳管理的发展必须依赖于政府的支持，一系列健全完善的政策措施将会极大地促进建设工程碳管理的发展。目前，我国已使用多种碳管理政策工具，但多数以命令控制型方式推行，经济刺激型措施和劝说激励型手段的作用还有待加强。在政策设计中不仅需要采取更为多样的政策工具，还要注重发挥不同政策措施之间的协同作用。从政策制定情况来看，以命令控制型手段为例，《民用建筑节能条例》（简称《条例》）自颁布实施以来，虽然为建筑节能工作带来了巨大的改变，但仍未完全发挥出《条例》的作用。从政策工具选择、使用来看，各类政策工具不仅本身需要相互衔接，同时不同工具之间要相互协调。以新建建筑节能监管法规政策体系为例，新建建筑全过程监管要求与我国“放管服”深化改革要求存在不一致、不衔接的情况。要充分发挥碳管理政策效力，首先就需要结合我国国情，制定、修改、完善相应的碳管理政策体系。

（2）围绕碳管理总体发展方向调整政策体系

在我国既有建设工程碳管理改造政策支持下，各地推动了以节能改造、抗震加固、更新基础设施、整治小区环境等综合改造为主体的老旧小区绿色更新。从实施效果来看，以这种注重单体建筑和城市街区（社区）等区域单元为对象的能效提升效果优于以单纯节能改造为对象的改造方式。在发展对象上，政策体系应向注重单体建筑和城市街区（社区）等区域能效提升转变，实现碳管理互联互通。

城乡一体化是我国城市化的最终目标，然而从法律法规角度来看，我国目前的碳管理工作主要聚焦在城镇建设工程，例如推进建筑节能工作主要聚焦在城市建筑节能工作，现有的民用建筑法律法规体系和政策体系也未提及农村建筑节能。在强调高质量发展的新时代，不仅应该注重农村建设工程不规范、工程建造碳排放高的现状，以促进农村建设工程碳管理发展，更应强调城乡一体化协调、均衡发展。在发展区域上，政策体系应向农村转变，更加注重城乡一体化发展。

实施绿色建造，实现建筑节能和低碳发展要求建造模式从以前粗放式建造向集约型、环保型建造转变。建造模式要实现全过程降碳，需要注重全产业链的融合发展。通过运用科学的组织和现代化的管理，将建造全过程中的规划、设计、开发、施工、部品生产、管理和服务等环节整合成为一个完整的产业系统，通过发展装配式建筑、推广绿色建材等方式，实现建设效率高、质量高、资源综合利用率高、环境负荷低的目的。

（3）强调运行阶段的碳管理

目前，我国对建设工程的监管主要关注于规划、设计、施工及验收过程，对建筑运行阶段的碳管理约束相对较少。然而，建筑物在使用过程中，如建筑采暖、空调、通风、照明等方面都存在能源需求，同时也会产生碳排放，由于建设工程通常具有较长的使用运营周期，其使用运营阶段的碳管理对减少建设工程的总碳排放量而言有着重要作用。因此，除了注重建设过程中的每一个环节，还要强调建设低碳节约型住宅，在实际运行中提升建筑性能、有效控制和降低建筑的碳排放，并形成可持续发展的模式，最终使建筑物有效的节能减排，并达到相应的标准，是我国建筑产业走上健康发展的必由之路。

（4）构造市场机制为主的政策体系

在低碳经济发展初期，政府通常会采用财政补贴的手段来启动消费市场，促使低碳环保产品价格大幅度降低，市场销售份额不断上升，逐渐成为市场消费的主流产品，助力低碳产品实现快速发展，形成规模经济。但由于财政补贴本质是一种政府干预市场的手段，与企业生产经营成本无关，在一定程度上妨碍了市场竞争淘汰机制的运行，阻碍了低碳技术的研发创新。在缺乏市场认可的情况下，政府若想在之后维持初期的运行成效，只能不断加强财政补贴政策工具的应用力度，这样的手段缺乏可持续性。以市场为主的政策体系工具，在市场这双“看不见的手”指导下，激发企业自发进行技术升级的力量，自动淘汰违背低碳环保建筑理念的高污染、高排放、高耗能建筑，有效实现碳管理目标，并且，这种“自发秩序”的产生及演变，不会导致社会产生不适和排斥反应。因此，政府在制定建设工程碳管理政策体系时，要强调市场作用，构造以市场机制为主的政策体系。

7.6 建设工程碳管理政策体系实施路径及发展前景

7.6.1 实施路径

1. 加快制定适合新时代高质量发展要求的推进机制

我国已经步入新的发展阶段，建设工程政策体系也应该立足新发展阶段、贯彻新发展理念、构建新发展格局。依据高质量发展要求，结合《民用建筑节能管理规定》进行政策修订，研究制定以市场发挥决定性作用的建筑节能推广机制。研究绿色金融，发挥商业银行的资源配置作用，用法律框定商业银行支持绿色、低碳经济义务，促进银行建立高碳排行业的信贷退出机制，促进金融行业在各业务环节履行环保责任，将我国金融业打造成“绿色”行业。研究适应我国国情、适应发展现状的碳排放权交易、建筑节能交易的机制，通过建立各种交易市场，实现低碳市场经济及其关联权益在企业和城市间的动态平衡，助力经济社会发展。

2. 加大关键核心技术研发创新

创新驱动是新发展理念下的核心动力，建设工程碳管理不仅需要产业结构的调整，更需要技术创新的支撑。近年来，虽然我国自主研发能力在国家的大力支持下取得了较大的进步。在此背景下，我们应该在充分吸收引进国外先进技术的前提下，结合我国国情，研发出真正适用于我国实际情况的低碳技术，使其充分应用于低碳建造之中。在此过程中，加强低碳技术创新机制的顶层设计，完善低碳建造领域创新体系和激励机制，提升关键核心技术创新能力，增强建设工程绿色低碳转型发展内生动力。同时，还应看到，许多新技术的应用仍受到诸多客观条件的制约，例如风能发电、光伏发电等在实现过程中就存在巨大困难。因此我们不该过分追求理想化的新技术，应因地制宜对建筑物加以改造。

此外，科技的发展离不开知识的支持，知识的运用离不开“人”这个载体，设立专项资金培养并引进人才是加快技术研发、科技创新的重要保障。一方面，政府可以通过设立专项奖励基金，鼓励并吸引国内外优秀人才回国参与到我国建设工程碳管理中；另一方面，可以在各大高校的建筑学院设立专门课程及科研项目，引导、培养国内优秀人才参与到建设工程碳管理中。与此同时，鼓励各建筑企业从实践中开发新技术，对于在建设工程碳管理中表现突出的企业以及率先采用低碳技术的企业给予鼓励与支持。

3. 全面推进低碳建造发展

全面推进低碳建造发展，首先，需要区域全覆盖。区域包括各级行政区域以及地区城乡区域。一是实施低碳建造推广目标管理机制，将低碳建造发展目标分解到各省级行政区域，督促各省（区、市）落实本地区年度低碳建造发展计划，并建立低碳建造进展定期报告及考核制度；二是建立健全机制，将农村建筑纳入建筑节能强制标准管理，分类指导提高新型农村社区、农村公共建筑和一般建筑的节能水平，引导农村建筑节能与城镇建筑节能同时发展。其次，需要范围全覆盖。范围包括建筑类型以及建筑属性。一是继续重点做好保障性住房、政府投资公益性建筑和大型公共建筑等全面推广强制执行绿色建筑标准的基础上，在条件成熟地区（省会城市、中东部主要地级城市乃至全省）不断加大绿色建筑标准的强制执行范围；二是加快新建建筑能效提升进程，尽快执行更高水平节能标准，进一步提高新建建筑能效水平，推动新建建筑由“建筑节能”向“建筑产能”转变。同时，总结已有改造的经验，结合城市旧城更新、环境综合整治等实施节能改造，选择有条件小区进行高标准的节能改造和绿色化改造，提升既有建筑的能效水平。最后，需要过程全覆盖。过程包括绿色建筑建设管理过程以及运行管理过程。在建设管理阶段，将绿色建筑管理纳入规划、设计、施工、竣工验收等工程全过程管理程序当中；在运行管理阶段，建立推广低碳节约型住宅机制，降低建筑运行阶段的碳排放和能耗，促进建筑物实现全生命周期碳管理目标。

4. 规范、完善绿色建筑系统评估体系

绿色建筑评价标识是推动绿色建筑发展的主要抓手，中国的绿色建筑评价体系由于起步较晚，受发达国家影响较大，且更注重节能，在碳排放约束方面仍然缺失较多。根据低碳技术的发展和低碳经济目标的变化状况，应加快推进绿色建材认证制度、实施绿色建材产品评价认证、适时修改政府采购认证标准，为绿色建材、绿色采购提供科学依据，促进新技术、新产品的标准化、工程化、产业化。修订发布《绿色建筑评价标识管理办法》，落实各级政府责任，加强评价标识监管，积极推进绿色建筑评价标识，完善绿色建筑评估体系。推动建立绿色建筑建设质量信用体系，对绿色建筑市场主体进行信用评价，逐步建立“守信激励、失信惩戒”的信用环境。

5. 积极推广碳管理示范试点

要全面推广建设工程碳管理，需要发挥好试点地区的示范、突破、带动作用。构建市场导向的绿色技术创新体系，组织绿色建筑重点领域关键环节的科研攻关和技术研发，建设一批绿色建筑科技创新基地；推动建造方式转型升级，完善装配式建筑产品、技术及标准体系，开展钢结构装配式建筑推广应用试点，建设一批装配式建筑发展示范城市和生产基地；启动低碳公共建筑，以国家机关办公建筑和大型公共建筑建设强制执行低碳建筑标准为示范，大力发展低碳住宅，建设一批低碳公共建筑示范试点项目；建立低碳生态城市规划管理和实施机制，加大对低碳生态城市建设的政策支持，建设一批低碳生态城市示范试点项目；结合新区建设和旧区改造，推动新建建筑和改造建筑的低碳融合，建设一批绿色低碳建筑集中示范区。

6. 依托新一代信息技术，更新碳管理模式

以云计算、物联网、大数据、移动互联网等为代表的新一代信息技术正深刻改变着人类的生活方式和产业的发展模式。新一代信息技术在建设工程管理、信用体系建设中的应用，极大地扩展了建筑节能和绿色建筑的监管范围，提升了监督效率。通过整合分析政府数据、社会数据、互联网数据资源，能够更加高效地为政府管理和决策提供支撑，进而实现资源的高效配置。依托数据和信息公开与共享机制，将全面提高行业公共服务能力水平，提高全社会节能和绿色发展意识，最大限度地激发微观活力。

7. 强化碳管理监管职能

要实施、保障建设工程碳管理工作，不仅需要优化顶层设计、做好过程管理，还需要强化监督管理职能，让政府当好市场秩序的“裁判员”。政府应成立相应的绿色建筑监管部门，强化对绿色建筑标识和绿色建筑质量的监督，提高绿色建筑工程质量水平，加强《绿色建筑评价标准》的贯彻和实施监督，并动态更新，逐步提高评价标准，对于违反规则的企业予以严厉惩治，应加大监管力度。

8. 提高碳管理公众参与程度

建设工程碳管理需要政府主导、企业落实，更离不开全民参与、公众支持。在环境污染愈演愈烈、极端气候日益频繁、人与自然矛盾突出的今天，我们每一个人都将成为高碳排放的受害者。因此，我们必须将环境保护、降污减排的观念植入人心。在这个过程中，需要借助舆论的力量，通过电视、手机、报纸、网站、广播、杂志等一切形式，加大宣传力度，改善公众绿色消费理念，培养公民碳管理意识，推动公众环境行为自律意识，畅通环境诉讼制度，引导公众与第三方机构参与监测，为碳管理工作奠定良好的公众氛围和市场基础。

9. 加强碳管理对外交流与合作

气候资源本身属于公共物品，由碳排放量剧增导致的环境问题是全球性的，其治理需要各国共同努力，我国也致力于推动环境全球合作，扩大对外交流。于发达国家，主动引进其技术与模式，增强碳管理路径研究；于发展中国家，积极提供技术、资金支持，推广环境创新成果，传播中国生态文明理念。面对世界新发展格局，我国将坚持生态文明建设理念，坚持低碳循环发展道路，加强对外交流，为建设美丽新地球贡献中国力量。

7.6.2 发展前景

建设工程碳管理本质上来说是自上而下推动、由内而外创新的系统工程，是制度创新、技术创新、管理创新和理念创新相结合的系统的、集成的、多目标的建设工程项目管理模式，从制度、技术、管理、理念四个方面进一步完善建设工程碳管理是未来的发展前景。

1. 制度层面

（1）更加完善的建设工程碳管理法律法规制度

围绕以碳排放量为约束条件的建设工程碳管理法律法规制度将进一步优化完善。将碳排放标准要求纳入土地出让规划条件、鼓励开展绿色建筑全过程咨询、建立新建建筑节能标准定期更新制度将成为未来建设工程碳管理发展方向。

（2）确立既有建筑节能改造的发展计划

建筑物在运行使用阶段的碳排放量不容小觑，如何能将现有的建筑物改造成为绿色低碳房屋是国家达到节能减排目标的有力措施之一。全国城镇中心区目前存在部分建筑设计不达标、房屋抗震性能没有达到合理标准、建筑质量整体或局部不合格、严重耗能等问题。这些将构成未来十年进行大规模改造和集中修缮的主体，也是对现存我国建筑发展模式的体系性修补，同时还应该成为我国建设工程领域碳管理主力领域和先头试点。

（3）建设工程碳管理相关政策的优化

1）财税政策的优化

目前，在我国分级财政体制下，政府征税范围、职责要求方面存在交叉重叠、空白遗漏或标准不一等情况，导致企业对政府的配合程度不高，无法遏制部分碳排放者的高碳排放行为。对政府职责要求进行结构性优化，有助于从制度上优化建设工程碳管理。

2）金融政策的优化

赋予政策性银行支持低碳经济发展职能，鼓励其开展专门支持低碳经济的相关业务是未来政府通过市场机制进行建设工程碳管理的主要手段之一。通过完善低碳经济信用担保机制、适当的政府补偿，降低向低碳经济提供担保的相关机构风险、建立担保机构与银行之间的合作制度，使担保机构与银行利益共享、风险共担，有利于借助市场之手促进低碳发展。

3）能源政策的优化

能源政策结构将系统性地进行调整。一方面，能源政策将有利于高效地促进太阳能、风能、生物质能等可再生清洁能源的生产和使用；另一方面，将有利于高效地促进改造旧能源，提高减少化石能源使用的速度，提高落后产能淘汰速度，提高传统能源生产工艺低碳化的改造速度以及提高推进低碳化生产和生产低碳化消费品的速度。

4）产业政策的优化

强化打破“碳锁定效应”是产业政策的优化方向。企业将面临更严格的能耗效率管制政策，严格精细的约束性政策将“倒逼”企业降低碳排放。

5）消费政策的优化

在生产和消费两个领域，政策工具会被更综合地运用。“激励”与“约束”共同刺激企业生产低碳消费产品、培育居民低碳消费习惯。

2. 技术层面

（1）技术创新环节

技术创新是发展建设工程碳管理的重要手段，培养基于项目管理视野的建筑产业低碳技术集成创新系统有助于低碳建造发展。从项目的设计、规划开始阶段到项目最终的维护、运行阶段都将考虑如何融入低碳理念、实现项目的低碳化目标。比如选址要与周围的环境相协调、设计阶段应考虑结构灵活的设计和低碳材料的选用，尽可能地减少建筑的碳排放量；在施工阶段应充分采用低碳节能技术、资源循环技术和合理选择施工方案的选用，注重环境保护，提高资源和能源的利用效率；在运行阶段，应提倡使用节能设备，倡导低碳生活等；在建筑拆除阶段，要采用分类拆除的方法而不是一次性的爆破，以减少垃圾的产生，提高资源的回收率；在拆除材料处理阶段，要做到材料分离和有效处理，尽量保证使用过的材料还可以用于其他地方或再生利用等。

（2）技术创新模式

依据我国现状，技术创新将采用渐进式创新与突破式创新相结合的管理发展模式。采用多方式和多渠道的管理手段促进低碳技术的渐进式创新和突破式创新均是低碳技术创新管理的不同表现形式。加强建筑企业低碳技术自主创新能力建设，促进低碳技术产业化，以渐进式和突破式创新相结合，技术引进与自主创新相补充。加强关键共性低碳技术的攻关，就建筑产业低碳技术系统制定专门的产业技术攻关路线。同时加强新技术的开发和引进，如在智能电网、节能技术、碳捕集与封存技术重点领域制定未来低碳重大研究计划，提高企业低碳技术创新水平与核心竞争力。以建设单位为核心参与企业主导，整合系统内多方资源，兼顾各方效益的合作基础上保证低碳技术创新机制更为有效地运行。充分发挥产业内部参与主体的正协同效应，使参与主体有更高的积极性参与到低碳技术创新活动中。

3. 管理层面

根据碳管理目标，结合我国实际国情进行碳管理，未来建设工程碳管理将考虑以下几个原则：

（1）“因地制宜”原则

“因地制宜”原则即根据建设工程项目所处的地理气候特征等具体条件来实现建设工程项目的碳管理目标。比如，在南方地区由于夏季室内与室外平均温度相差不大，降低空调能耗的关键是减少太阳辐射，从而能够尽快将室内热量散发到室外。在这种情况下，如果保温性能好反而不利于将室内热量向室外散发，因而遮阳才是降低空调能耗的关键。

（2）权衡优化和总量、强度“双控”原则

权衡优化和总量、强度“双控”原则要求建设工程碳管理能够以更少的碳排放量实现建设工程项目目标。这两个要求之间可能存在一定的矛盾，而实现建设工程碳管理的关键就是要通过合理的规划设计和先进的建造技术来协调两者之间的矛盾，并且能够在碳排放总量、碳强度上进行控制。

（3）全过程控制原则

全过程控制原则要求在中国目前的建设工程碳管理水平下，建设工程项目将不同实施阶段放在建设工程项目的全生命周期中进行考虑，并实现不同阶段的碳管理理念得到统一，上一阶段的思想在下一阶段也能够得到有效贯彻。

4. 理念层面

建设工程碳管理理念自上而下贯穿了新发展理念、环境可持续发展理念、生态学理念、低碳经济理念以及绿色住宅理念等新时代理念。在开展建设工程碳管理工作时，不仅要综合考量不同理念之间的协调融合，还要建立从政府到市场再到公众一体的理念思想，通过政府引导、市场主导、公众倡导的方式普及建设工程碳管理理念，使得建设工程碳管理工作顺理成章、水到渠成地开展。

建设工程碳管理政策实施路径及前景目标如图7-3所示。

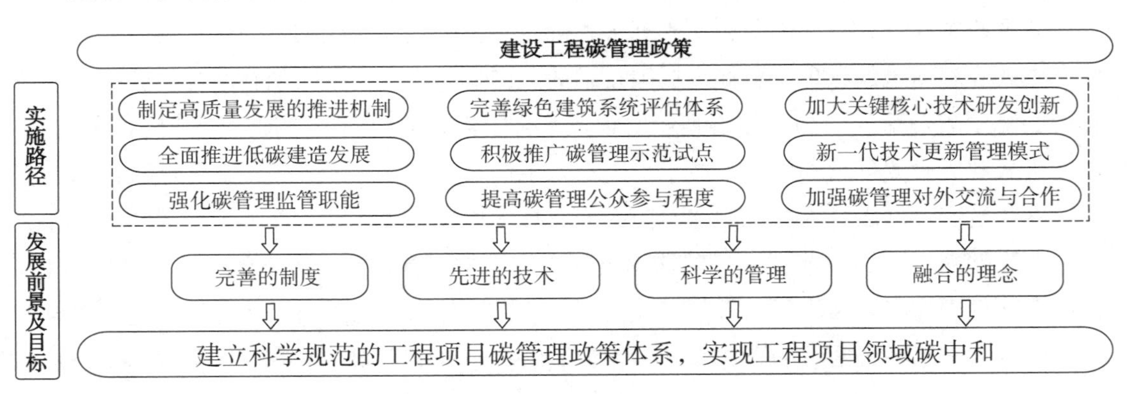

图7-3　建设工程碳管理政策实施路径及前景目标

思考题

（1）建设工程碳管理政策的概念和目标是什么？

（2）分析建设工程碳管理政策的现状和面临的挑战。

（3）请解释命令控制型、经济刺激型和劝说激励型三种建设工程碳管理政策手段，并比较它们的优缺点。

（4）在实际应用中，如何选择和组合建设工程碳管理政策手段？

（5）请介绍建设工程碳管理政策体系的构建过程和关键要素。

（6）根据你对建设工程碳管理政策的理解，对未来其发展前景进行预测，并阐述你的观点。

附录

附录A：建材碳排放因子

A.0.1　建筑材料碳排放因子按表A.0.1选取。

建筑材料碳排放因子　　表A.0.1

建筑材料类别	建筑材料碳排放因子
普通硅酸盐水泥（市场平均）	735kgCO_2e/t
C30混凝土	295kgCO_2e/m^3
C50混凝土	385kgCO_2e/m^3
石灰生产（市场平均）	1190kgCO_2e/t
消石灰（熟石灰、氢氧化钙）	747kgCO_2e/t
天然石膏	32.8kgCO_2e/t
砂（f=1.6～3.0）	2.51kgCO_2e/t
碎石（d=10mm～30mm）	2.18kgCO_2e/t
页岩石	5.08kgCO_2e/t
黏土	2.69kgCO_2e/t
混凝土砖（240mm×115mm×90mm）	336kgCO_2e/m^3
蒸压粉煤灰砖（240mm×115mm×53mm）	341kgCO_2e/m^3
烧结粉煤灰实心砖（240mm×115mm×53mm，掺入量为50%）	134kgCO_2e/m^3
页岩实心砖（240mm×115mm×53mm）	292kgCO_2e/m^3
页岩空心砖（240mm×115mm×53mm）	204kgCO_2e/m^3
黏土空心砖（240mm×115mm×53mm）	250kgCO_2e/m^3
煤矸石实心砖（240mm×115mm×53mm，90%掺入量）	22.8kgCO_2e/m^3
煤矸石空心砖（240mm×115mm×53mm，90%掺入量）	16.0kgCO_2e/m^3
炼钢生铁	1700kgCO_2e/t
铸造生铁	2280kgCO_2e/t
炼钢用铁合金（市场平均）	9530kgCO_2e/t
转炉碳钢	1990kgCO_2e/t
电炉碳钢	3030kgCO_2e/t
普通碳钢（市场平均）	2050kgCO_2e/t
热轧碳钢小型型钢	2310kgCO_2e/t
热轧碳钢中型型钢	2365kgCO_2e/t
热轧碳钢大型轨梁（方圆坯、管坯）	2340kgCO_2e/t

续表

建筑材料类别		建筑材料碳排放因子
热轧碳钢大型轨梁（重轨、普通型钢）		2380kgCO_2e/t
热轧碳钢中厚板		2400kgCO_2e/t
热轧碳钢H钢		2350kgCO_2e/t
热轧碳钢宽带钢		2310kgCO_2e/t
热轧碳钢钢筋		2340kgCO_2e/t
热轧碳钢高线材		2375kgCO_2e/t
热轧碳钢棒材		2340kgCO_2e/t
螺旋埋弧焊管		2520kgCO_2e/t
大口径埋弧焊直缝钢管		2430kgCO_2e/t
焊接直缝钢管		2530kgCO_2e/t
热轧碳钢无缝钢管		3150kgCO_2e/t
冷轧冷拔碳钢无缝钢管		3680kgCO_2e/t
碳钢热镀锌板卷		3110kgCO_2e/t
碳钢电镀锌板卷		3020kgCO_2e/t
碳钢电镀锡板卷		2870kgCO_2e/t
酸洗板卷		1730kgCO_2e/t
冷轧碳钢板卷		2530kgCO_2e/t
冷硬碳钢板卷		2410kgCO_2e/t
平板玻璃		1130kgCO_2e/t
电解铝（全国平均电网电力）		20300kgCO_2e/t
铝板带		28500kgCO_2e/t
断桥铝合金窗	100%原生铝型材	254kgCO_2e/m^2
	原生铝：再生铝=7：3	194kgCO_2e/m^2
铝木复合窗	100%原生铝型材	147kgCO_2e/m^2
	原生铝：再生铝=7：3	122.5kgCO_2e/m^2
铝塑共挤窗		129.5kgCO_2e/m^2
塑钢窗		121kgCO_2e/m^2
无规共聚聚丙烯管		3.72kgCO_2e/kg
聚乙烯管		3.60kgCO_2e/kg
硬聚氯乙烯管		7.93kgCO_2e/kg
聚苯乙烯泡沫板		5020kgCO_2e/t
岩棉板		1980kgCO_2e/t

续表

建筑材料类别	建筑材料碳排放因子
硬泡聚氨酯板	5220kgCO_2e/t
铝塑复合板	8.06kgCO_2e/m^2
铜塑复合板	37.1kgCO_2e/m^2
铜单板	218kgCO_2e/m^2
普通聚苯乙烯	4620kgCO_2e/t
线性低密度聚乙烯	1990kgCO_2e/t
高密度聚乙烯	2620kgCO_2e/t
低密度聚乙烯	2810kgCO_2e/t
聚氯乙烯（市场平均）	7300kgCO_2e/t
自来水	0.168kgCO_2e/t

附录B：建材运输碳排放因子

B.0.1　混凝土的默认运输距离值应为40km，其他建材的默认运输距离值应为500km。各类运输方式的碳排放因子应按表B.0.1选取。

各类运输方式的碳排放因子　　表 B.0.1

运输方式	碳排放因子［kgCO_2/（tkm）］
轻型汽油货车运输（载重2t）	0.334
中型汽油货车运输（载重8t）	0.115
重型汽油货车运输（载重10t）	0.104
重型汽油货车运输（载重18t）	0.104
轻型柴油货车运输（载重2t）	0.286
中型柴油货车运输（载重8t）	0.179
重型柴油货车运输（载重10t）	0.162
重型柴油货车运输（载重18t）	0.129
重型柴油货车运输（载重30t）	0.078
重型柴油货车运输（载重46t）	0.057
内燃机车运输	0.011
电力机车运输	0.010

续表

运输方式	碳排放因子［$kgCO_2$/（tkm）］
铁路运输（中国市场平均）	0.010
液货船运输（载重2000t）	0.019
干散货船运输（载重2500t）	0.015
集装箱船运输（载重200TEU）	0.012

附录C：常用施工机械台班能源用量

C.0.1　常用施工机械的单位台班的能源消耗量可按表C.0.1选用。

常用施工机械台班能源用量　　表C.0.1

序号	机械名称	性能规格		能源用量		
				汽油（kg）	柴油（kg）	电（kWh）
1	履带式推土机	功率	75kW	—	56.50	—
2			105kW	—	60.80	—
3			135kW	—	66.80	—
4	履带式单斗液压挖掘机	斗容量	$0.6m^3$	—	33.68	—
5			$1m^3$	—	63.00	—
6	轮胎式装载机	斗容量	$1m^3$	—	52.73	—
7			$1.5m^3$	—	58.75	—
8	钢轮内燃压路机	工作质量	8t	—	19.79	—
9			15t	—	42.95	—
10	电动夯实机	夯击能量	250N·m	—	—	16.60
11	强夯机械	夯击能量	1200kN·m	—	32.75	—
12			2000kN·m	—	42.76	—
13			3000kN·m	—	55.27	—
14			4000kN·m	—	58.22	—
15			5000kN·m	—	81.44	—
16	锚杆钻孔机	锚杆直径	32mm	—	69.72	—
17	履带式柴油打桩机	冲击质量	2.5t	—	44.37	—
18			3.5t	—	47.94	—

续表

序号	机械名称	性能规格		能源用量		
				汽油（kg）	柴油（kg）	电（kWh）
19	履带式柴油打桩机	冲击质量	5t	—	53.93	—
20			7t	—	57.40	—
21			8t	—	59.14	—
22	轨道式柴油打桩机	冲击质量	3.5t	—	56.90	—
23			4t	—	61.70	—
24	步履式柴油打桩机	功率	60kW	—	—	336.87
25	振动沉拔桩机	激振力	300kN	—	17.43	—
26			400kN	—	24.90	—
27	静力压桩机	压力	900kN	—	—	91.81
28			2000kN	—	77.76	—
29			3000kN	—	85.26	—
30			4000kN	—	96.25	—
31	汽车式钻机	孔径	1000mm	—	48.80	—
32	回旋钻机	孔径	800mm	—	—	142.50
33			1000mm	—	—	163.72
34			1500mm	—	—	190.72
35	螺旋钻机	孔径	600mm	—	—	181.27
36	冲孔钻机	孔径	1000mm	—	—	40.00
37	履带式旋挖钻机	孔径	1000mm	—	146.56	—
38			1500mm	—	164.32	—
39			2000mm	—	172.32	—
40	三轴搅拌桩基	轴径	650mm	—	—	126.42
41			850mm	—	—	156.42
42	电动灌浆机	—	—	—	—	16.20
43	履带式起重机	提升质量	5t	—	18.42	—
44			10t	—	23.56	—
45			15t	—	29.52	—
46			20t	—	30.75	—
47			25t	—	36.98	—
48			30t	—	41.61	—
49			40t	—	42.46	—

续表

序号	机械名称	性能规格		能源用量		
				汽油（kg）	柴油（kg）	电（kWh）
50	履带式起重机	提升质量	50t	—	44.03	—
51			60t	—	47.17	—
52	轮胎式起重机	提升质量	25t	—	46.26	—
53			40t	—	62.76	—
54			50t	—	64.76	—
55	汽车式起重机	提升质量	8t	—	28.43	—
56			12t	—	30.55	—
57			16t	—	35.85	—
58			20t	—	38.41	—
59			30t	—	42.14	—
60			40t	—	48.52	—
61	叉式起重机	提升质量	3t	26.46	—	—
62	自升式塔式起重机	提升质量	400t	—	—	164.31
63			60t	—	—	166.29
64			800t	—	—	169.16
65			1000t	—	—	170.02
66			2500t	—	—	266.04
67			3000t	—	—	295.60
68	门式起重机	提升质量	10t	—	—	88.29
69	载重汽车	装载质量	4t	25.48	—	—
70			6t	—	33.24	—
71			8t	—	35.49	—
72			12t	—	46.27	—
73			15t	—	56.74	—
74			20t		62.56	—
75	自卸汽车	装载质量	5t	31.34	—	—
76			15t	—	52.93	—
77	平板拖车组	装载质量	20t	—	45.39	—
78	机动翻斗车	装载质量	1t	—	6.03	—
79	洒水车	灌容量	4000L	30.21	—	—
80	泥浆罐车	灌容量	5000L	31.57	—	—

续表

序号	机械名称	性能规格		能源用量		
				汽油（kg）	柴油（kg）	电（kWh）
81	电动单筒快速卷扬机	牵引力	10kN	—	—	32.90
82	电动单筒慢速卷扬机	牵引力	10kN	—	—	126.00
83			30kN	—	—	28.76
84	单笼施工电梯	提升质量1t	提升高度 75m	—	—	42.32
85			100m	—	—	45.66
86	双笼施工电梯	提升质量2t	100m	—	—	81.86
87			200m	—	—	159.94
88	平台作业升降车	提升高度	20m	—	48.25	—
89	涡浆式混凝土搅拌机	出料容量	250L	—	—	34.10
90			500L	—	—	107.71
91	双锥反转出料混凝土搅拌机	出料容量	500L	—	—	55.04
92	混凝土输送泵	输送量	45m³/h	—	—	243.46
93			75m³/h	—	—	367.96
94	混凝土湿喷机	生产率	5m³/h	—	—	15.40
95	灰浆搅拌机	拌筒容量	200L	—	—	8.61
96	干混砂浆罐式搅拌机	公称储量	20000L	—	—	28.51
97	挤压式灰浆输送泵	输送量	3m³/h	—	—	23.70
98	偏心振动筛	生产率	16m³/h	—	—	28.60
99	混凝土抹平机	功率	5.5kW	—	—	23.14
100	钢筋切断机	直径	40mm	—	—	32.10
101	钢筋弯曲机	直径	40mm	—	—	12.80
102	预应力钢筋拉伸机	拉伸力	650kN	—	—	17.25
103			900kN	—	—	29.16
104	木工圆锯机	直径	500mm	—	—	24.00
105	木工平刨床	刨削宽度	500mm	—	—	12.90
106	木工三面压刨床	刨削宽度	400mm	—	—	52.40
107	木工榫机	榫头长度	160mm	—	—	27.00
108	木工打眼机	榫槽宽度	—	—	—	4.70
109	普通车床	工件直径×工件长度	400mm×2000mm	—	—	22.77

续表

序号	机械名称	性能规格		能源用量		
				汽油（kg）	柴油（kg）	电（kWh）
110	摇臂钻床	钻孔直径	50mm	—	—	9.87
111			63mm	—	—	17.07
112	锥形螺纹车丝机	直径	45mm	—	—	9.24
113	螺栓套丝机	直径mm	—	—	—	25.00
114	板料校平机	厚度×宽度	16mm×2000mm	—	—	120.60
115	刨边机	加工长度	12000mm	—	—	75.90
116	半自动切割机	厚度	100mm	—	—	98.00
117	自动仿形切割机	厚度	60mm	—	—	59.35
118	管子切断机	管径	150mm	—	—	12.90
119			250mm	—	—	22.50
120	型钢剪断机	剪断宽度	500mm	—	—	53.20
121	型钢矫正机	厚度×宽度	60mm×800mm	—	—	64.20
122	电动弯管机	管径	108mm	—	—	32.10
123	液压弯管机	管径	60mm	—	—	27.00
124	空气锤	锤体质量	75kg	—	—	24.20
125	摩擦压力机	压力	3000kN	—	—	96.50
126	开式可倾压力机	压力	1250kN	—	—	35.00
127	钢筋挤压连接机	直径	—	—	—	15.94
128	电动修钎机	—	—	—	—	100.80
129	岩石切割机	功率	3kW	—	—	11.28
130	平面水磨机	功率	3kW	—	—	14.00
131	喷砂除锈机	能力	$3m^3/min$	—	—	28.41
132	抛丸除锈机	直径	219mm	—	—	34.26
133	内燃单级离心清水泵	出口直径	50mm	3.36	—	—
134	电动多级离心清水泵	出口直径100mm	扬程120m以下	—	—	180.40
135		出口直径150mm	扬程180m以下	—	—	302.60
136		出口直径200mm	扬程280m以下	—	—	354.78
137	泥浆泵	出口直径	50mm	—	—	40.90
138		出口直径	100mm	—	—	234.60

续表

序号	机械名称	性能规格		能源用量		
				汽油（kg）	柴油（kg）	电（kWh）
139	潜水泵	出口直径	50mm	—	—	20.00
140			100mm	—	—	25.00
141	高压油泵	压力	80MPa	—	—	209.67
142	交流弧焊机	容量	21kV · A	—	—	60.27
143			32kV · A	—	—	96.53
144			40kV · A	—	—	132.23
145	点焊机	容量	75kV · A	—	—	154.63
146	对焊机	容量	75kV · A	—	—	122.00
147	氩弧焊机	电流	500A	—	—	70.70
148	二氧化碳气体保护焊机	电流	250A	—	—	24.50
149	电渣焊机	电流	1000A	—	—	147.00
150	电焊条烘干箱	容量	45 × 35 × 45（cm^3）	—	—	6.70
151	电动空气压缩机	排气量	0.3m^3/min	—	—	16.10
152			0.6m^3/min	—	—	24.20
153			1m^3/min	—	—	40.30
154			3m^3/min	—	—	107.50
155			6m^3/min	—	—	215.00
156			9m^3/min	—	—	350.00
157			10m^3/min	—	—	403.20
158	导杆式液压抓斗成槽机	—	—	—	163.39	—
159	超声波侧壁机	—	—	—	—	36.85
160	泥浆制作循环设备	—	—	—	—	503.90
161	锁扣管顶升机	—	—	—	—	64.00
162	工程地质液压钻机	—	—	—	30.80	—
163	轴流通风机	功率	7.5kW	—	—	40.30
164	吹风机	能力	4m^3/min	—	—	6.98
165	井点降水钻机	—	—	—	—	5.70

附录D：主要能源碳排放因子

D.0.1 化石燃料碳排放因子按表D.0.1选取。

化石燃料碳排放因子 表D.0.1

分类	燃料类型	单位热值含碳量（tC/TJ）	碳氧化率（%）	单位热值CO_2排放因子（tCO_2/TJ）
固体燃料	无烟煤	27.4	0.94	94.44
	烟煤	26.1	0.93	89.00
	褐煤	28.0	0.96	98.56
	炼焦煤	25.4	0.98	91.27
	型煤	33.6	0.90	110.88
	焦炭	29.5	0.93	100.60
	其他焦化产品	29.5	0.93	100.60
液体燃料	原油	20.1	0.98	72.23
	燃料油	21.1	0.98	75.82
	汽油	18.9	0.98	67.91
	柴油	20.2	0.98	72.59
	喷气煤油	19.5	0.98	70.07
	一般煤油	19.6	0.98	70.43
	NGL天然气凝液	17.2	0.98	61.81
	LPG液化石油气	17.2	0.98	61.81
	炼厂干气	18.2	0.98	65.40
	石脑油	20.0	0.98	71.87
	沥青	22.0	0.98	79.05
	润滑油	20.0	0.98	71.87
	石油焦	27.5	0.98	98.82
	石化原料油	20.0	0.98	71.87
	其他油品	20.0	0.98	71.87
气体燃料	天然气	15.3	0.99	55.54

D.0.2 其他能源碳排放因子按表D.0.2选取。

其他能源碳排放因子 表D.0.2

能源类型		缺省碳含量（tC/TJ）	缺省氧化因子	有效CO_2排放因子（tCO_2/TJ）		
				缺省值	95%置信区间	
					较低	较高
城市废弃物（非生物量比例）		25.0	1	91.7	73.3	121.0
工业废弃物		39.0	1	143.0	110.0	183.0
废油		20.0	1	73.3	72.2	74.4
泥炭		28.9	1	106.0	100.0	108.0
固体生物燃料	木材/木材废弃物	30.5	1	112.0	95.0	132.0
	亚硫酸盐废液（黑液）	26.0	1	95.3	80.7	110.0
	木炭	30.5	1	112.0	95.0	132.0
	其他主要固体生物燃料	27.3	1	100.0	84.7	117.0
液体生物燃料	生物汽油	19.3	1	70.8	59.8	84.3
	生物柴油	19.3	1	70.8	59.8	84.3
	其他液体生物燃料	21.7	1	79.6	67.1	95.3
气体生物燃料	填埋气体	14.9	1	54.6	46.2	66.0
	污泥气体	14.9	1	54.6	46.2	66.0
	其他生物气体	14.9	1	54.6	46.2	66.0
其他非化石燃料	城市废弃物（生物量比例）	27.3	1	100.0	84.7	117.0

参考文献

[1] 何继善．工程管理论[M]．北京：中国建筑工业出版社，2017.
[2] 陈美球．低碳经济学[M]．北京：清华大学出版社，2015.
[3] 陈波．碳排放权交易市场的设计原理与实践研究[M]．北京：中国经济出版社，2014.
[4] 廖振良．碳排放交易理论与实践[M]．上海：同济大学出版社，2016.
[5] 叶文虎．可持续发展引论[M]．北京：高等教育出版社，2001.
[6] 李永峰．可持续发展概论[M]．哈尔滨：哈尔滨工业大学出版社，2013.
[7] 应启肇．环境、生态与可持续发展[M]．杭州：浙江大学出版社，2008.
[8] 陈华．基于生态-公平-效率模型的中国低碳发展研究[M]．上海：同济大学出版社，2012.
[9] 何晶晶．从《京都议定书》到《巴黎协定》：开启新的气候变化治理时代[J]．国际法研究，2016（3）：77-88.
[10] 周五七，聂鸣．碳排放与碳减排的经济学研究文献综述[J]．经济评论，2012（5）：144-151.
[11] 朱四海．低碳经济发展模式与中国的选择[J]．发展研究，2009（5）：10-14.
[12] 付允，马永欢，刘怡君，等．低碳经济的发展模式研究[J]．中国人口·资源与环境，2008（3）：14-19.
[13] 荆克迪．中国碳交易市场的机制设计与国际比较研究[D]．天津：南开大学，2014.
[14] 陈军．低碳管理[M]．北京：海洋出版社，2010.
[15] 张仕廉，王朝健，宋义辉，等．低碳建筑项目管理模式研究[J]．科技进步与对策，2011，28（13）：144-147.
[16] 李军．新形势下绿色建筑全过程管理模式的思考[J]．建筑科学，2020，36（8）：174-179.
[17] 赖小东，施骞．建筑产业低碳技术集成创新管理评价及测度分析[J]．同济大学学报（社会科学版），2014，25（5）：116-124.
[18] 冯国会，崔航，常莎莎，等．近零能耗建筑碳排放及影响因素分析[J]．气候变化研究进展，2022，18（2）：205-214.
[19] 苏斌．绿化屋顶与冷屋顶的节能减碳实效对比研究[D]．重庆：重庆大学，2016.
[20] 高源，刘丛红．我国传统建筑业低碳转型升级的创新研究[J]．科学管理研究，2014，32（4）：72-75.
[21] 孙振清，何延昆，林建衡．低碳发展的重要保障——碳管理[J]．环境保护，2011（12）：40-41.
[22] 胡文发，孔德龙，何新华．基于BP-WINGS的绿色建筑发展影响因素分析[J]．软科学，2020，34（3）：75-81.
[23] 江亿．城乡能源系统碳排放核算与减排路径[J]．可持续发展经济导刊，2022（4）：14-19.
[24] 滕佳颖，许超，艾熙杰，等．绿色建筑可持续发展的驱动结构建模及策略[J]．土木工程与管理学报，2019，36（6）：124-131.
[25] 陈庆能．中国行业碳排放的核算和分解[D]．杭州：浙江大学，2018.
[26] 齐宝库，王慧玲．低碳住宅产业化发展制约因素辨识与分析[J]．沈阳建筑大学学报（社会科学版），2015，17（1）：57-61.
[27] Wang Y, Jie W, Zhang Q. A Study on the BIM-Based Application in Low-Carbon Building Evaluation System：International Conference on Construction & Project Management[C]. 2015.

[28] Monahan J, Powell J C. An embodied carbon and energy analysis of modern methods of construction in housing: A case study using a lifecycle assessment framework[J]. Energy and Buildings, 2011, 43 (1): 179-188.
[29] Anze Z, Yuan Q. Research on Energy Efficiency Evaluation and Emission Reduction Strategy of Construction Industry Based on DEA and Improved FAA[J]. IOP Conference Series Earth and Environmental Science, 2018, 199.
[30] 黄斐超．建设工程施工阶段碳排放核算体系研究[D]．广州：广东工业大学，2017.
[31] 汪涛．建筑生命周期温室气体减排政策分析方法及应用[D]．北京：清华大学，2012.
[32] 陈乔．建筑工程建设过程碳排放计算方法研究[D]．西安：长安大学，2014.
[33] 刘燕．基于全生命周期的建筑碳排放评价模型[D]．大连：大连理工大学，2015.
[34] 赵扬．建筑材料生命全周期CO_2排放研究评价[D]．天津：天津大学，2014.
[35] 徐建峰．公路隧道施工碳排放计算方法及预测模型研究[D]．成都：西南交通大学，2021.
[36] 张孝存．建筑碳排放量化分析计算与低碳建筑结构评价方法研究[D]．哈尔滨：哈尔滨工业大学，2018.
[37] 林伯强．城市碳管理工具包[M]．北京：科学出版社，2011.
[38] 李林．低碳经济下公共工程项目绩效评价研究[M]．湖南：湖南大学出版社，2015.
[39] 袁妙彧．低碳社区建设方案及评价指标体系[M]．武汉：湖北人民出版社，2015.
[40] 张俊峰．海洋石油工业节能低碳管理[M]．北京：中国石化出版社，2020.
[41] 陈剑．低碳供应链管理研究[J]．系统管理学报，2012，21（6）：721-728.
[42] 扈朝阳，郑维宪．低碳理念下的建筑工程项目管理模式[J]．科技展望，2015，25（23）：40.
[43] 宋春颖，侯军岐．基于价值工程低碳建筑研究[J]．价值工程，2010，29（26）：61-62.
[44] 李小敏，许亚宣，赵玉婷，等．中国特色的碳排放评价体系研究与思考[J]．环境影响评价，2022，44（4）.
[45] 徐玉飞．低碳经济下建筑企业的绿色施工管理研究[D]．武汉：湖北工业大学，2016.
[46] 黄素逸．节能概论[M]．武汉：华中科技大学出版社，2008.
[47] 曹莉萍．合同能源管理的绩效理论与实证研究[M]．上海：同济大学出版社，2015.
[48] 王巍巍，张炳学，陈静，等．节能量审核在合同能源管理项目中的应用分析[J]．节能，2019，38（11）：109-111.
[49] 韦奉青，郭婧娟．合同能源管理项目节能量计算方法研究[J]．工程管理学报，2017，31（4）：35-39.
[50] 刘敏，潘井宝．第三方节能量审核机构现场核查[J]．中国计量，2015（1）：38-39.
[51] 黄兴，魏向阳，毕玉．节能评估工作的发展历程和推进建议[J]．宏观经济管理，2014（7）：65-67.
[52] 张嘉昕，郝作奇．构建我国节能量交易机制的路径探讨[J]．环境保护，2014，42（1）：47-48.
[53] 连春琦，赵世强．建筑业引入合同能源管理新机制的探讨[J]．建筑经济，2007（7）：118-120.
[54] 吴柳．碳交易与节能量认证交易在建筑领域中的协调应用研究[D]．重庆：重庆大学，2016.
[55] 申晓刚．我国合同能源管理的研究及发展建议[D]．北京：华北电力大学（北京），2008.
[56] 赖小东．建筑产业低碳技术集成创新系统管理研究[M]．北京：新华出版社，2013.
[57] 李晓萍，李以通，周海珠．建筑领域绿色低碳发展技术路线图[M]．北京：中国建筑工业出版社，2022.
[58] 住房和城乡建设部科技与产业化发展中心．建筑领域碳达峰碳中和实施路径研究[M]．北京：中国建筑工业出版社，2021.
[59] 曾光远．外墙外保温系统介绍[J]．化工新型材料，2004，32（6）：58-59.
[60] 陈伟，杨艳，胡韫频，等．夏热冬冷地区住宅外窗节能技术经济性评价[J]．武汉大学学报：工学版，2014，47（5）：680-683.

[61] 李郡，俞准，刘政轩，等. 住宅建筑能耗基准确定及用能评价新方法[J]. 土木建筑与环境工程，2016，38（2）：75-83.
[62] 孙育英，戚皓然，王伟，等. 电致变色智能窗在北京某办公室应用的节能特性分析[J]. 北京工业大学学报，2020，46（4）：385-392.
[63] 苗蕾. 碳审计研究述评[J]. 财政监督，2020（24）：82-85.
[64] 马荣. 我国发展低碳经济政策工具选择[J]. 当代经济，2010（19）：44-45.
[65] 周珂，尹兵. 我国低碳建筑发展的政策与法律分析[J]. 新视野，2010（6）：72-74.
[66] 谢秉正. 低碳节约型建筑工程技术[M]. 南京：东南大学出版社，2010.
[67] 曹海霞，王宏英. 低碳经济的政治经济学分析[J]. 中国能源，2011，33（3）：21-24.
[68] 林伯强. 城市碳管理工具包[M]. 北京：科学出版社，2011.
[69] 朱瑾，王兴元. 中国企业低碳环境与低碳管理再造[J]. 中国人口·资源与环境，2012，22（6）：63-68.
[70] 陈文玲，周京. 加快建立我国绿色发展公共政策体系[J]. 商业时代，2012（35）：4-6.
[71] 孙斌艺. 低碳、低碳地产和经济政策[J]. 华东师范大学学报（哲学社会科学版），2012，44（5）：86-91.
[72] 刘忠华. 政策视角谈低碳管理[J]. 管理观察，2013（22）：8-10.
[73] 郜文燕. 中国低碳经济发展的财政政策工具研究[D]. 南京：南京大学，2014.
[74] 罗敏，朱雪忠. 基于共词分析的我国低碳政策构成研究[J]. 管理学报，2014，11（11）：1680-1685.
[75] 王红梅. 中国环境规制政策工具的比较与选择——基于贝叶斯模型平均（BMA）方法的实证研究[J]. 中国人口·资源与环境，2016，26（9）：132-138.
[76] 赖小东，施骞. 建筑产业低碳技术集成创新系统管理研究[M]. 上海：同济大学出版社，2018.
[77] 程国花. 负责任大国：世界的期待与中国认知[J]. 社会主义研究，2018（6）：123-130.
[78] 张丽华，刘殿金. 责任转移视域下全球气候治理及中国的战略选择[J]. 理论探讨，2020（5）：41-47.
[79] 伏绍宏，谢楠. 我国低碳经济政策问题研究[J]. 天府新论，2020（1）：124-130.
[80] 张友国. 中国降碳政策体系的转型升级[J]. 天津社会科学，2022（3）：90-99.